光學薄膜設計
模擬實習

葉倍宏◎著

五南圖書出版公司 印行

序

　　本書內容適用於光學模擬軟體實習、光機電整合概論等一學期二學分或三學分課程，或者是從事光學鍍膜相關職務工程師，讀者可以根據自己方便使用的薄膜光學模擬軟體版本下載，以便進行對照學習；若沒有特殊的理由，強烈建議直接使用Essential Macleod試用版。

　　本書主要內容有基板之光學特性，單層、雙層、參層、肆層抗反射膜，紅外光區抗反射膜，雙波段抗反射膜，單層抗反射膜優化設計，多層抗反射膜優化設計，高反射率與寬帶高反射率鍍膜，中性分光鏡，偏振分光鏡，短波通濾光片，長波通濾光片，帶通濾光片，帶止濾光片；每一主題單元中，依序介紹實習目的、應用實例、基本理論、模擬步驟，以及問題與討論，學習過程中理論探討與模擬實作並重，並增加應用為主的實例說明，以彰顯模擬設計與實務應用為導向的學習目標。

　　本書所呈現的相關模擬設計主題，必須配合薄膜光學的課程內容，原則上先初步了解薄膜光學基礎理論之後，再進行模擬實習，過程中務必確實實作與分析討論，以期達到最佳的學習效果；因為書中模擬實作步驟之示範與解說詳盡，故不另提供設計檔案。

I

感謝恩師李正中教授於作者在中央光電所就讀期間的指導，始有今日本書的編著出版；筆者才疏學淺，純粹以教學需要編撰，尚祈讀者、先進不吝指正，針對本書中任何問題討論，或有任何建議，請email: yehcai@mail.ksu.edu.tw

葉倍宏

CONTENTS ▶ ▶ ▶

實習 0

CHAPTER ▶▶ ▶

基板之光學特性

一、實習目的

二、實習軟體

三、應用實例

四、基本理論

五、模擬步驟

六、問題與討論

七、關鍵字

八、學習資源

九、參考資料

一、實習目的

配合使用 Essential Macleod 光學薄膜設計模擬軟體,模擬、分析、討論:

1. 基板──玻璃、PET、PMMA、銀(Ag)、鋁(Al)未鍍膜的光學特性。

2. 堆疊(Stack)的設定。

實習流程:

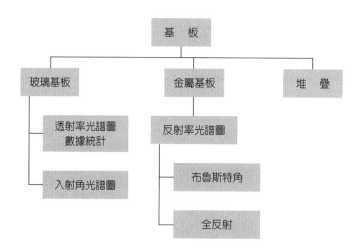

二、實習軟體

Essential Macleod 光學薄膜設計模擬軟體。

三、應用實例

光導纖維就是利用了這一原理,由於反射時沒有光線的損失,因此信號可以傳輸到極遠的距離,廣泛應用於內視鏡及電信上;海市蜃樓亦是由此原理所生成,光線從較密的介質(冷空氣)進入到較疏的介質(近地面的熱空氣)。[3]

實例

雷射的反彈於一根壓克力棍內部,顯示出光線的全反射。

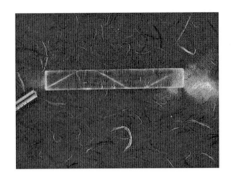

1. 光波傳播於多模光纖：

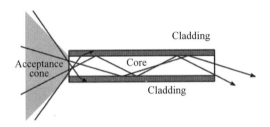

2. 綠海龜和牠的全反射：

偏振墨鏡使用了布魯斯特角的原理來減少從水面或者路面反射的偏振光。攝影師利用相同的原理來減少水面、玻璃或者其他非金屬反射的太陽光。

相機用偏振光鏡頭在兩種角度下所拍攝的玻璃窗畫面。在左邊的照片裡，鏡頭的偏振角和反射光同向，右邊的照片裡，鏡頭的偏振角則是和反射光垂直，消除了玻璃窗上所反射的陽光。

四、基本理論

可見光區的波長範圍定義，如下表格所示：[1][2]

光色	波長 λ（nm）	代表波長
紅（Red）	780～630	710
橙（Orange）	630～590	615
黃（Yellow）	590～560	585
綠（Green）	560～490	545
藍（Blue）	490～470	490
靛（Indigo）	470～420	435
紫（Violet）	420～380	405

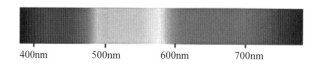

當光從一種折射率為 n_1 的介質向另一種折射率為 n_2 的介質傳播時，在兩介質的交界處發生光的反射和折射現象。此時，可以應用**菲涅爾方程式**（Fresnel equation）描述不同光波分量被折射和反射的情況，同時也描述波反射時的相變化。方程式建立在反射面是平面、介質是光滑的、入射光是平面波，邊際效應可被忽略的狀態。

（一）s 和 p 偏振

　　計算結果取決於入射光的偏振態，以下是兩種情況（由於電場分量、磁場分量、光的傳播方向有右手螺旋關係確定，所以僅討論電場方向的偏振）：

1. 偏振入射光的電場分量與入射光及反射光所形成的平面相互垂直。此時的入射光狀態稱爲「**s 偏振態**」，源於德語「*Senkrecht*」。

2. 偏振入射光的電場分量與入射波及反射波所形成的平面相互平行。此時的入射光狀態稱爲「**p 偏振態**」，源於德語「*Parallel*」。

（二）光強方程式

　　在下圖中，入射光線從折射率爲 n_1 的介質，以入射角 θ_i 入射於兩種介質的交接界面上，部分光線被反射，反射角爲 θ_r，而另一部分被折射進入折射率爲 n_2 的介質，折射角爲 θ_t。

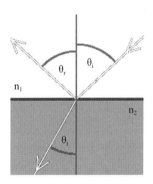

入射光與反射光由**反射定律**進行約束：

$$\theta_i = \theta_r$$

入射光與折射光由**菲涅爾定律**進行約束：

$$\frac{\sin\theta_i}{\sin\theta_t} = \frac{n_2}{n_1}$$

入射光的功率被界面反射的比例，我們稱其爲**反射率 R**；而將折射的比例稱其爲**透**

射率 T。若考慮入射光的偏振效應，入射光的電場向量垂直於光入射平面（即 s 偏振），反射率為

$$R_s = \left[\frac{\sin(\theta_t - \theta_i)}{\sin(\theta_t + \theta_i)}\right]^2 = \left(\frac{n_1\cos\theta_i - n_2\cos\theta_t}{n_1\cos\theta_i + n_2\cos\theta_t}\right)^2 = \left[\frac{n_1\cos\theta_i - n_2\sqrt{1 - \left(\frac{n_1}{n_2}\sin\theta_i\right)^2}}{n_1\cos\theta_i + n_2\sqrt{1 - \left(\frac{n_1}{n_2}\sin\theta_i\right)^2}}\right]^2$$

其中 θ_t 是由菲涅爾定律從 θ_i 導出的，並可用三角恆等式化簡。如果入射光的電場向量平行入射平面內（即 p 偏振），反射率為

$$R_p = \left[\frac{\tan(\theta_t - \theta_i)}{\tan(\theta_t + \theta_i)}\right]^2 = \left(\frac{n_1\cos\theta_t - n_2\cos\theta_i}{n_1\cos\theta_t + n_2\cos\theta_i}\right)^2 = \left[\frac{n_1\sqrt{1 - \left(\frac{n_1}{n_2}\sin\theta_i\right)^2} - n_2\cos\theta_i}{n_1\sqrt{1 - \left(\frac{n_1}{n_2}\sin\theta_i\right)^2} + n_2\cos\theta_i}\right]^2$$

透射率無論在何種情況下，皆滿足 $T = 1 - R$ 的關係式。如果入射光是無偏振特性，反射率是兩偏振光的算數平均值：

$$R = \frac{R_s + R_p}{2}$$

對於給定的折射率 n_1 和 n_2 且入射光為 p 偏振光時，當入射角為某一定值時 R_p 為零，此時 p 偏振光被完全透射而無反射光出射。這個角度被稱作**布魯斯特角**，對於空氣或真空中的玻璃介質約為 56 度。注意這個定義只是對於兩種折射率都為實數的介質才有意義，對於會吸光的物質，例如金屬和半導體，折射率是一個複數，從而 R_p 一般不為零。

　　當光從光密介質向光疏介質傳播時，即 n_1 大於 n_2，則存在一個臨界的入射角，對於大於此入射角的入射光 $R_s = R_p = 1$，此時入射光完全被界面反射。這種現象稱作**全反射**，臨界角被稱作**全反射臨界角**，對於空氣中的玻璃約為 41 度；以 $n_1 = 1$、$n_2 = 2$ 為例，其布魯斯特角特性如下圖左所示，圖右則顯示全反射特性。

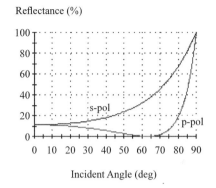

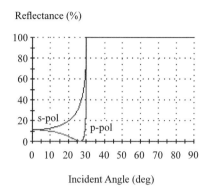

當光線以近法線入射（$\theta_i \approx \theta_t \approx 0$）時，反射率和透射率分別為

$$R = R_s = R_p = \left(\frac{n_1 - n_2}{n_1 + n_2}\right)^2$$

$$T = T_s = T_p = 1 - R = \frac{4n_1 n_2}{(n_1 + n_2)^2}$$

對於普通的玻璃，反射比大約為 4%，注意：窗戶對光波的反射包括前面一層以及後面一層，因而少量光波會在兩層之間來回振盪形成干涉。一般而言，玻璃的厚度遠大於入射光，故可忽略光的干涉效應，在此條件下，這兩界面一併考慮的反射率為

$$\frac{2R}{1+R}$$

五、模擬步驟

（一）玻璃基板

1. 滑鼠雙按 圖示，打開 **Essential Macleod** 模擬設計軟體。

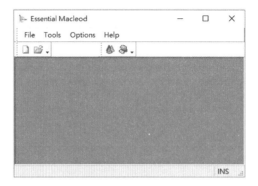

滑鼠點按工具列圖示 □，產生一個新的設計。

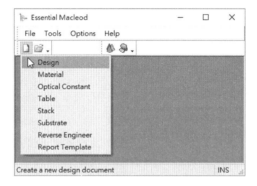

系統預設畫面如下所示：

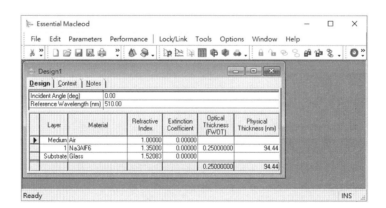

2. 調整編號 1 的光學厚度為 0，代表沒有鍍膜在基板上：直接點按輸入 0 後，按 Enter 。

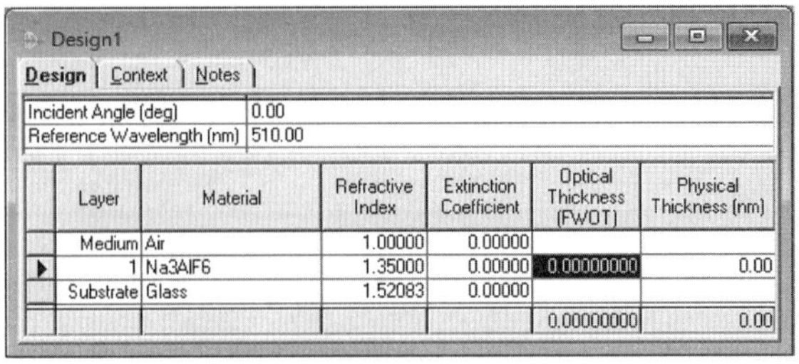

點按工具列圖示 **Dp**：特性參數設定。

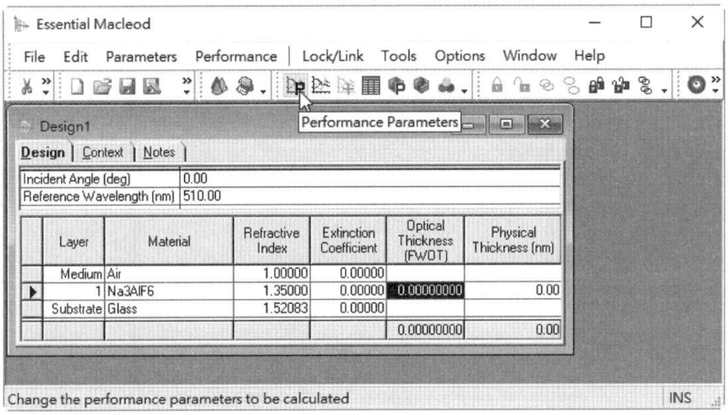

水平軸設定：保留預設值。

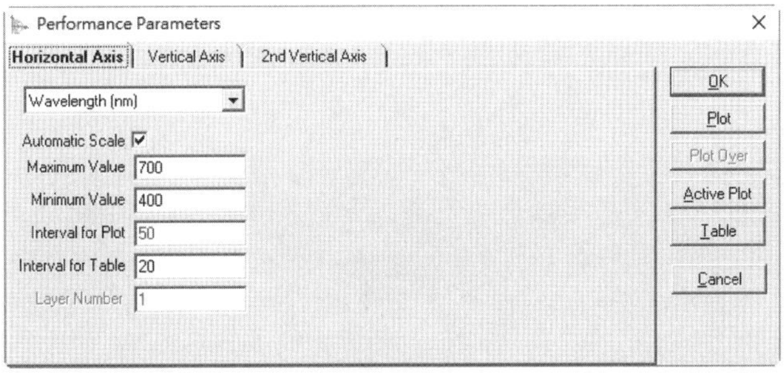

垂直軸設定：保留預設值，點按 Plot 。

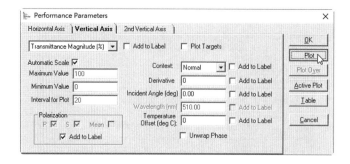

透射率光譜圖如下所示：

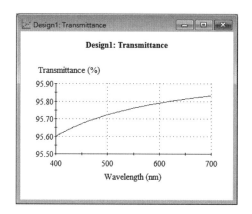

於圖形區域內，點按滑鼠右鍵，選項 Copy 。

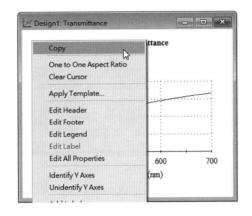

貼上後，透射率光譜圖顯示如下所示的效果。

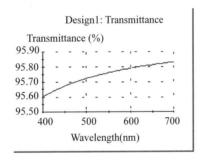

3. 滑鼠點按工具列圖示 ，設定性能參數。

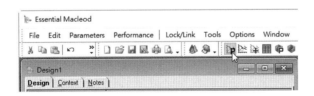

垂直軸選按反射率（Reflectance Magnitude（%）），取消自動刻度，設定最大值、
最小值與區間值，最後滑鼠點按 Plot 繪製反射率光譜圖。

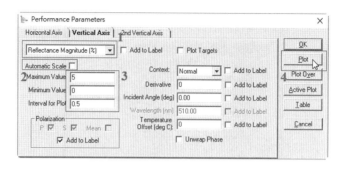

可見光區反射光譜圖：可見光區範圍 400～700nm。

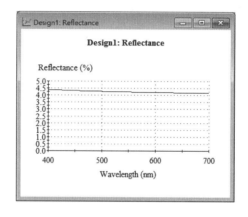

光譜圖數據計算

於圖表中，點按滑鼠右鍵，選項重選按 Statistics。

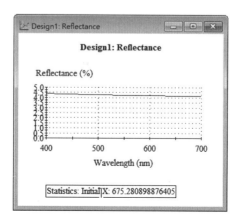

滑鼠點按圖形視窗任意位置，出現計算視窗如下所示；依序在範圍模組中輸入光譜範圍 400、700，統計模組中全部勾選，按 Calculate 。

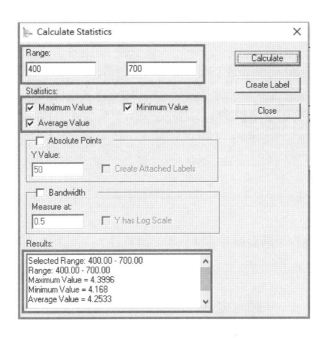

由視窗下方的表列結果得知，反射率全波段皆在 4.4% 以下，其中反射率最大值為 4.3996%，最小值為 4.168%，平均值為 4.2533%。

4. 更改圖表顯示方式：例如於 y 軸位置滑鼠雙按，頁籤選按 Scale ，更改 Interval 為 0.5，確定更改的數據後按 Apply ，修改效果如下圖右所示：

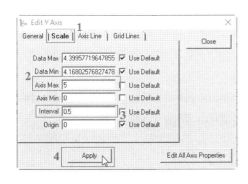

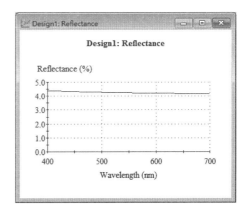

入射角曲線圖

滑鼠點按工具列圖示 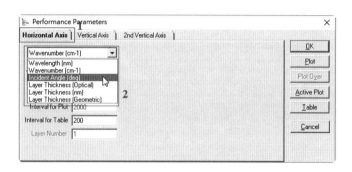，設定性能參數：光譜圖之水平軸（Horizontal Axis）選按入射角（Incident Angle），按 $\boxed{\text{Plot}}$。

非垂直入射可以檢視不同偏振光的反射率光譜特性，由如下所示的入射角—反射率關係圖得知。

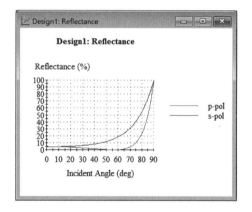

1. p 偏振光全部透射的**布魯斯特角**為 55.6 度。

2. 除了 0 與 90 度外，其餘所有角度，s 偏振光的反射率皆大於 p 偏振光；詳細的數據，有內建顯示功能：於性能參數設定視窗中，選按 $\boxed{\text{Table}}$。

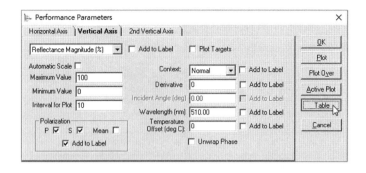

Incident Angle (deg)	P-Reflectance (%)	P-Transmittance (%)	S-Reflectance (%)	S-Transmittance (%)
0	4.268744	95.731256	4.268744	95.731256
5	4.225967	95.774033	4.311718	95.688282
10	4.097330	95.902670	4.443352	95.556648
15	3.882068	96.117932	4.672070	95.327930
20	3.579420	96.420580	5.012910	94.987090
25	3.189591	96.810409	5.489171	94.510829
30	2.715483	97.284517	6.135032	93.864968
35	2.165771	97.834229	6.999522	93.000478
40	1.560292	98.439708	8.152410	91.847590
45	0.939505	99.060495	9.692808	90.307192
50	0.381186	99.618814	11.761656	88.238344
55	0.030124	99.969876	14.559574	85.440426
60	0.151616	99.848384	18.371970	81.628030
65	1.229440	98.770560	23.603402	76.396598
70	4.149320	95.850680	30.822783	69.177217
75	10.552879	89.447121	40.819553	59.180447
80	23.548128	76.451872	54.667648	45.332352
85	49.212504	50.787496	73.788848	26.211152
90	100.000000	0.000000	100.000000	0.000000

數據表格中沒有顯示布魯斯特角，可以自行檢視、尋找、確定：於圖表中，點按滑鼠右鍵，選項重選按 Statistics ，滑鼠點按圖形視窗任意位置，出現計算視窗如下圖左所示；依序在範圍模組中輸入光譜範圍 55.46、59.17，統計模組中全部勾選，按 Calculate 。

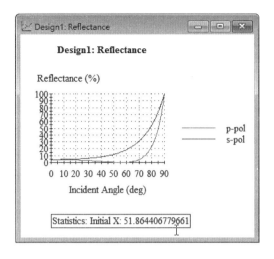
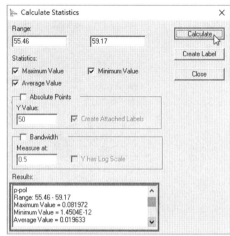

全反射

現在將基板（Substrate）由玻璃更改爲空氣，入射介質（Medium）由空氣更改爲玻璃，其性能參數與入射角曲線圖分別如下所示：

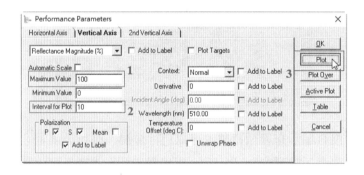

反射率─入射角關係圖與詳細數據表格：

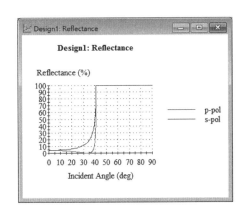

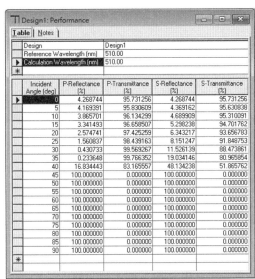

由入射角—反射率的關係圖得知：

1. 全反射角為 40.94 度。

2. p 偏振光全部透射的**布魯斯特角**為 55.6 度。

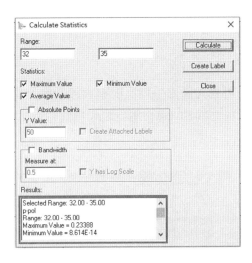

3. 除了 0 與全反射角度外，其餘所有角度，同樣是 s 偏振光的反射率皆大於 p 偏

振光。

（二）金屬基板

滑鼠點選基板（Substrate）之材料（Material）欄位，將基板材料更改爲銀（Ag）。

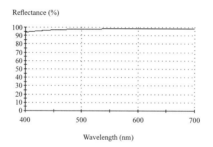

比照上述設定方式，檢視銀基板的反射率光譜圖。

Reflectance (%)

比照上述設定方式，檢視銀基板的反射率光譜圖。

由反射率光譜圖可知，可見光區之平均反射率大於90%，顯見金屬基板係屬於高反射率的特性，因此，有必要查明銀金屬材料的相關資料；在圖形視窗控制下，滑鼠點按工具列之圖示 。

或者在設計視窗控制下，滑鼠點按工具列之圖示 。

於材料視窗中，滑鼠雙按 Ag 欄位（如下圖左），以檢視 Ag 的色散資料（如下圖右）。

系統所提供 Ag 的色散資料，波段從 200～12000nm ，由此數據應可類推紅外光區
同樣是高反射率的特性；驗證是否如此，更改性能參數設定如下所示：

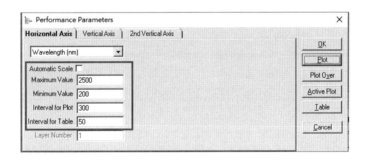

反射率光譜圖：

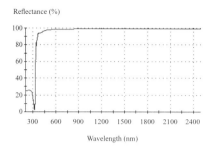

由圖數據得知：

1. 光譜範圍 600～2500nm 的平均反射率為 98.935%。

2. 光譜範圍 400～600nm 的反射率開始有下降趨勢，其平均反射率為 97.304%。

3. UV 光區 200～400nm 的反射率有非常明顯下降，其平均反射率為 43.955%。

堆疊（Stack）

此功能提供基板兩邊安排膜系設計，直接檢視完整鍍膜設計安排的光譜效果，模擬設定步驟如下：滑鼠點按功能表 **[File/New/Stack]**。

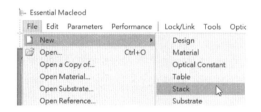

於 Coating File 中點按第一個標示「None」欄位，對應於光入射端選擇欲安排的鍍膜 .dds 檔案。

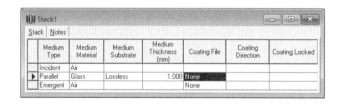

於 Coating File 中點按第二個標示「None」欄位，對應於光出射端選擇欲安排的鍍膜 .dds 檔案。

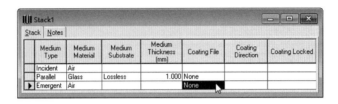

玻璃基板的鍍膜系統可於光入射端安排一膜系設計，於光出射端安排另一膜系設計，在此假設基板兩邊沒有任何膜系設計，其整體透射光譜效果如下所示：

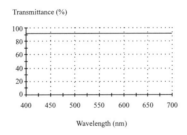

六、問題與討論

1. 使用 PET 基板上不鍍膜處理，其可見光區平均反射率為何？

新增材料的方法：滑鼠點按功能表 **[Tools / Browse Materials Library]**。

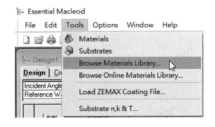

Search 欄位中輸入 PET，按 Find Next 。

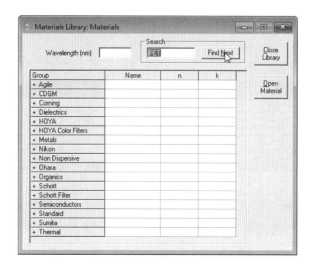

內建 PET 材料有 PET、PET（uv）兩種，滑鼠雙按 PET 欄位。

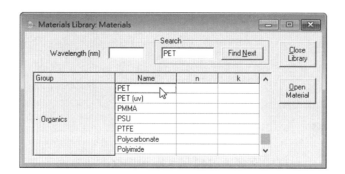

滑鼠點按 PET 材料視窗之右上角圖示 ⊠ 。

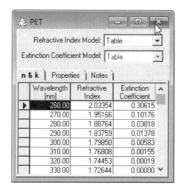

再點按 $\boxed{\text{YES}}$ 以儲存此材料之色散資料，於另存材料視窗中，確認儲存名稱後按 $\boxed{\text{OK}}$。

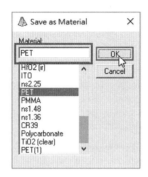

PET 基板之可見光區反射率光譜圖：

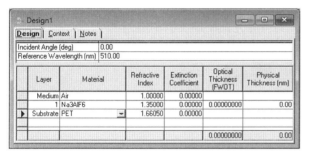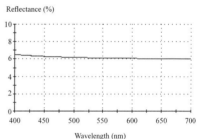

其可見光區平均反射率為_____%（須具備統計視窗資料）。

反射率—入射角關係圖

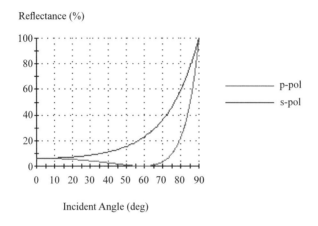

布魯斯特角為_____度。

2. 使用 PMMA 基板上不鍍膜處理,其可見光區平均反射率為何?

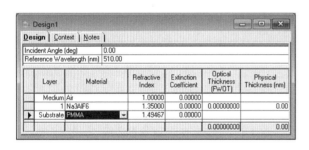

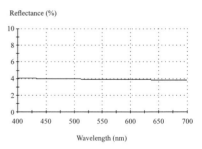

其可見光區平均反射率為_____%(須具備統計視窗資料)。

反射率—入射角關係圖

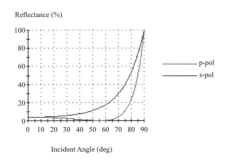

　　布魯斯特角為_____度。

3. 使用 Al 金屬基板上不鍍膜處理,其可見光區與近紅外光區之平均反射率為何?

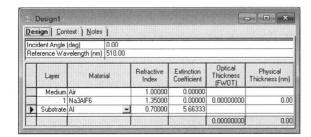

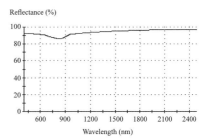

　　其可見光區平均反射率為_____%,其餘光區平均反射率為_____%(須
具備統計視窗資料)。

反射率—入射角關係圖

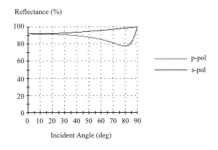

七、關鍵字

1. 菲涅爾方程式。

2. s 偏振光、p 偏振光。

3. 布魯斯特角。

4. 全反射。

八、學習資源

1. http://www.etafilm.com.tw/substrate.html
   玻璃基板。

2. https://www.corning.com/tw/zh_tw.html
   康寧結合超過 160 年在特殊玻璃、陶瓷及光學物理方面的專業知識，開發
   出創造嶄新產業、改變人們生活的產品。

3. https://www.materialsnet.com.tw/DocView.aspx?id=11864
   軟性基板材料應用於 LED 照明之技術。

4. https://www.global-optosigma.com/cn/category/opt_d/opt_d03.html
   玻璃材料，金屬膜。

5. http://scholar.fju.edu.tw/ 課程大綱 /upload/054326/handout/962/G-3261-
   05850-.pdf
   高反射鏡。

九、參考資料

1. 薄膜光學與鍍膜技術（第 8 版），李正中，藝軒圖書。

2. 薄膜光學概論，葉倍宏，全華圖書。

3. http://zh.wikipedia.org。

單層抗反射膜

一、實習目的

配合使用 Essential Macleod 光學薄膜設計模擬軟體，模擬、分析、討論：

1. 低折射率材料之單層抗反射膜特性。
2. 高折射率材料之單層抗反射膜特性。
3. 低折射率基板對單層抗反射膜特性的影響。
4. 高折射率基板對單層抗反射膜特性的影響。

實習流程：

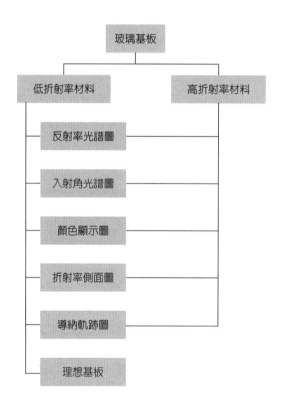

二、實習軟體

Essential Macleod 光學薄膜設計模擬軟體。

三、應用實例

　　抗反射（AR）鍍膜是硬質耐熔氧化物膜層，當鍍製到光學元件的表面上，可以達到在指定的波長範圍內，具有最小化表面反射的效果。如果沒有 AR 鍍膜，在每一個玻璃光學表面將損耗 4% 的光，換言之，由於界面的反射作用，如果在系統中使用了三個未鍍製 AR 的鏡片，則 4% 的光損耗會發生在六個光學表面，導致 21.7% 的總損耗。具有 AR 膜層，反射被減少到每界面小於 0.5%，使用了三個 AR 塗覆的鏡片，入射光表面反射的總損耗小於 3%，由此顯見使用 AR 鍍膜的光學成效，使得透射率從 78.3% 提高到 97%。[3]

　　所謂 **V 型鍍膜**，基本上單層膜層即可達到要求，例如下圖所示的單波長 V 型鍍膜的規格表。

V-Coating Specifications			
Coating Code	Design Wavelength	Reflectance per Surface[a]	Performance Plot
532	532 nm	< 0.25%	Raw Data
633	633 nm	< 0.25%	Raw Data
780	780 nm	< 0.25%	Raw Data
1064	1064 nm	< 0.25%	Raw Data
YAG	532/1064 nm	< 0.25%	Raw Data

　　舉單一波長 532nm、633nm、1064nm 之 V 型鍍膜為例，其反射率光譜圖依序如下所示：

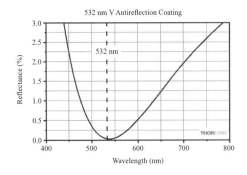

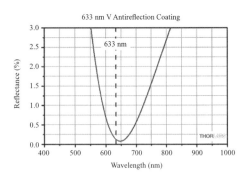

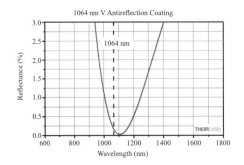

控制

　　AR 鍍膜是可以增加光學表面透射率的沉積薄膜,對於匹配於各類光纖的光譜要求,設計安排使用最普遍和具有成本效益的單層氟化鎂材料,針對特定單一波長與多波段。[4]

　　單層 MgF$_2$ 之 AR 鍍膜,具備以下特點:

1. 最有效成本考量。
2. 同樣的鍍膜適用於所有的光學玻璃。
3. 光譜特性相關於基板折射率。

反射率光譜圖

　　不同光學玻璃基板的單層 MgF$_2$ 抗反射(AR)鍍膜,其中設計波長 550nm 之反射率最低的設計,係採用 SFL6 玻璃(折射率 n = 1.805)。

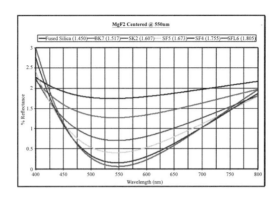

角依效應之反射率光譜圖

採用 SFL6 玻璃（折射率 n = 1.62）的單層 MgF_2 抗反射（AR）鍍膜，針對設計波長的反射率，隨著角度變大，最低反射率的位置會往短波長移動，其中以入射角 40 度的設計影響最大，其餘角度設計的光譜特性則稍有劣化而已。

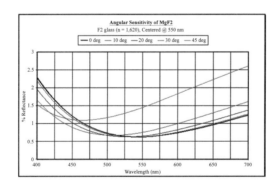

四、基本理論

可見光區的波長範圍定義，如下表格所示：

光色	波長 λ（nm）	代表波長
紅（Red）	780～630	710
橙（Orange）	630～590	615
黃（Yellow）	590～560	585
綠（Green）	560～490	545
藍（Blue）	490～470	490
靛（Indigo）	470～420	435
紫（Violet）	420～380	405

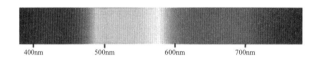

與本 Essential Macleod 模擬軟體的光譜範圍對照如下，圖中顯示單層 MgF_2 單層抗反膜的反射率光譜。

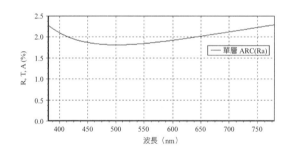

以下所討論的單層抗反射膜，乃至於多層抗反射膜設計，均是針對可見光區。假設單層抗反射膜的光入射角 $\theta_0 = 0°$，則 s 與 p 偏振光簡併，針對設計波長 λ_0，以膜厚為變數，模擬不同折射率膜層對反射率 R 的影響，結果如下圖所示（基板 n_s=1.52）。

增反射情況：單層膜折射率大於基板折射率。

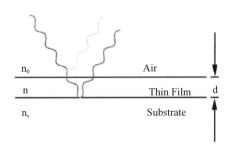

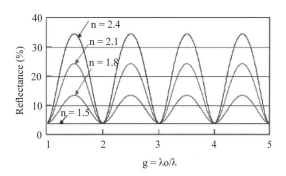

抗反射情況：單層膜折射率小於基板折射率。

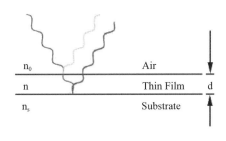

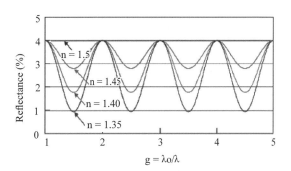

由此可知：

1. 鍍膜折射率 n 比基板折射率 $n_s = 1.52$ 小，才有抗反射效果。

2. 不論是增反射或抗反射，極值均在 $\lambda_0/4$ 的整數倍。

3. 不論是增反射或抗反射，可以清楚看到**無效層**均在 $\lambda_0/2$ 的整數倍。

4. 對增反射而言，前半週期，反射率遞增，後半週期，反射率遞減；對抗反射而言，前半週期，反射率遞減，後半週期，反射率遞增。

結論

鍍膜欲有抗反射效果，其鍍膜折射率必須比基板小。

由前一章節可知，單層鍍膜的反射率為

$$R = r^2 = \left(\frac{n_0 - \dfrac{n^2}{n_s}}{n_0 + \dfrac{n^2}{n_s}}\right)^2 = \left(\frac{n_0 n_s - n^2}{n_0 n_s + n^2}\right)^2$$

可見欲達到最佳抗反射效果，則必須滿足

$$n_0 n_s - n^2 = 0 \quad , \quad n = \sqrt{n_0 n_s}$$

若以空氣 $n_0 = 1$，基板 $n_s = 1.52$ 為例，鍍膜折射率 $n = \sqrt{(1)(1.52)} \cong 1.233$。

實際狀況

　　$n = 1.233$，這麼低的折射率材料，自然界中尚未找到；目前存在最低折射率的材料有

$$MgF_2 : n = 1.38 \quad , \quad Na_3AlF_6 : n = 1.35$$

以前者為例，$\lambda_0 = 0.55\mu m = 550nm$，其反射率光譜圖與導納軌跡圖依序如下所示：

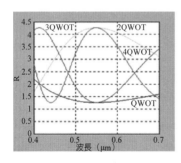
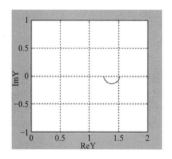

QWOT 抗反射鍍膜的反射率為

$$R = \left(\frac{1 \times 1.52 - 1.38^2}{1 \times 1.52 + 1.38^2}\right)^2 \cong 1.26\%$$

比較檢驗改鍍 QWOT 高折射率膜層的變化情形，假設 $n = 2.35$，QWOT 抗反射鍍

膜的反射率為

$$R = \left(\frac{1 \times 1.52 - 2.35^2}{1 \times 1.52 + 2.35^2}\right)^2 \cong 32.3\%$$

其反射率光譜圖與導納軌跡圖依序如下所示：

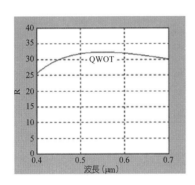 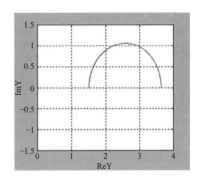

顯然鍍上高折射率膜層的結果是**增反射**而非抗反射。

無效層

綜合以上討論結果，可驗證鍍 **HWOT 半波長膜厚膜層**，不論其折射率高低，對設計波長處的反射率並無影響，此時，反射率為

$$R = \left(\frac{1 - 1.52}{1 - 1.52}\right)^2 \cong 4.26\%$$

這就是所謂的**無效層**（或者稱為**虛設層**），此層鍍膜雖然在對設計波長處的反射率沒有影響，但是在擴寬反射率光譜範圍的應用中，卻有其不可或缺的作用。同樣以低折射率 n = 1.38，以及高折射率 n = 2.35 材料為例，其反射率光譜圖與導納軌跡圖依序如下所示：

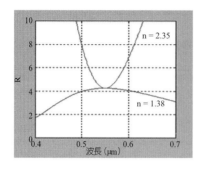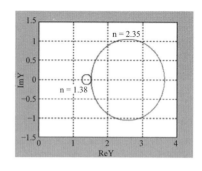

斜向入射

入射角 $\theta_0 \neq 0°$，此時抗反射的特性與垂直入射類似，唯 s 與 p 偏振效應更加明顯。由相厚度

$$\delta_r = \frac{2\pi}{\lambda} N_r d_r \cos\theta_r$$

可知當光斜向入射時，其反射率曲線的極值將移向**短波長區**，而且 $R_S > R_P$，$n_0 = 1$，$n_1 = 1.38$，$n_S = 1.52$，$\lambda_0 = 0.55\mu m = 550nm$，如下圖所示：

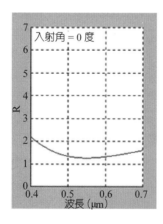

平均反射率

光斜向入射會有 s 與 p 兩種不同的偏振效應，因此以**平均反射率**的概念計算反

射率，即

$$\overline{R} = \frac{R_S + R_P}{2}$$

其中 $\overline{R}$：**平均反射率**，R_S：s 偏振光反射率，R_P：p 偏振光反射率；例如：$n_0 = 1$，$n_1 = 1.35$，$n_S = 1.82$，$\lambda_0 = 0.55\mu m = 550nm$，結果如下所示。

　　$\lambda = \lambda_0$ 處：垂直入射，滿足 $n = \sqrt{n_0 n_s}$ 零反射的條件，因此 $R = 0$。

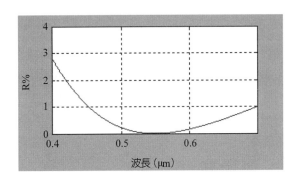

斜向入射：入射角 $\theta_0 = 45°$，$R_S \cong 1.319\%$，$R_P \cong 0.416\%$。

$$\overline{R} = \frac{R_S + R_P}{2} = 0.877\%$$

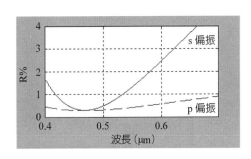

斜射極小值：入射角 $\theta_0 = 45°$，反射率極小值發生在 $\lambda = 470nm$，如上圖所示，因此

$$R_S \cong 0.297\% \quad , \quad R_P \cong 0.282\%$$

$$\overline{R} = \frac{R_S + R_P}{2} = 0.2895\%$$

五、模擬步驟

（一）低折射率材料之抗反射（AR）效果

滑鼠雙按 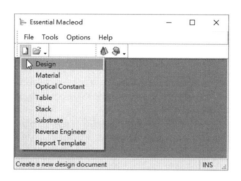 圖示，打開 Essential Macleod 模擬軟體，滑鼠點按工具列圖示 ，產生一個新的設計。

系統預設畫面如下所示，其中材料 Na_3AlF_6 為冰晶石，光學厚度（FWOT）為 0.25 λ_0，λ_0 為參考波長（Reference Wavelength）510nm，入射介質為空氣（Air），基板為玻璃（Glass）。

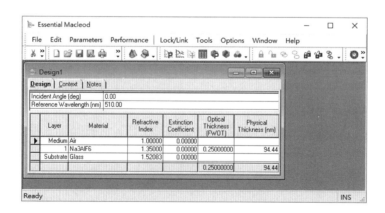

點按工具列圖示 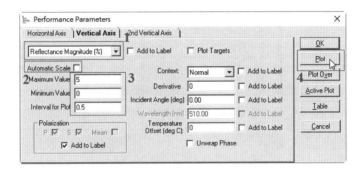：特性參數設定，水平軸設定保留預設值，垂直軸選按反射率
（Reflectance Magnitude（%）），取消自動刻度，設定最大值、最小值與區間值。

最後滑鼠點按 Plot 繪製反射率光譜圖。

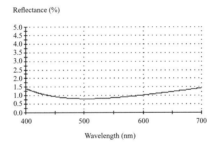

光譜圖數據計算

於圖表中，點按滑鼠右鍵，選項重選按 Statistics 。

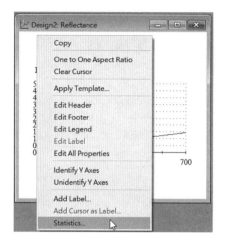

滑鼠點按圖形視窗任意位置，出現計算視窗如下所示；依序在範圍模組中輸入光譜範圍 400、700，統計模組中全部勾選，按 Calculate 。

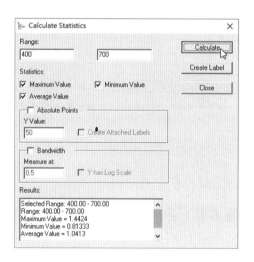

由視窗下方的表列結果得知，反射率全波段皆在 1.45% 以下，其中反射率最大值為 1.4424%，最小值為 0.8133%，平均值為 1.0413%。欲檢視參考波長 510nm 處的反射率，比照上述步驟設定，結果如下所示，可知反射率為 0.8142%，其中使用 Create Label 功能，將相關統計數據標示於反射率光譜圖之中。

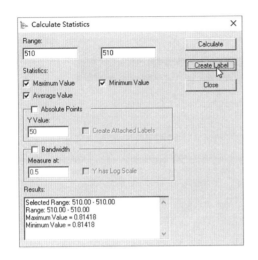

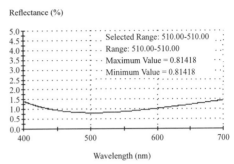

調整設計中心波長為 550nm，注意相對應的反射率數值。

	Layer	Material	Refractive Index	Extinction Coefficient	Optical Thickness (FWOT)	Physical Thickness (nm)
	Medium	Air	1.00000	0.00000		
▶	1	Na3AlF6	1.35000	0.00000	0.25000000	101.85
	Substrate	Glass	1.51854	0.00000		
					0.25000000	101.85

Incident Angle (deg) 0.00
Reference Wavelength (nm) 550.00

Design | Context | Notes

點按工具列 Plot Over，同時檢視不同參考波長的反射率光譜圖。

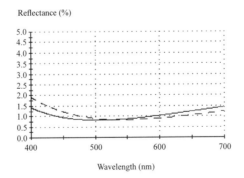

變更膜厚從 0 至 1，間隔 0.125，記錄相對應的反射率。

膜厚 Thickness	反射率 %
0	
0.125	
0.25	1.81226
0.375	
0.5	
0.625	
0.75	
0.875	
1	

點按工具列圖示 ，：特性參數設定，水平軸設定切換為 Layer Thickness（Optical），
垂直軸維持原設定。

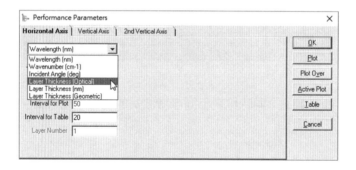

最大值更改為 2，意即掃描至 2 個參考波長。

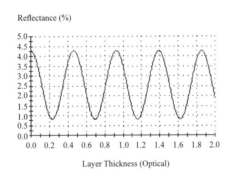

點按 Active Plot ，輸出如下所示的反射率—光學膜厚關係圖。

Reflectance (%)

Layer Thickness (Optical)

由以上步驟的輸出結果，總結膜厚與反射率的關係，填答下列問題：

1. 反射率—光學膜厚關係呈現　　○週期性　　○非週期性。

2. 膜厚等於 0 的反射率，等同膜厚為何的反射率？　　○ $0.25\lambda_0$ 整數倍
　　○ $0.5\lambda_0$ 整數倍　　○任意光學厚度。

3. 反射率最高位置為　　○ $0.25\lambda_0$ 整數倍　　○ $0.5\lambda_0$ 整數倍　　○任意光學厚度。

4. 反射率最低位置為　　○ $0.25\lambda_0$ 奇數倍　　○ $0.5\lambda_0$ 偶數倍　　○任意光學厚度。

入射角曲線圖

垂直軸設定：

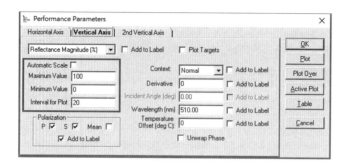

水平軸設定：表格間距為 1。

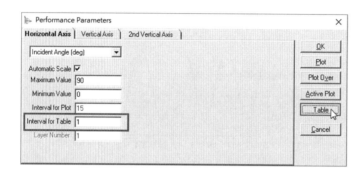

按 Table ，詳細檢視不同偏振光的光譜數據，由此表格數據得知，類似的布魯斯特角度介於 49 與 50 度之間，相較於無鍍膜之玻璃情況顯然變小。

	Incident Angle (deg)	P-Reflectance (%)	P-Transmittance (%)	S-Reflectance (%)	S-Transmittance (%)
	46	0.060783	99.939217	3.248460	96.751540
	47	0.048133	99.951867	3.459325	96.540675
	48	0.039352	99.960648	3.688105	96.311895
	49	0.035255	99.964745	3.936384	96.063616
	50	0.036783	99.963217	4.205891	95.794109
	51	0.045029	99.954971	4.498513	95.501487
	52	0.061250	99.938750	4.816310	95.183690

點按工具列 🗠 Plot，檢視不同入射角的反射率光譜特性。

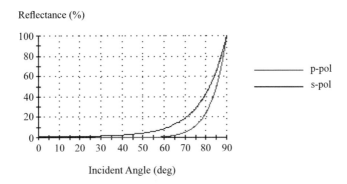

現在將基板（Substrate）由玻璃更改為空氣，入射介質（Medium）由空氣更改為玻璃，其入射角曲線圖如下所示：

Design	Context	Notes					
Incident Angle (deg)	0.00						
Reference Wavelength (nm)	510.00						

	Layer	Material	Refractive Index	Extinction Coefficient	Optical Thickness (FWOT)	Physical Thickness (nm)
	Medium	Glass	1.52083	0.00000		
	1	Na3AlF6	1.35000	0.00000	0.25000000	94.44
▶	Substrate	Air	1.00000	0.00000		
					0.25000000	94.44

由此表格數據得知，具有全反射現象的布魯斯特角度介於 29 與 30 度之間，相較於無鍍膜之玻璃情況顯然變小。

Incident Angle (deg)	P-Reflectance (%)	P-Transmittance (%)	S-Reflectance (%)	S-Transmittance (%)
28	0.067389	99.932611	3.160987	96.839013
29	0.043185	99.956815	3.572039	96.427961
30	0.035252	99.964748	4.068542	95.931458
31	0.053079	99.946921	4.673941	95.326059
32	0.111296	99.888704	5.420334	94.579666
33	0.232891	99.767109	6.352776	93.647224

點按工具列  Plot，檢視不同入射角的反射率光譜圖。

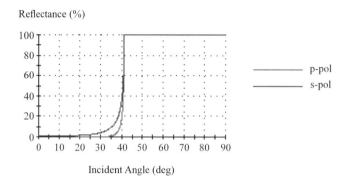

回到設計視窗：恢復原本的設定 —— 入射介質為空氣，基板為玻璃，點按
[Parameters/3D Performance...]。

或者點按工具列之圖示 ⓟ，設定三維性能參數：x 軸變數為波長（Wavelength
（nm）），y 軸變數為入射角（Incident Angle（deg）），保留預設值。

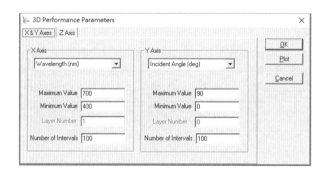

z軸選項反射率（Reflectance Magnitude（%））。

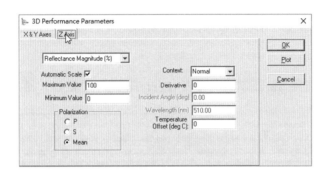

點按 Plot ，或者點按工具列之圖示 。

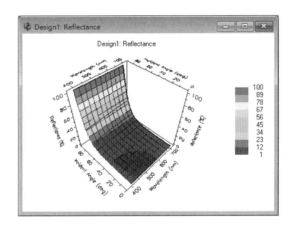

由以上步驟的輸出結果，總結低折射率材料之單層抗反膜，在固定膜厚為 $0.25\lambda_0$ 的條件下，入射角與反射率的關係，填答下列問題：

1. 光從空氣端入射到玻璃基板，入射角度為何，s 與 p 偏振光的反射率相等？
   ○ 0 度　　○布魯斯特角。

2. 光從空氣端入射到玻璃基板，除了特定角度外，s 與 p 偏振光的反射率何者比較大？　　○ s 偏振光　○ p 偏振光。

3. 布魯斯特角是何種偏振光的特性？　　○ s 偏振光　○ p 偏振光。

4. 光從空氣端入射到玻璃基板，全反射角爲　　○ 20 度　　○ 40 度　　○不可能有此現象。

5. 相較於未鍍膜之玻璃基板，此布魯斯特角　　○變小　　○變大　　○不變。

顏色顯示圖

滑鼠選按工具列 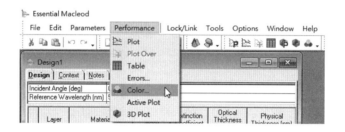 圖示或功能表 **[Performance/Color]**，檢視**顏色顯示圖**。

顏色參數設定：

1. 光源選項：D65，此爲國際標準人工日光（Artificial Daylight），色溫 6500K，功率 18W。

2. 模式（Mode）：反射率（Reflectance）。

3. 顯示項全部勾選，包括白點（White Point）、色塊（Color Patch）、目標（Target）。

4. 繪圖種類選項：**色度 xy**。

5. 按 Active Plot 。

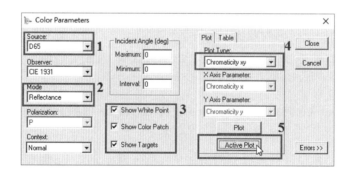

由反射率光譜圖與顏色顯示圖可知,使用 D65 為光源,目標設計的顏色近似為白光顏色。

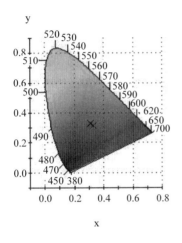 

折射率側面圖:

    點按 **[Tools/Index Profile]**。

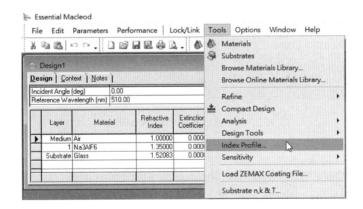

入射介質(Medium)以及基板(Substrate)皆勾選顯示,膜厚為光學厚度(Optical)。

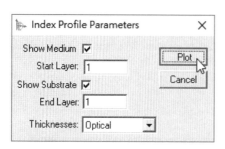

Refractive Index

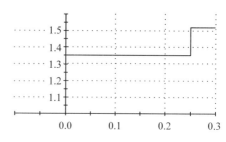

Optical Distance from Medium (FWOT)

膜厚爲幾何厚度（Geometric）：

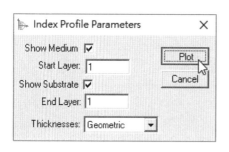

Refractive Index

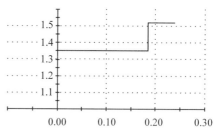

Geometric Distance from Medium

膜厚爲物理厚度（Physical）：

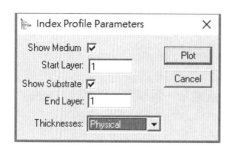

Refractive Index

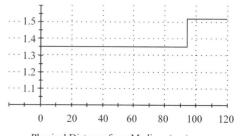

Physical Distance from Medium (nm)

導納軌跡圖

點按 [Tools/Analysis/Admittance]。

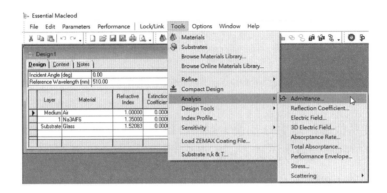

垂直軸（Vertical Axis）與水平軸（Horizontal Axis）勾選自動刻度（Automatic Scale），選按 Plot 或 Active Plot。

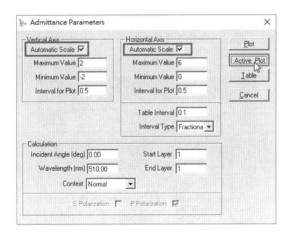

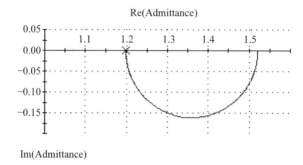

導納軌跡圖從基板導納值 1.52 出發，順時針繞下半圓至軸上 1.2，此導納值不等於空氣導納值 1，可見在參考波長 510nm 處的反射率不為零；冰晶石是已知折射率最低的材料，因此，欲達到在參考波長 510nm 處的反射率為零，必須使用比較高折射率的基板，其數值為

$$n_s = \frac{n_1^2}{n_0} = \frac{1.35^2}{1} = 1.823$$

新增基板：修改 Glass 之 n&k 數據如下所示：

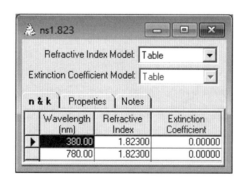

點按 **[File/Save As]**，名稱為 ns1.823。

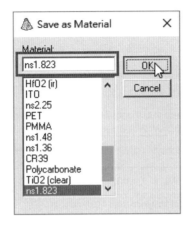

將基板更改為 ns1.823。

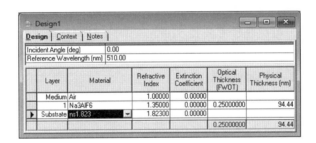

反射率光譜圖

　　由光譜圖得知，在參考波長 510nm 處的反射率為零，顯示理想單層抗反射膜的情況。

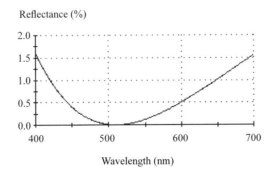

鍍膜層的**折射率側面圖**：1/4 波厚的單層抗反射膜。

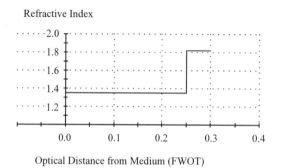

導納軌跡圖

　　導納軌跡圖從基板導納值 1.823 出發，順時針繞下半圓圈至軸上 1.0，此導納值等於空氣導納值，可見在參考波長 510nm 處的反射率為零。

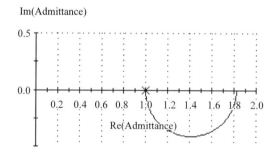

顏色顯示圖

　　由反射率光譜圖得知，在參考波長 510nm 處的反射率為零，但短波長區與長波長區的反射率為 1.5%，整體光譜特性呈現 V 型，因此，反射光為短波長區的紫光與長波長區的紅光混合而形成洋紅色（如下圖所示）。

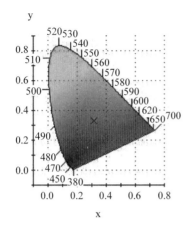

（二）高折射率材料之抗反射（AR）效果

更改單層抗反射膜為高折射率材料 TiO₂。

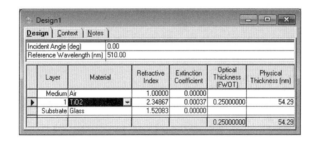

反射率光譜圖

由光譜圖可知，反射率遠大於未鍍膜的玻璃基板，顯然安排高折射率材料無法達到抗反射的效果。

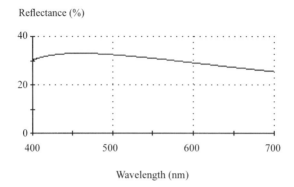

變更膜厚從 0 至 1，間隔 0.125，記錄相對應的反射率。

膜厚 Thickness	0	0.125	0.25	0.375	0.5	0.625	0.75	0.875	1
反射率 %									

點按工具列圖示 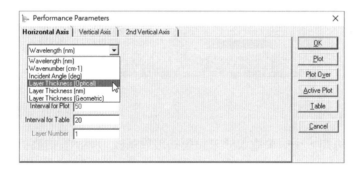：特性參數設定，水平軸設定切換爲 Layer Thickness（Optical），垂直軸維持原設定。

最大值更改爲 2，意即掃描至 2 個參考波長。

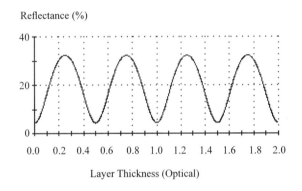

點按 Plot 或 Active Plot，輸出如下所示的反射率—光學膜厚關係圖。

Reflectance (%)

Layer Thickness (Optical)

由以上步驟的輸出結果，總結膜厚與反射率的關係，填答下列問題：

1. 反射率—光學膜厚關係呈現　○週期性　○非週期性。

2. 膜厚等於 0 的反射率，等同膜厚為何的反射率？　○ $0.25\lambda_0$ 整數倍
　○ $0.5\lambda_0$ 整數倍　○任意光學厚度。

3. 反射率最高位置為　○ $0.25\lambda_0$ 整數倍　○ $0.5\lambda_0$ 整數倍　○任意光學厚度。

4. 反射率最低位置為　○ $0.25\lambda_0$ 奇數倍　○ $0.5\lambda_0$ 偶數倍　○任意光學厚度。

入射角曲線圖

　　垂直軸設定：

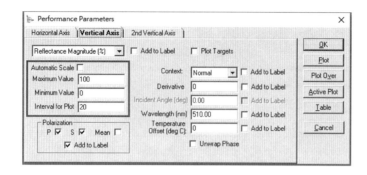

水平軸設定：表格間距為 1。

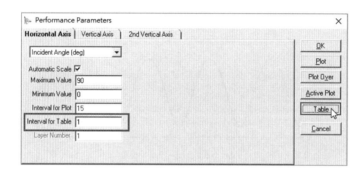

按 Table ，詳細檢視不同偏振光的光譜數據，由此表格數據得知，類似的布魯斯特角度介於 72 與 73 度之間，相較於無鍍膜之玻璃情況顯然變大。

Incident Angle [deg]	P-Reflectance [%]	P-Transmittance [%]	S-Reflectance [%]	S-Transmittance [%]
70	0.618919	99.323703	69.885328	30.094385
71	0.331078	99.611353	71.133802	28.846687
72	0.166668	99.775643	72.407522	27.573766
73	0.149660	99.792619	73.706737	26.275376
74	0.308425	99.633924	75.031705	24.951258

點按工具列 Plot，檢視不同入射角的反射率光譜特性。

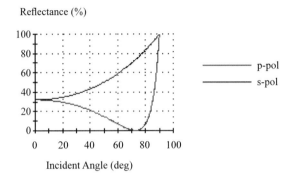

現在將基板（Substrate）由玻璃更改為空氣，入射介質（Medium）由空氣更改為玻璃，其入射角曲線圖如下所示：

	Layer	Material	Refractive Index	Extinction Coefficient	Optical Thickness (FWOT)	Physical Thickness (nm)
	Medium	Glass	1.52083	0.00000		
	1	TiO2	2.34867	0.00037	0.25000000	54.29
▶	Substrate	Air	1.00000	0.00000		
					0.25000000	54.29

Incident Angle (deg)　0.00
Reference Wavelength (nm)　510.00

Design | Context | Notes

由此表格數據得知，具有全反射現象的布魯斯特角度介於 38 與 39 度之間，相較於無鍍膜之玻璃情況顯然變大。

	Incident Angle (deg)	P-Reflectance (%)	P-Transmittance (%)	S-Reflectance (%)	S-Transmittance (%)	
	36	4.443221	95.504243	62.199206	37.745352	
	37	2.492588	97.454319	65.382080	34.561594	
	38	0.828890	99.117037	69.162296	30.780316	
	39	0.163527	99.780402	73.868103	26.073160	
	40	3.248409	96.690385	80.318896	19.620462	

點按工具列 📈 Plot，檢視不同入射角的反射率光譜圖。

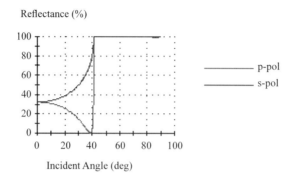

回到設計視窗：

　　恢復原本的設定——入射介質為空氣，基板為玻璃，點按 **[Parameters/3D Per-
formance...]**，或者點按工具列之圖示 🔵ₚ，設定三維性能參數：x 軸變數為波長（Wave-
length（nm）），y 軸變數為入射角（Incident Angle（deg）），保留預設值，z 軸選項反
射率（Reflectance Magnitude（%）），點按 Plot ，或者點按工具列之圖示 🔘。

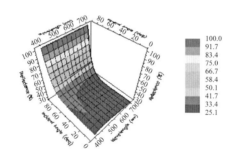

由以上步驟的輸出結果，總結高折射率材料之單層抗反膜，在固定膜厚為 $0.25\lambda_0$ 的
條件下，入射角與反射率的關係，填答下列問題：

1. 光從空氣端入射到玻璃基板，入射角度為何，s 與 p 偏振光的反射率相等？
　　〇 0 度　　〇布魯斯特角。

2. 光從空氣端入射到玻璃基板，除了特定角度外，s 與 p 偏振光的反射率何者
　　比較大？　　〇 s 偏振光　　〇 p 偏振光。

3. 布魯斯特角是何種偏振光的特性？　　〇 s 偏振光　　〇 p 偏振光。

4. 相較於未鍍膜之玻璃基板，此布魯斯特角　○變小　○變大　○不變。

顏色顯示圖

滑鼠選按工具列 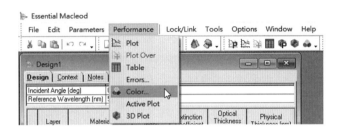 圖示或功能表 **[Performance/Color]**，檢視顏色顯示圖。

顏色參數設定：

1. 光源選項：D65，此為國際標準人工日光（Artificial Daylight），色溫 6500K，功率 18W。
2. 模式（Mode）：反射率（Reflectance）。
3. 顯示項全勾選，包括白點（White Point）、色塊（Color Patch）、目標（Target）。
4. 繪圖種類選項：色度 xy。
5. 按 Active Plot 。

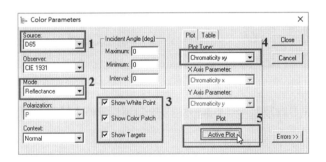

由反射率光譜圖與顏色顯示圖可知，使用 D65 為光源，目標設計的顏色近似為淡灰顏色。

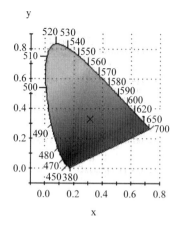

折射率側面圖

點按 **[Tools/Index Profile]**。

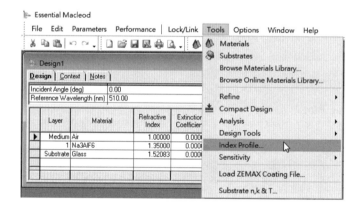

入射介質（Medium）以及基板（Substrate）皆勾選顯示，膜厚為光學厚度（Optical）。

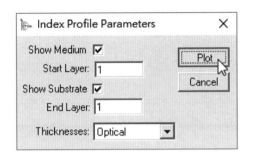

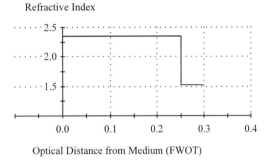

Refractive Index

Optical Distance from Medium (FWOT)

導納軌跡圖

點按 **[Tools/Analysis/Admittance]**，垂直軸（Vertical Axis）與水平軸（Horizontal Axis）勾選自動刻度（Automatic Scale），選按 Plot 或 Active Plot 。

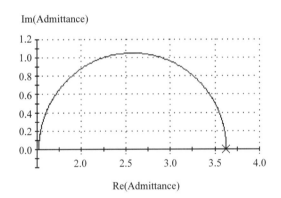

導納軌跡圖從基板導納值 1.52 出發，順時針繞上半圓圈至軸上 3.62633，此導納值遠離空氣導納值 1，可見在參考波長 510nm 處的反射率不但不為零，甚至是提高反射率，換言之，單層抗反射膜的材料選用，其折射率必須小於基板折射率，否則將不會有抗反射的效果。導納值的檢視可以在導納值參數視窗中，點按 Table 。

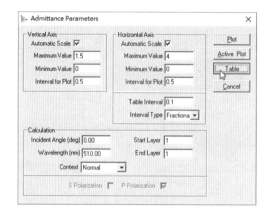

由數據表可知，膜厚 1/4 波厚，導納值為 3.62633。

Total Optical Thickness (FWOT)	Layer Number	Optical Thickness (FWOT)	Re(Admittance)	Im(Admittance)	Reflectance (%)	Phase (deg)
0.00000000	1	0.00000000	1.52083	0.00000	4.268744	179.999999
0.03000000	1	0.03000000	1.55262	0.25625	5.637821	-160.855503
0.06000000	1	0.06000000	1.65102	0.50663	9.341573	-152.928812
0.09000000	1	0.09000000	1.82555	0.74032	14.412085	-152.797576
0.12000000	1	0.12000000	2.08995	0.93467	19.782414	-156.215604
0.15000000	1	0.15000000	2.45385	1.04554	24.625920	-161.120086
0.18000000	1	0.18000000	2.89966	1.00064	28.441591	-166.613614
0.21000000	1	0.21000000	3.34099	0.72037	30.982455	-172.317957
0.24000000	1	0.24000000	3.60683	0.20145	32.149720	-178.084943
0.25000000	1	0.25000000	3.62633	-0.00116	32.227454	179.989103

六、問題與討論

1. 新增基板 PET，若不鍍膜處理，反射率為何？膜厚為何，等於不鍍膜處理的反射率？

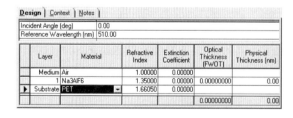

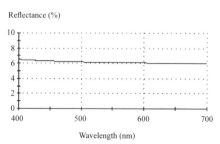

結論：_____。

2. PET 基板之低折射率材料單層抗反射膜安排：分別使用 Na_3AlF_6、MgF_2、SiO_2。

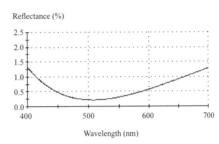

結論：_____。

3. PET 基板之高折射率材料單層抗反射膜安排：分別使用 TiO_2、Ta_2O_5、ZrO_2。

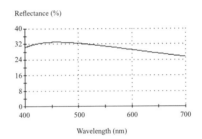

結論：_____。

4. 新增太陽能電池基板 GaAs，若不鍍膜處理，反射率爲何？膜厚爲何，等於不鍍膜處理的反射率？

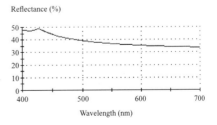

結論：_____ 。

5. GaAs 太陽能電池基板之單層抗反射膜安排。

使用冰晶石材料，可見光區抗反射效果不佳。

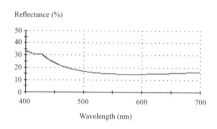

改用參考波長處有最佳抗反射效果的材料，必須符合 $n = \sqrt{n_0 n_s}$ 條件：例如 Ta_2O_5。

	Layer	Material	Refractive Index	Extinction Coefficient	Optical Thickness (FWOT)	Physical Thickness (nm)
	Medium	Air	1.00000	0.00000		
▶	1	Ta2O5	2.11557	0.00000	0.25000000	60.27
	Substrate	GaAs	4.24577	0.39329		
					0.25000000	60.27

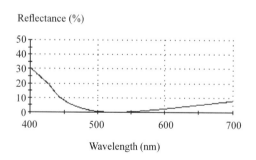

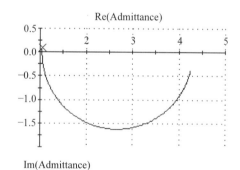

或者 ZrO_2。

	Layer	Material	Refractive Index	Extinction Coefficient	Optical Thickness (FWOT)	Physical Thickness (nm)
	Medium	Air	1.00000	0.00000		
►	1	ZrO2	2.06577	0.00004	0.25000000	61.72
	Substrate	GaAs	4.24577	0.39329		
					0.25000000	61.72

結論：_____。

七、關鍵字

1. 抗反射鍍膜（ARC）。

2. V 型鍍膜。

3. 反射率光譜圖。

4. 角依效應。

5. 1/4 波長光學膜厚（QWOT）。

6. 1/2 波長光學膜厚（HWOT）。

八、學習資源

1. http://www.itrc.narl.org.tw/Publication/Newsletter/no67/p14.php
   光學薄膜之原理與應用。

2. http://rocoes.com.tw/2008c/ar-how.htm
   如何提高穿透率？什麼是 AR（抗反射膜）？

3. http://www.ydcoating.com/s/1/product-358468/ 抗反射鍍膜 CAR.html
   抗反射鍍膜（AR）。

4. https://www.global-optosigma.com/cn/category/opt_d/opt_d03.html
   鍍膜。

九、參考資料

1. 薄膜光學與鍍膜技術（第 8 版），李正中，藝軒圖書。

2. 薄膜光學概論，葉倍宏，全華圖書。

3. http://www.thorlabs.us/NewGroupPage9.cfm?ObjectGroup_ID=5840 。

4. http://www.optimaxsi.com/ar-coating/ 。

CHAPTER ▶▶ ▶

雙層抗反射膜

一、實習目的

配合使用 Essential Macleod 光學薄膜設計模擬軟體，模擬、分析、討論：

1. QQ 型之雙層抗反射膜特性。

2. QH 型之雙層抗反射膜特性。

3. 不同膜層安排對雙層抗反射膜特性的影響。

實習流程：

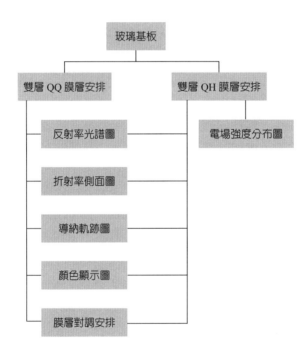

二、實習軟體

Essential Macleod 光學薄膜設計模擬軟體。

三、應用實例

（一）抗反射鍍膜

抗反射鍍膜（Anti Reflection Coating），又稱 AR 鍍膜，可減少光線的反射，增加玻璃或透明基板的透光度。一般 PMMA 與玻璃的透光度約為 91～92%，透過單面鍍膜約可達到 94～95% 透光率，雙面鍍膜可達到 98～99% 透光率。

產品應用：抬頭顯示器、太陽能面板（玻璃）、手機鏡頭、車用面板、軍用及工業面板等。

資料來源：**http://www.cysh.com.tw/Machining_Coating_AR.html**。

（二）STC 多層鍍膜抗刮抗汙薄框保護鏡（**TITAN**）

康寧 Corning® Gorilla® Glass 3 以耐衝擊與耐磨耗著稱，幾乎可說是地表最耐用的玻璃原材之一，搭配 STC 獨家的研磨、拋光技術，不僅成就出 1.1mm 的超薄鏡片，更讓如此輕薄的鏡片具有 650mpa 壓力的垂直衝擊。經 SGS（test No. HV-13-04569X）測試，以一顆 45g 的鋼珠，自 90cm 處垂直落地撞擊鏡片中央，亦不會造成玻璃碎裂。

資料來源：**http://www.rakuten.com.tw/shop/ubh/product/100000011819542/**。

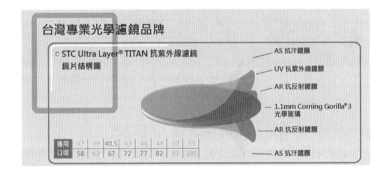

（三）抗反射光學保護板技術

1. 這種技術如何運作？

　　抗反光塗層的保護玻璃在強光環境下性能表現優異。普通玻璃強烈的環境光線反射導致視覺能見度降低。特殊防反射塗層的保護玻璃可以增加對比度、增強透光率超過 95%（光反射率小於 4%），而且可以有效地減少鏡像。多層次的噴塗任何一面或雙面玻璃是為了盡量減少反射率和增加最大透光率。

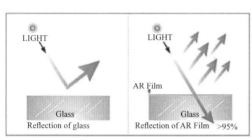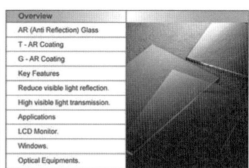

資料來源：**http://www.unibright.com.tw/TW/Technology02.aspx**。

2. 優點

　　抗反射塗層的保護玻璃能減少反射和增加最大透光率。

3. 應用

　　藝術展示、手機、展覽標示牌、戶外工具、全球定位系統（GPS）、公共訊息POS機、ITO導電玻璃基板、交通工具、液晶顯示器、其他光學產品。

4. 使用此技術的產品

　　這種鍍膜技術的玻璃，現在可提供全系列顯示器從3吋到78吋的客製化需求。

5. 抗反射光學保護板資訊及說明

　　(1)可使用客戶基材提供塗層服務。

　　(2)雙面雙層減反射塗層可以減少反射率，從5～6%降至2～3%（每邊），提高透光率從88～90%至98～99.5%。

　　(3)雙面單層增透膜反射率可以降低5～6%降至3～3.5%（每邊），提高透光率從88～90%至95～96.5%。

　　(4)G-AR鍍膜玻璃具有良好的抗汙損特性，它具有約90至100度的接角值。對於一些特殊需求，也可以提供更好的接角如從100到110度。

　　(5)按照美國ASTM D3363-05標準鉛筆硬度測試。

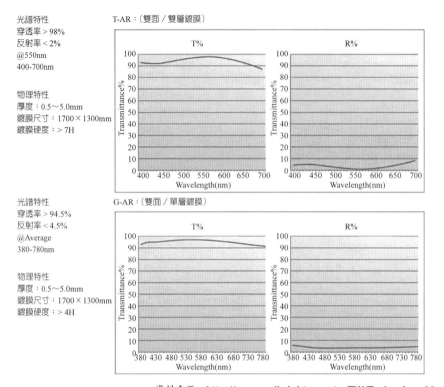

光譜特性
穿透率＞98%
反射率＜2%
@550nm
400-700nm

物理特性
厚度：0.5～5.0mm
鍍膜尺寸：1700×1300mm
鍍膜硬度：＞7H

T-AR：（雙面／雙層鍍膜）

光譜特性
穿透率＞94.5%
反射率＜4.5%
@Average
380-780nm

物理特性
厚度：0.5～5.0mm
鍍膜尺寸：1700×1300mm
鍍膜硬度：＞4H

G-AR：（雙面／單層鍍膜）

資料來源：**http://www.unibright.com.tw/TW/Technology02.aspx**。

四、基本理論

單層抗反射效果不佳，起因於可用材料的折射率太高，換言之，就是基板折射率太低，改善之道可在基板上先鍍一層高折射率膜層，拉高基板的導納值以便滿足最佳抗反射條件；或者是需要較寬廣低反射率波段時，**雙層抗反射膜（ARC）**的引用確實有其必要。

（一）低折射率基板 QQ 膜層

垂直入射：Q 代表 1/4 波長光學厚度（簡稱 1/4 波厚），已知 $\delta_1 = \delta_2 = \dfrac{\pi}{2}$，雙層鍍膜系統的特徵矩陣為

$$\begin{bmatrix} B \\ C \end{bmatrix} = \begin{bmatrix} 0 & \dfrac{i}{\eta_1} \\ i\eta_1 & 0 \end{bmatrix} \begin{bmatrix} 0 & \dfrac{i}{\eta_2} \\ i\eta_2 & 0 \end{bmatrix} \begin{bmatrix} 1 \\ \eta_S \end{bmatrix}$$

$$\begin{bmatrix} B \\ C \end{bmatrix} = \begin{bmatrix} -\dfrac{\eta_2}{\eta_1} & 0 \\ 0 & -\dfrac{\eta_1}{\eta_2} \end{bmatrix} \begin{bmatrix} 1 \\ \eta_S \end{bmatrix} = \begin{bmatrix} -\dfrac{\eta_2}{\eta_1} \\ -\dfrac{\eta_1(\eta_S)}{\eta_2} \end{bmatrix}$$

因此，導納值為

$$Y = \frac{C}{B} = \frac{\eta_1{}^2 \eta_S}{\eta_2{}^2}$$

反射率為

$$R = \left(\frac{\eta_0 - Y}{\eta_0 + Y} \right)^2$$

如欲 $R = 0$，則須滿足

$$\eta_0 = Y = \frac{\eta_1{}^2 \eta_S}{\eta_2{}^2} = \frac{n_1{}^2 n_S}{n_2{}^2} = n_0$$

$$\frac{n_2}{n_1} = \sqrt{\frac{n_S}{n_0}}$$

例如選用玻璃基板 $n_S = 1.52$，空氣 $n_0 = 1$，若鍍膜材料選用 $n_1 = 1.38$，則靠近基板編號 2 膜層的折射率為 1.7。

$$n_2 = n_1 \sqrt{\frac{n_S}{n_0}} = 1.38 \sqrt{\frac{1.52}{1}} = 1.7$$

若鍍膜材料 $n_1 = 1.65$，則靠近基板編號 2 膜層的折射率為 2.034。

$$n_2 = n_1 \sqrt{\frac{n_S}{n_0}} = 1.65 \sqrt{\frac{1.52}{1}} \cong 2.034$$

顯然 $n_2 > n_1$ 才能符合**抗反射**要求，若是選擇 $n_1 > n_2$ 的材料則是**增反射**的狀況。通常，較常見的**高折射率材料**有

ZrO_2 (n = 2.1)
TiO_2 (n = 2.2～2.7)
ZnS (n = 2.35)

低折射率材料有

MgF_2 (n = 1.38)
CeF_2 (n = 1.63)

雙層抗反射膜

以上述兩組設計為例：**1|LH|1.52**，1 為空氣的折射率，1.52 為玻璃基板的折射率，$\lambda_0 = 0.55\mu m$，$\theta_0 = \theta_d = 0°$，符號 L 代表 1/4 波厚低折射率材料，H 代表 1/2 波厚高折射率材料

1. $n_L = 1.38$，$n_H = 1.7$ **2.** $n_L = 1.65$，$n_H = 2.03$

結果顯示，兩者均符合在設計波長零反射的要求，但是第二組折射率較高的設計，在 λ_0 兩旁的反射率上升快速，因此，考慮要有較佳的抗反射效果，仍以第一組較低折射率的設計為宜。

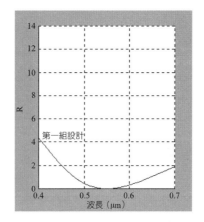

導納軌跡圖

第一組設計的**導納軌跡圖：1|LH|1.52**，符號 L、H 分別代表 1/4 波厚的低、高折射率材料，參考波長 $\lambda_0 = 0.55\mu m$，入射角等於設計角 $\theta_0 = \theta_d = 0°$，低折射率材料之折射率 $n_L = 1.38$，高折射率材料之折射率 $n_H = 1.7$。

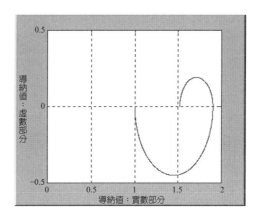

比較

單層膜設計：**1|L|1.52**，符號 L 代表 1/4 波厚低折射率材料，$n_L = 1.38$，$\lambda_0 = 0.55\mu m$，$\theta_0 = \theta_d = 0°$。

雙層膜設計：**1|LH|1.52**，H 代表 1/2 波厚高折射率材料，$n_L = 1.38$，$n_H = 1.7$。輸出結果，反射率光譜圖如下圖所示：

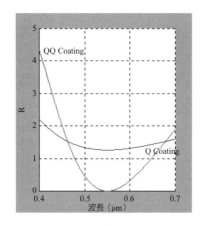

結論

雙層 **QQ 抗反射膜**設計的效果，就好像是**單層抗反射膜**設計在設計波長 λ_0 處往下拉至零的結果，所以，**除了設計波長附近外，其餘波段的反射率都是雙層設計劣於單層設計。**

（二）QH 膜層

Case 1

Q 代表 1/4 波長光學厚度（簡稱 1/4 波厚），H 代表 1/2 波長光學厚度（簡稱 1/2 波厚），$\delta_1 = \dfrac{\pi}{2}$，$\delta_2 = \pi$，**1|L 2H|1.52**：此時**特徵矩陣**為

$$\begin{bmatrix} B \\ C \end{bmatrix} = \begin{bmatrix} 0 & \dfrac{i}{\eta_1} \\ i\eta_1 & 0 \end{bmatrix} \begin{bmatrix} -1 & 0 \\ 0 & -1 \end{bmatrix} \begin{bmatrix} 1 \\ \eta_S \end{bmatrix} = \begin{bmatrix} -i\dfrac{\eta_S}{\eta_1} \\ -i\eta_1 \end{bmatrix}$$

導納值為

$$Y = \frac{C}{B} = \frac{\eta_1{}^2}{\eta_S}$$

同樣以雙層膜設計：**1|L 2H|1.52**，$n_L = 1.38$，$n_H = 1.7$ 為例，其反射率光譜特性如下圖所示：

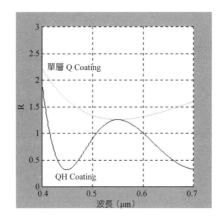

由輸出結果得知：

1. 在設計波長 λ_0 處，反射率與單層鍍膜 **1|L|1.52** 相同，故稱 $\lambda_0/2$ 膜層為**無效層**。

2. **無效層**具有**拓寬低反射率波段**的效果，使整個可見光區的反射率比單層鍍膜還低。

3. 前述 **QQ 抗反射膜**為單一零值的 **V 型鍍膜**，改成 QH 設計將有可能成為雙零值的 **W 型鍍膜**。

4. 因為原設計中的 n_2 值太低，所以，只有極小值而非零值；若想達到零值，可以增加 n_2 值至 1.9，其效果如下圖所示：

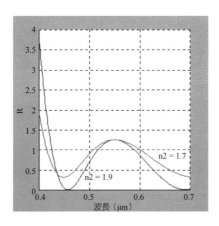

$\boxed{\text{Case 2}}$

$\delta_1 = \pi$，$\delta_2 = \dfrac{\pi}{2}$，**1|L 2H|1.52**

此時**特徵矩陣**為

$$\begin{bmatrix} B \\ C \end{bmatrix} = \begin{bmatrix} -1 & 0 \\ 0 & -1 \end{bmatrix} \begin{bmatrix} 0 & \dfrac{i}{\eta_2} \\ i\eta_2 & 0 \end{bmatrix} \begin{bmatrix} 1 \\ \eta_S \end{bmatrix} = \begin{bmatrix} -i\dfrac{\eta_S}{\eta_2} \\ -i\eta_2 \end{bmatrix}$$

導納值為

$$Y = \frac{C}{B} = \frac{\eta_2{}^2}{\eta_S}$$

同樣以**雙層膜設計**：**1|2H L|1.52**，$n_L = 1.38$，$n_H = 1.7$ 為例，其反射率光譜特性如下圖所示：

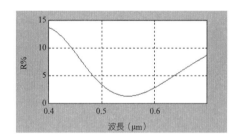

比較

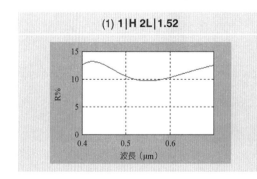

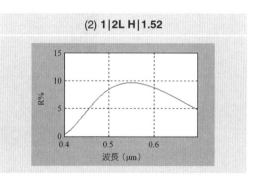

以上三種是**雙層增反射**的光譜輸出，其中請特別注意**半波長**的效應。

斜向入射

以**雙層膜設計：1|L 2H|1.52**，$n_L = 1.38$，$n_H = 1.7$ 為例，其不同偏振極性的反射率光譜特性如下圖所示：

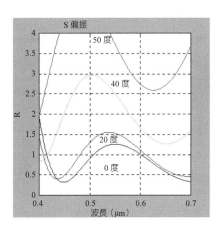

由上圖可知，隨入射角遞增，設計波長處的反射率也遞增，並且往短波長區移動。

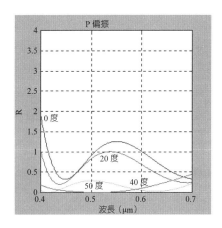

由上圖可知，**p 偏振**與 **s 偏振**的反射率特性呈現相反的動作，隨入射角遞增，設計波長處的反射率也遞減，並且往短波長區移動。

五、模擬步驟

（一）QQ膜層

滑鼠雙按 圖示，打開 Essential Macleod 模擬軟體，滑鼠點按工具列圖示 ，產生一個新的設計。

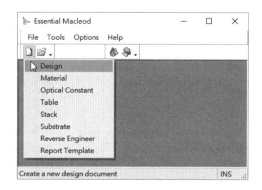

系統預設畫面如下所示，其中材料 Na_3AlF_6 為冰晶石，光學厚度（FWOT）為 0.25 λ_0，λ_0 為參考波長（Reference Wavelength）510nm，入射介質為空氣（Air），基板為玻璃（Glass）；將編號 1 鍍膜層的材料更換為 MgF_2。

	Layer	Material	Refractive Index	Extinction Coefficient	Optical Thickness (FWOT)	Physical Thickness (nm)
	Medium	Air	1.00000	0.00000		
▶	1	MgF2	1.38542	0.00000	0.25000000	92.03
	Substrate	Al2O3	1.52083	0.00000		
		Glass				
		HfO2				
		MgF2			0.25000000	92.03
		Na3AlF6				

點按 Substrate 欄位。

	Layer	Material	Refractive Index	Extinction Coefficient	Optical Thickness (FWOT)	Physical Thickness (nm)
	Medium	Air	1.00000	0.00000		
	1	MgF2	1.38542	0.00000	0.25000000	92.03
▶	Substrate	Glass	1.52083	0.00000		
					0.25000000	92.03

選按 **[Edit/Insert Layers]**。

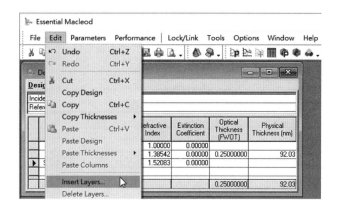

新增 1 層。

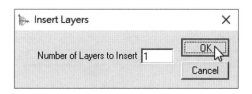

編號 2 鍍膜層的材料更換爲 Al_2O_3，其折射率爲 1.66574，膜厚爲 1/4 波厚，以符合 QQ 膜層安排的要求。

Layer	Material	Refractive Index	Extinction Coefficient	Optical Thickness (FWOT)	Physical Thickness (nm)
Medium	Air	1.00000	0.00000		
1	MgF2	1.38542	0.00000	0.25000000	92.03
2	Al2O3	1.66574	0.00000	0.25000000	76.54
Substrate	Glass	1.52083	0.00000		
				0.50000000	168.57

點按工具列圖示 ：特性參數設定，水平軸設定保留預設值，垂直軸選按反射率 （Reflectance Magnitude（%）），取消自動刻度，設定最大值、最小值與區間值。

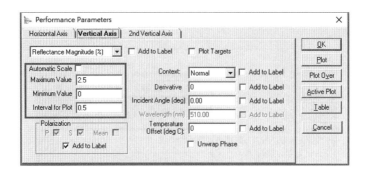

最後滑鼠點按 [Plot] 繪製反射率光譜圖：由特性圖可知，如同理想的單層抗反射膜安排，呈現 V 型特性。

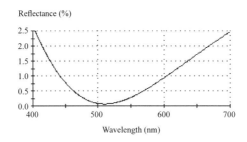

光譜圖數據計算

　　於圖表中，點按滑鼠右鍵，選項重選按 Statistics 後將滑鼠移入圖表區。

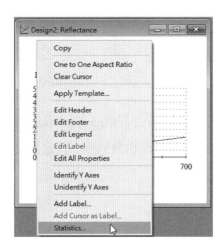

滑鼠點按圖形視窗任意位置，出現計算視窗如下所示；依序在範圍模組中輸入光譜範圍 400、700，統計模組中全部勾選，按 Calculate 。

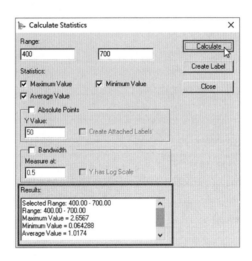

由視窗下方的表列結果得知，反射率全波段皆在 2.66% 以下，其中反射率最大值為 2.6567%，最小值為 0.064288%，平均值為 1.0714%，其中使用 Create Label 功能，將相關統計數據標示於反射率光譜圖之中。

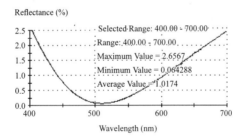

欲檢視參考波長 510nm 處的反射率，比照上述步驟設定，結果如下所示，可知反射率為 0.064314%。

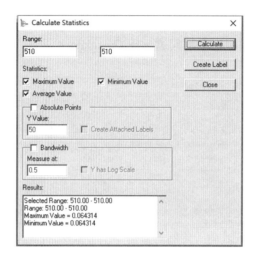

相較於單層抗反射膜，結論：_____。

折射率側面圖

膜厚皆 1/4 波厚的雙層抗反射膜：點按 **[Tools/Index Profile]**，參數設定使用預設值，按 Plot。

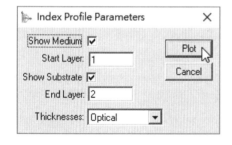

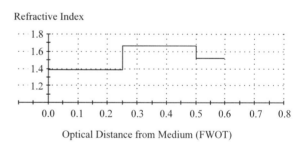

左邊膜層靠近空氣端，膜厚 1/4 波厚 $0.25\lambda_0$，折射率 1.38542，編號 2 膜層靠近基板，膜厚 1/4 波厚 $0.25\lambda_0$，折射率 1.66574，基板位置從光學厚度 0.5 開始，如上圖右所示。

導納軌跡圖

點按 **[Tools/Analysis/Admittance]**，勾選自動刻度，按 Plot。

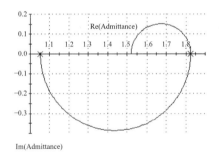

由導納軌跡圖可知，從基板導納值 1.52 出發，先鍍上高折射率材料 Al_2O_3，其導納軌跡順時針繞上半圓圈至 1.82446，再鍍上低折射率材料 MgF_2，其導納軌跡順時針繞下半圓圈至 1.05203，此導納值接近空氣導納值 1，可見在參考波長 510nm 處的反射率接近零值。

顏色顯示圖

點按 **[Performances/Color]** 或工具列圖示 ，顏色參數設定：

1. 光源選項：D65，此為國際標準人工日光（Artificial Daylight），色溫 6500K，功率 18W。

2. 模式（Mode）：反射率（Reflectance）。

3. 顯示項全部勾選，包括白點（White Point）、色塊（Color Patch）、目標

（Target）。

4. 繪圖種類選項：色度 xy。

5. 按 Active Plot 。

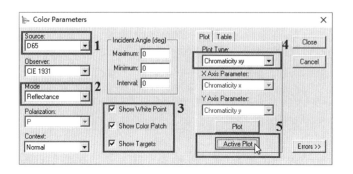

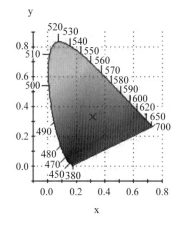

由反射率光譜圖得知，在參考波長 510nm 處的反射率接近零值，但短波長區與長
波長區的反射率爲 2.5%，整體光譜特性呈現 V 型，因此，反射光爲短波長區的紫
光與長波長區的紅光混合而形成洋紅色。

結論：＿＿＿＿＿＿＿＿＿＿＿＿＿＿＿＿＿＿＿＿＿＿＿＿。

不同膜層安排對抗反射效果的影響

點按 **[Edit/Reverse Layers]**。

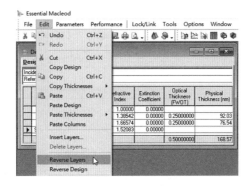

此時膜層安排已經將膜層對調，意即高折射率材料 Al_2O_3 靠近空氣端。

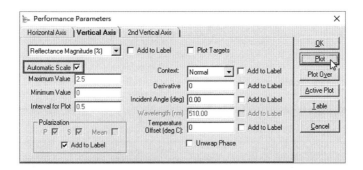

性能參數設定：勾選自動刻度，按 Plot 。

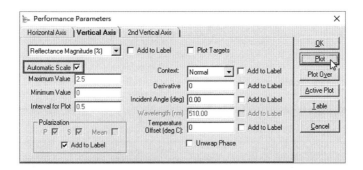

反射率光譜圖

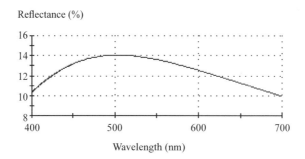

由統計數據得知，全波段平均反射率皆為 12.537% 以下，其中反射率最大值為 14.05%，最小值為 9.941%，顯見這不是抗反射膜的安排。

導納軌跡圖

鍍膜安排 **Air|H L|Glass**。

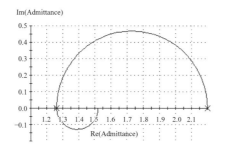

導納軌跡圖之對應數據

於導納參數視窗中，點按 Table 檢視。

Total Optical Thickness (FWOT)	Layer Number	Optical Thickness (FWOT)	Re(Admittance)	Im(Admittance)	Reflectance (%)	Phase (deg)
0.25000000	2	0.25000000	1.26207	0.00000	1.342210	-179.999999
0.25000000	1	0.00000000	1.26207	0.00000	1.342210	-179.999999
0.28000000	1	0.03000000	1.28123	0.13258	1.851311	-158.085961
0.31000000	1	0.06000000	1.33938	0.25773	3.278537	-149.073900
0.34000000	1	0.09000000	1.43792	0.36572	5.356475	-148.665083
0.37000000	1	0.12000000	1.57680	0.44235	7.729764	-152.255985
0.40000000	1	0.15000000	1.74992	0.46782	10.040403	-157.698039
0.43000000	1	0.18000000	1.93785	0.41971	11.987156	-164.020807
0.46000000	1	0.21000000	2.10206	0.28466	13.351106	-170.760348
0.49000000	1	0.24000000	2.19211	0.07723	13.997234	-177.679303
0.50000000	1	0.25000000	2.19852	0.00000	14.040879	180.000000

由導納軌跡圖可知，從基板導納值 1.52 出發，先鍍上低折射率材料 MgF_2，其導納軌跡順時針繞下半圓圈至 1.26207，再鍍上高折射率材料 Al_2O_3，其導納軌跡順時針繞上半圓圈至 2.19852，此導納值遠離空氣導納值 1，可見在參考波長 510nm 處的反射率遠離零值，其數值計算如下所示：

$$R = \frac{(1 - 2.19852)^2}{(1 + 2.19852)^2} = 14.05\%$$

結論：_____。

（二）QH 膜層

點按 **[Edit/Reverse Layers]**，將膜層安排反轉後，編號 2 鍍膜層的膜厚更改為 0.5，以符合 QH 膜層安排的要求，其中 Q 代表膜厚為 1/4 波厚，H 代表膜厚為 1/2 波厚。

	Layer	Material	Refractive Index	Extinction Coefficient	Optical Thickness (FWOT)	Physical Thickness (nm)
	Medium	Air	1.00000	0.00000		
	1	MgF2	1.38542	0.00000	0.25000000	92.03
▶	2	Al2O3	1.65574	0.00000	0.50000000	153.09
	Substrate	Glass	1.52083	0.00000		
					0.75000000	245.11

點按工具列圖示 ：特性參數設定，水平軸設定保留預設值，垂直軸選按反射率（Reflectance Magnitude（％）），取消自動刻度，設定最大值、最小值與區間值。

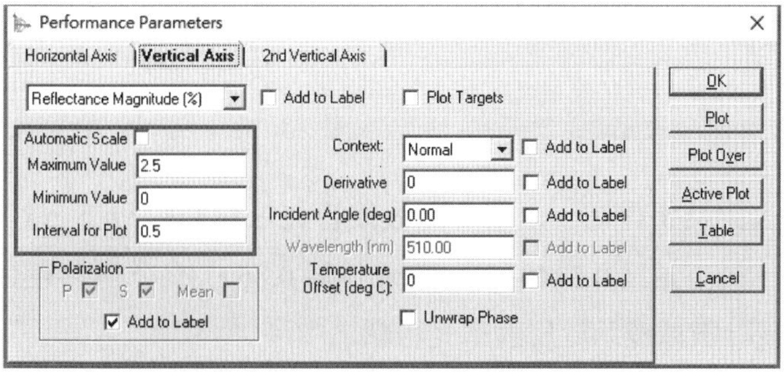

91

滑鼠點按 $\boxed{\text{Plot}}$ 繪製反射率光譜圖：由特性圖可知，如同理想的單層抗反射膜安排，呈現 V 型特性。

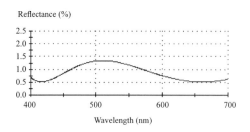

光譜圖數據計算

於圖表中，點按滑鼠右鍵，選項重選按 Statistics 後將滑鼠移入圖表區，滑鼠點按圖形視窗任意位置，出現計算視窗如下所示；依序在範圍模組中輸入光譜範圍 400、700，統計模組中全部勾選，按 $\boxed{\text{Calculate}}$ 。

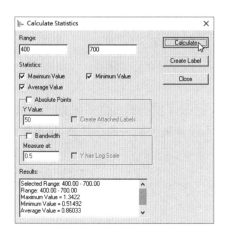
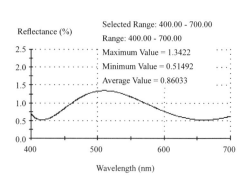

由視窗下方的表列結果得知，反射率全波段皆在 1.3422% 以下，其中反射率最大值為 1.3422%，最小值為 0.51492%，平均值為 0.86033%，其中使用 $\boxed{\text{Create Label}}$ 功能，將相關統計數據標示於反射率光譜圖之中。

編號 2 膜層之光學厚度設定為 0，代表目前只有單層抗反射膜安排。

	Layer	Material	Refractive Index	Extinction Coefficient	Optical Thickness (FWOT)	Physical Thickness (nm)
	Medium	Air	1.00000	0.00000		
	1	MgF2	1.38542	0.00000	0.25000000	92.03
▶	2	Al2O3	1.66574	0.00000	0.00000000	0.00
	Substrate	Glass	1.52083	0.00000		
					0.25000000	92.03

點按工具列 Plot Over 圖示，將單層抗反射膜與雙層抗反射膜之反射光譜合併檢視，其中虛線曲線對應單層抗反射膜。

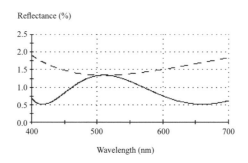

相較於 Q 型單層抗反射膜，結論：＿＿＿＿＿＿＿＿＿＿＿＿＿＿＿＿＿＿＿。
編號 2 膜層之光學厚度設定為 0.25，代表目前是 QQ 型雙層抗反射膜安排。

	Layer	Material	Refractive Index	Extinction Coefficient	Optical Thickness (FWOT)	Physical Thickness (nm)
	Medium	Air	1.00000	0.00000		
	1	MgF2	1.38542	0.00000	0.25000000	92.03
▶	2	Al2O3	1.66574	0.00000	0.25000000	76.54
	Substrate	Glass	1.52083	0.00000		
					0.50000000	168.57

點按工具列 Plot Over 圖示，合併檢視反射光譜特性；因原始輸出曲線樣式為點虛線，不容易觀察，故需進一步強化顯示。

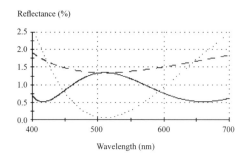

於點虛線上雙按，在編輯視窗中，文字標籤（Label）欄位輸入 QQ，線樣式（Line Style）可改可不改，線寬度（Width）更改為 3，顏色（Color）更改為紅色。

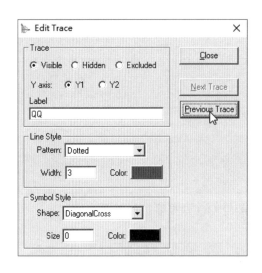

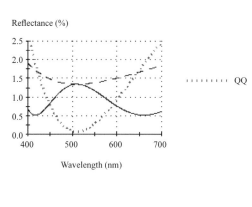

相較於 QQ 型雙層抗反射膜，結論：＿＿＿＿＿＿＿＿＿＿＿＿＿＿＿。

折射率側面圖

膜厚 1/4 與 1/2 波厚的雙層抗反射膜：點按 **[Tools/Index Profile]**，參數設定使用預設值，按 Plot 。

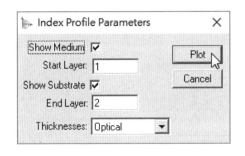

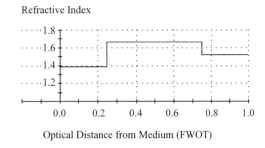

Refractive Index

Optical Distance from Medium (FWOT)

左邊膜層靠近空氣端，膜厚 1/4 波厚 $0.25\lambda_0$，折射率 1.38542，編號 2 膜層靠近基板，膜厚 1/2 波厚 $0.5\lambda_0$，折射率 1.66574，基板位置從光學厚度 0.75 開始，如上圖右所示。

導納軌跡圖

點按 **[Tools/Analysis/Admittance]**，勾選自動刻度，按 Plot 。

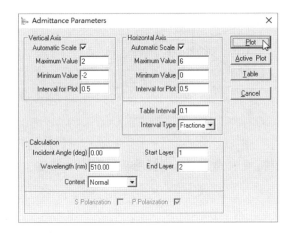

由導納軌跡圖（見下圖）可知，從基板導納值 1.52 出發，先鍍上高折射率材料 Al_2O_3，其導納軌跡順時針繞上一圓圈回到出發點 1.52，再鍍上低折射率材料 MgF_2，其導納軌跡順時針繞下半圓圈至 1.26207，此導納值並不接近空氣導納值 1，可知在參考波長 510nm 處的反射率為

$$R = \frac{(1 - 1.26207)^2}{(1 + 1.26207)^2} = 1.3422\%$$

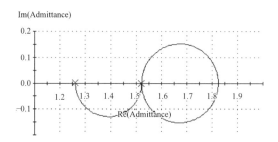

鍍膜安排公式可以表示成 **Air|L 2H|Glass**，在參考波長處 2H 為無效層，故鍍膜安排 **Air|L 2H|Glass** 可以等效為 **Air|L|Glass**，顯見反射率相等，如下圖所示：

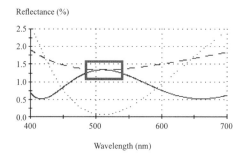

相較於 Q 型單層抗反射膜與 QQ 型雙層抗反射膜，結論：＿＿＿＿＿＿＿＿＿＿＿＿＿＿＿＿＿＿＿＿＿＿＿＿＿＿。

電場強度分布圖

利用導納軌跡法可以分析出電場在膜層中的分布情形，假設入射光強度為 1，膜層內電場值可表示成

$$E = \frac{27.46\sqrt{1 - R}}{\sqrt{n}}$$

上式代表系統之反射率不變，膜層內任一點電場隨著該點之等效折射率 n 開根號成

反比。本範例之電場強度分布如下圖所示,由此分布圖可知高折射率膜層在 1/4 波厚時,等效導納值最大,其電場值最小,膜層在半波厚時,等效導納值等同基板,低折射率膜層在 1/4 波厚時,等效導納值最小,故知其電場值最大。

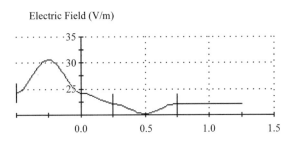

顏色顯示圖

點按 **[Performances/Color]** 或工具列圖示 ,按 Active Plot 。

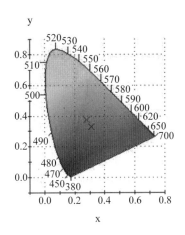

由反射率光譜圖得知,在參考波長 510nm 處的反射率最大,但短波長區與長波長區的反射率相對小,整體光譜特性呈現近似 W 型,因此,反射光為參考波長 510nm 附近的綠色。

結論：_____。

不同膜層安排對抗反射效果的影響

回設計視窗，點按 **[Edit/Reverse Layers]**。

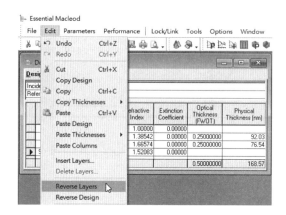

此時膜層安排已經將膜層對調，意即高折射率材料 Al_2O_3 靠近空氣端。

	Layer	Material	Refractive Index	Extinction Coefficient	Optical Thickness (FWOT)	Physical Thickness (nm)
	Medium	Air	1.00000	0.00000		
	1	Al2O3	1.66574	0.00000	0.50000000	153.09
▶	2	MgF2	1.38542	0.00000	0.25000000	92.03
	Substrate	Glass	1.52083	0.00000		
					0.75000000	245.11

性能參數設定：勾選自動刻度，按 $\boxed{\text{Plot Over}}$。

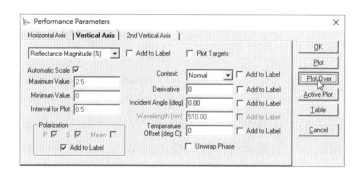

反射率光譜圖

鍍膜安排 **Air|L 2H|Glass** 與 **Air|2H L|Glass** 的反射率光譜圖比較,其中參考波長 510nm 處的反射率相等,其餘波段後者的反射率皆遠大於前者。

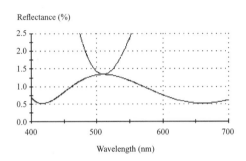

針對鍍膜安排 **Air|2H L|Glass**,由統計數據(如下圖)得知,全波段平均反射率為 5.231%,其中反射率最大值為 10.898%,最小值為 1.3422%,顯見這不是抗反射膜的妥適安排。

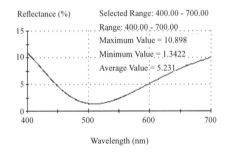

導納軌跡圖

鍍膜安排 **Air|2H L|Glass**。

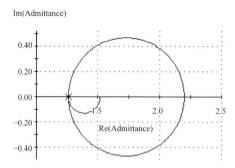

導納軌跡圖之對應數據於導納參數視窗中，點按 Table 檢視。

Total Optical Thickness (FWOT)	Layer Number	Optical Thickness (FWOT)	Re(Admittance)	Im(Admittance)	Reflectance (%)	Phase (deg)
0.25000000	2	0.25000000	1.26207	0.00000	1.342210	-179.999999
0.25000000	1	0.00000000	1.26207	0.00000	1.342210	-179.999999
0.35000000	1	0.10000000	1.47984	0.39561	6.133099	-149.559803
0.45000000	1	0.20000000	2.05306	0.33921	12.971197	-168.485068
0.55000000	1	0.30000000	2.05306	-0.33921	12.971197	168.485068
0.65000000	1	0.40000000	1.47984	-0.39561	6.133099	149.559803
0.75000000	1	0.50000000	1.26207	0.00000	1.342210	-179.999999

由導納軌跡圖可知，從基板導納值 1.52 出發，先鍍上低折射率材料 MgF_2 其導納軌跡順時針繞下半圓圈至 1.26207，再鍍上高折射率材料 Al_2O_3，其導納軌跡順時針繞一圓圈回到出發點 1.26207，此導納值並不接近空氣導納值 1，可知在參考波長 510nm 處的反射率為

$$R = \frac{(1 - 1.26207)^2}{(1 + 1.26207)^2} = 1.3422\%$$

綜上，鍍膜安排 **Air|L 2H|Glass** 與 **Air|2H L|Glass**，何者抗反射效果比較好？

　　結論：_____。

六、問題與討論

1. 使用 **Air|L H|Glass** 的設計，$n_L = 1.65$，$n_H = 2.03$，模擬可否有最佳雙層抗反射效果？

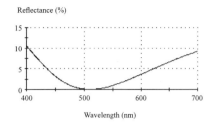

	Layer	Material	Refractive Index	Extinction Coefficient	Optical Thickness (FWOT)	Physical Thickness (nm)
	Medium	Air	1.00000	0.00000		
	1	Al2O3	1.66574	0.00000	0.25000000	76.54
▶	2	ZrO2	2.06577	0.00004	0.25000000	61.72
	Substrate	Glass	1.52083	0.00000		
					0.50000000	138.26

2. 續上一設計安排，說明爲何理論的雙層 V 型抗反射膜設計，其反射光譜不佳？如何改善？

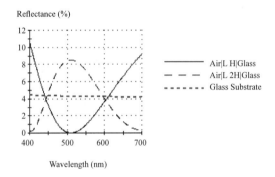

3. 第一層膜厚更改爲 0.5，即所謂的**無效層**設計，第二層膜厚爲 0.25，說明此類雙層抗反射設計有何特色？

	Layer	Material	Refractive Index	Extinction Coefficient	Optical Thickness (FWOT)	Physical Thickness (nm)
	Medium	Air	1.00000	0.00000		
	1	ZrO2	2.06577	0.00004	0.50000000	123.44
▶	2	Al2O3	1.66574	0.00000	0.25000000	76.54
	Substrate	Glass	1.52083	0.00000		
					0.75000000	199.98

七、關鍵字

1. 雙層抗反射膜：QQ 膜層。

2. 特徵矩陣。

3. 導納軌跡圖。

4. 雙層抗反射膜：QH 膜層。

5. 無效層。

6. W 型鍍膜。

八、學習資源

1. http://molepv.com/news_views.asp?id=173
單晶矽太陽電池酸制絨雙層膜工藝研究。

2. http://www.solarzoom.com/article-7284-1.html
非晶矽太陽電池減反射膜的設計。

3. http://www.chinabaike.com/t/30904/2014/1118/3004136.html
雙層氮化矽減反膜對多晶矽太陽能光伏電池的影響。

4. http://ir.lib.ntut.edu.tw/wSite/ct?ctNode=447&mp=ntut&xItem=40705
以電極最佳化及雙層抗反射膜提升矽太陽能電池特性之探討。

5. http://handle.ncl.edu.tw/11296/ndltd/31575128362974231313
雙層抗反射膜覆蓋三接面三——五族太陽電池之研究。

6. http://wulixb.iphy.ac.cn/fileup/PDF/w20090797.pdf
新型空間矽太陽電池納米減反射膜系的優化設計。

7. http://handle.ncl.edu.tw/11296/ndltd/92859551340771766186
抗反射膜之模擬與製作及其在太陽電池之應用。

8. http://cn.comsol.com/blogs/modeling-thin-dielectric-films-in-optics/
光學介質薄膜的模擬。

九、參考資料

1. 薄膜光學與鍍膜技術（第 8 版），李正中，藝軒圖書。

2. 薄膜光學概論，葉倍宏，全華圖書。

實習 **3**

CHAPTER ▶▶ ▶

參層抗反射膜

· ·

一、實習目的

配合使用 Essential Macleod 光學薄膜設計模擬軟體，模擬、分析、討論。

1. QQQ 型之參層抗反射膜特性。

2. QHQ 型之參層抗反射膜特性。

3. 不同膜層安排對參層抗反射膜特性的影響。

實習流程：

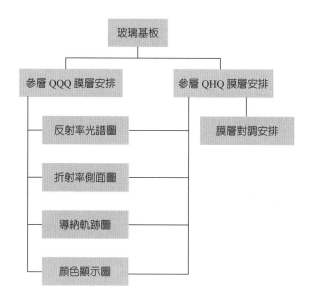

二、實習軟體

Essential Macleod 光學薄膜設計模擬軟體。

三、應用實例

（一）imos 全新光學鏡頭環（鏡頭保護蓋）

原廠鏡頭也需要保護？沒錯，即便原廠鏡頭已經採用了**藍寶石**做為原料使用，然而，當摔落的時候，同樣會面臨鏡頭破裂的風險。

而且裸機使用下，堅硬的藍寶石縱然防無可破之守，可包圍在相機鏡頭周圍那一圈卻是相當容易慘遭刮傷之吻而讓整隻手機花容失色。

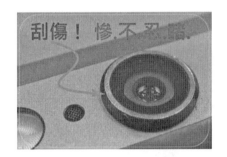

一切都交給它──**imos 全新光學鏡頭環（鏡頭保護蓋）**，繼先前的康寧材質**水晶保護鏡**之後，進化再升級，與原廠鏡頭同為藍寶石的鏡頭保護蓋，於焉誕生。

首創以**藍寶石**為基材的 **iPhone 6/ 6 Plus** 系列鏡頭保護蓋，是由 **AR 鍍膜層**→**藍寶石基材**→**印刷層**→ **imos 鏡頭環**等精緻工法循序漸進組裝而成。

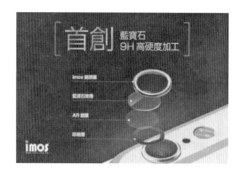

AR 鍍膜（Anti Reflection Coating）又稱為**抗反射鍍膜**，為 NASA 航太科技所研發出的光束干擾科技，經由鍍膜界面在反射回光束與光波間產生破壞性干擾，可有效減少並去除有害反射光線，同時增加透光度。

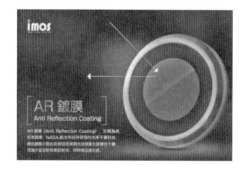

新一代的 imos 光學鏡頭環高達 **9H 的超高硬度**，有效**抗反射**，**防止原廠鏡頭直接撞擊**的風險，同時兼有**耐刮磨**與防塵的加乘效果，絕對足以徹底保護 iPhone 6/ 6 Plus 原廠激凸出來的藍寶石鏡片與外框。

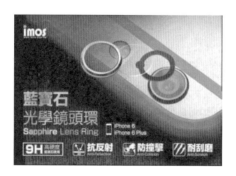

這款鏡頭保護鏡會採用藍寶石為基材的原因，就是希望能在代替原廠鏡頭承受外在力量撞擊的同時，也能盡最大的本能避免保護鏡本身刮傷，達到媲美原廠藍寶石的等級，這是 imos 想要給消費者的誠意之作；就像 imos 在正面螢幕的保護貼堅持採用最頂級的康寧強化玻璃來保護原廠康寧玻璃螢幕一樣的固執，讓使用者能享受到最真實，最頂級的材料。

iPhone 6/6 Plus 光學鏡頭環（鏡頭保護蓋）的特色：

1. 9H 高硬度藍寶石（媲美原廠鏡頭）。

2. AR 鍍膜抗反射（原封不動完美的傳遞影像到相機）。

3. 防止原廠鏡頭直接被撞擊。

4. AS 疏水疏油耐刮磨。

資料來源：**moscoat.pixnet.net/blog/post/200372325-**【絕對夠硬】**iphone-6---6-plus-** 專用 imos 藍寶石光

（二）InFocus M810 重點機

透明玻璃正面鍍上抗指紋膜，背面鍍上抗反射膜。

資料來源：**http://www.mobile01.com/topicdetail.php?f=203&t=4041768**

（三）防反射（Anti-reflection or AR）玻璃

利用特殊工藝的雙面防反射塗層，與普通玻璃相比，光的平均透過率提高 5%，反射率由 8～10% 降低到 1.5% 以下。

用途：

1. 能源領域

(1) 太陽能電池玻璃蓋板，提高光電轉換效率。

(2) 平板式太陽能熱水器玻璃蓋板，提高光熱轉換效率。

(3) 溫室大棚玻璃，增加蔬菜產量。

2. 電子顯示領域

(1) 高穿透 STN-LCD/Touch-Panel 用 ITO 玻璃基板。

(2) 彩色濾光片玻璃基板。

(3) OLED/PLED 玻璃基板。

(4) LCD 液晶屏幕濾光片。

(5) PDP 等離子電視濾光片。

(6) 汽車儀器儀錶盤。

3. 建築領域

(1) 博物館、美術館、藝術館、畫廊及其它展示中心的展品陳列櫃、相框、畫框、展示櫃。

(2) 建築的室內及室外使用：建築物的立面入口、餐廳及商店的窗戶、展示櫥窗、汽車展示廳、體育場館貴賓包廂和轉播室、加油站、電視廣播工作室、鐵路／機場及工業上的控制中心、大的廣告牌、展示／電視幕牆以及私人住宅等。

最大尺寸：雙面塗膜 2000mm x 1000mm。

厚度選擇：1、2、3、4、5、6、8、10、12mm。

玻璃類型：可以是浮法玻璃、超白玻璃、彩色玻璃、太陽能壓花玻璃、鋼化玻璃、防眩光（Anti-glare）玻璃。與低輻射玻璃相結合可提供不同熱輻射係數及遮陽係數的保溫隔熱玻璃。

服務內容：

1. 產品銷售：銷售 3、4mm 平板超白玻璃；3.2mm 壓花超白玻璃。

2. 來料加工：客戶提供玻璃原片的防反射塗層加工服務。

3. 技術轉讓：建造防反射玻璃全自動生產線。

資料來源：**http://cn.made-in-china.com/gongying/shhanson-PoQEeHiMVAkx.html**

四、基本理論

抗反射膜可以分成兩類：

1. 全 1/4 波厚簡單設計。

2. 非 1/4 波厚複雜設計。

其中所謂簡單與複雜，係指監控難易度而言；通常，第 1 類設計可視爲起始設計，而第 2 類則爲進一步的修正設計，當這 2 類都無法符合光譜要求時，更多層的設計是免不了的，因此，以**雙層抗反射膜**設計爲基礎，可以衍生**參層抗反射膜**的設計，諸如以下介紹。

（一）QHQ 鍍膜

QHQ 鍍膜之 Q 代表 1/4 波長光學厚度（簡稱 1/4 波厚），H 代表 1/2 波長光學厚度（簡稱 1/2 波厚）；套用前述之**雙層抗反射膜 1|L H|1.52**，符號 L 代表 1/4 波厚低折射率材料，H 代表 1/2 波厚高折射率材料，參考波長 $\lambda_0 = 0.55\mu m$，入射角等於設計角 $\theta_0 = \theta_d = 0°$，低折射率材料之折射率 $n_L = 1.38$，高折射率材料之折射率 $n_H = 1.7$，加鍍一層更高折射率無效層 $n_H = 2.15$

$$1|L\ 2H\ M|1.52 \quad 或 \quad 1|L\ H^2M|1.52$$

其**導納軌跡圖**與光譜特性，如下圖所示：

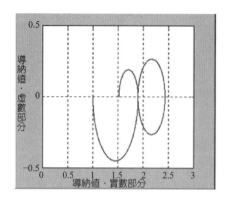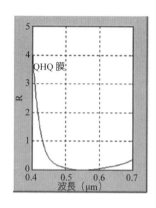

比較

與其他三種相關抗反射膜做比較：

1. 單層 ARC：`1|L|1.52`。

2. 雙層 QQ 型 ARC：`1|L H|1.52`。

3. 雙層 QH 型 ARC：`1|L 2H|1.52`（光譜效果比第 1，2 種設計好）。

結果如下圖所示：

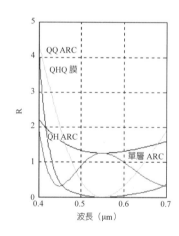

與其他抗反射膜比較，發現**參層 QHQ 抗反射膜**在設計波長附近的反射率 R 改善很

多，但是在可見光區的兩端，尤其是短波長區的反射率反而被拉高。為了平衡可見

光區兩端的反射率，設計波長移往 520nm 後，結果就比雙層 QH 抗反射膜效果好，

如下圖所示：

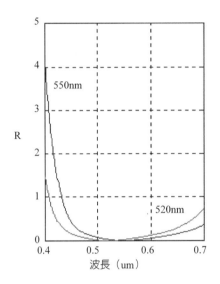

斜向入射

　　QHQ 的設計中有**無效層**，因此在設計波長處的反射率和雙層 QQ 抗反射膜相同，不論**無效層**的折射率為何。除此之外，其餘光譜特性受**無效層**影響甚鉅，如下圖所示：

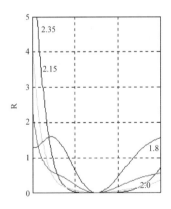

取 $n_2 = 2.15$ 為例，說明**參層 QHQ 抗反射膜**的斜向入射效果：

111

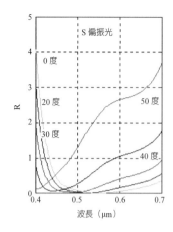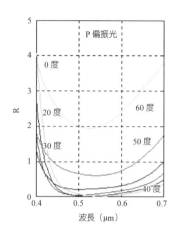

由上圖可知，兩者在入射角小於 20 度的範圍內，光譜效果良好，超過 20 度以後效果逐漸變差。

（二）QQQ 鍍膜

由**雙層 QH 抗反射膜**設計出發，將半波長膜層拆成 1/4 波長膜厚膜層，再分別改變此 2 層 1/4 波長膜層的折射率，以方便尋找出最佳抗反射效果的設計。

舉雙層 QH 鍍膜設計的抗反射膜 **1|L 2H|1.52**，$\lambda_0 = 0.52\mu m$，$n_L = 1.38$，$n_H = 1.9$ 為例，依上述概念所衍生的**參層 QQQ 抗反射膜**有下列兩種可能：

1. **1|L n_2 H|1.52**。

2. **1|L H n_3|1.52**。　　（n_2、n_3 可調變）

對第 1 種設計而言，若 $n_2 > n_H$，有改善設計波長附近反射率的效果，但也帶來可見光區兩極端抗反射效果變差的缺點；反之，若 $n_2 < n_H$，則情形恰好相反。以上改變 n_2 折射率所造成的結果，就好像是原始設計在設計波長處將整條反射率光譜曲線下壓或上拉的效果，這種現象在前述的抗反射膜討論中已經見過。

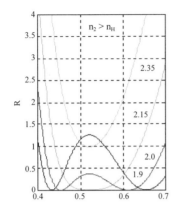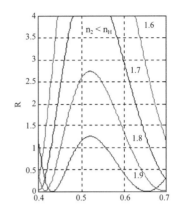

第 2 種設計對不同折射率 n_3 所呈現的反應，恰與第 1 種設計相反：即 $n_3 > n_H$ 時是**增反射**效果；反之，$n_3 < n_H$ 時則爲**抗反射**效果。

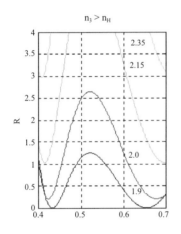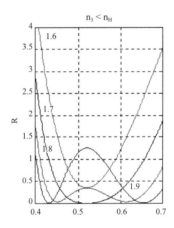

綜合上述討論，重新設計具備抗反射效果的膜層，使其擁有更佳的光譜特性，設計有 2 款：（其中數值代表折射率）

1. 1|1.38|2.1|1.9|1.52。
2. 1|1.38|1.9|1.76|1.52。

$\lambda_0 = 0.52\mu m$，其**導納軌跡圖**與光譜特性，如下圖所示：

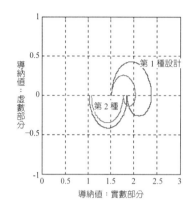
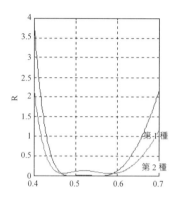

五、模擬步驟

（一）QQQ 膜層安排

有兩款設計，膜厚皆為 1/4 波厚（簡稱 **QQQ 膜層**）：

1. **Air|n$_L$ n$_H$ n$_M$|Glass**，n$_L$ = 1.38，n$_H$ = 2.1，n$_M$ = 1.9。
2. **Air|n$_L$ n$_H$ n$_M$|Glass**，n$_L$ = 1.38，n$_H$ = 1.9，n$_M$ = 1.76。

以第 1 款設計為例，滑鼠雙按 圖示，打開 Essential Macleod 模擬軟體，滑鼠點

按工具列圖示 ，產生一個新的設計。

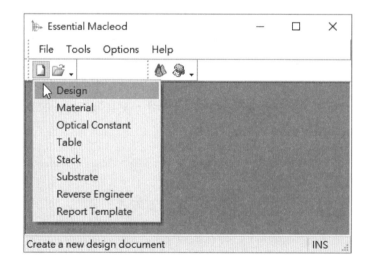

系統預設畫面如下所示，其中材料 Na_3AlF_6 為冰晶石，光學厚度（FWOT）為 0.25 λ_0，λ_0 為參考波長（Reference Wavelength）510nm，入射介質為空氣（Air），基板為玻璃（Glass）；將編號 1 鍍膜層的材料更換為 MgF_2。

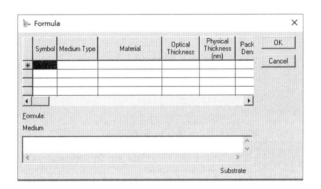

選按 **[Edit/Formula]**。

針對膜層安排 **Air|n_L n_H n_M|Glass**，$n_L = 1.38$，$n_H = 2.1$，$n_M = 1.9$ 進行設定；於 Symbol 欄位點按，直接鍵入 L，於 Material 欄位點按，選用折射率最接近的材料，例如 MgF_2。比照上述方式，建立高、中折射率材料的符號與選用，並於下方空白處鍵入表示式，如下圖所示。

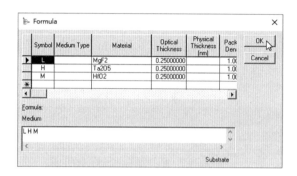

按 OK 完成以公式方式建立膜層安排。

	Layer	Material	Refractive Index	Extinction Coefficient	Optical Thickness (FWOT)	Physical Thickness (nm)
	Medium	Air	1.00000	0.00000		
	1	MgF2	1.38542	0.00000	0.25000000	92.03
	2	Ta2O5	2.11557	0.00000	0.25000000	60.27
	3	HfO2	1.93940	0.00000	0.25000000	65.74
▶	Substrate	Glass	1.52083	0.00000		
					0.75000000	218.04

若沒有所需要的材料，可以使用搜尋材料庫的方法新增：於設計視窗狀態。

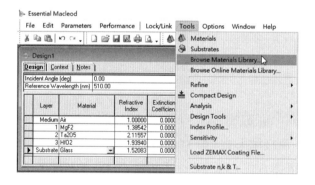

於材料視窗狀態。

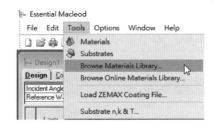

點按工具列圖示 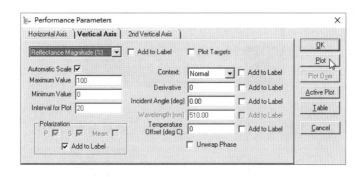：特性參數設定，水平軸設定保留預設值，垂直軸選按反射率
（Reflectance Magnitude（%）），保留自動刻度。

滑鼠點按 Plot 繪製反射率光譜圖：由特性圖可知，反射率曲線呈現 U 型特性，於
450～600 nm 波段，反射率極低，於 425～650 nm 波段，反射率小於 1%。

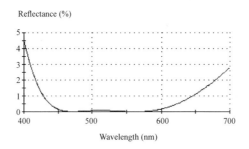

光譜圖數據計算

於圖表中，點按滑鼠右鍵，選項重選按 Statistics。

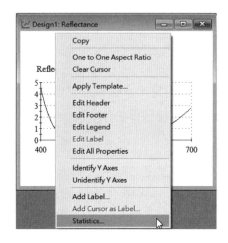

將滑鼠移入圖表區，點按圖形視窗任意位置，出現計算視窗如下所示：

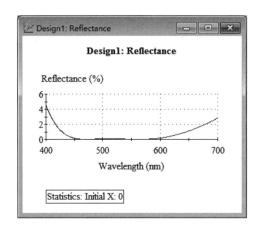

依序在範圍模組中輸入光譜範圍 400、700，統計模組中全部勾選，按 Calculate。

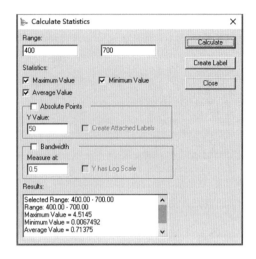

由視窗下方的表列結果得知，反射率全波段皆在 4.5145% 以下，其中反射率最大值為 4.5145%，最小值為 0.00675%，平均值為 0.71375%，其中使用 Create Label 功能，將相關統計數據標示於反射率光譜圖之中。

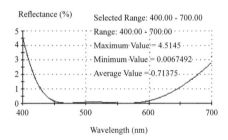

欲檢視參考波長 510nm 處的反射率，比照上述步驟設定，結果如下所示，可知反射率為 0.086562%。

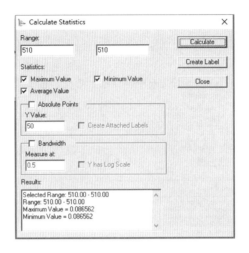

相較於 Q 型單層與 QQ 型雙層抗反射膜，結論：＿＿＿＿＿＿＿＿＿＿＿＿＿＿＿＿。

新增 QQ 型雙層抗反射膜，以及 Q 型單層抗反射膜，如下圖所示：

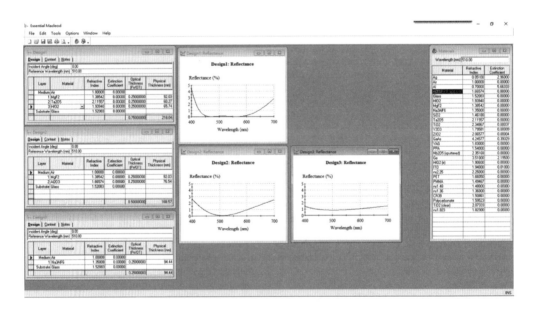

於設計 2 之反射率光譜圖視窗中，點按滑鼠左鍵，如下圖所示，將數據拖曳至設計 1 之反射率光譜圖視窗中。

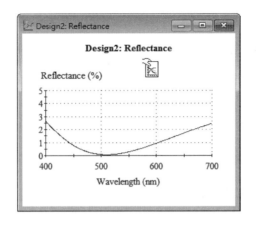

結果是合併兩款設計於單一視窗中，如下圖所示：

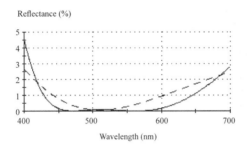

最終結果是合併三款設計於單一視窗中，如下圖所示：

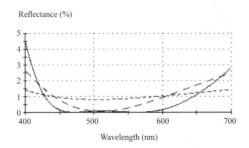

折射率側面圖

恢復原本的 QQQ 型設計安排，點按 **[Tools/Index Profile]**，參數設定使用預設值，按 Plot 。

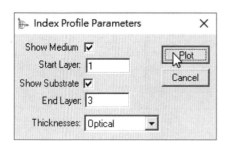

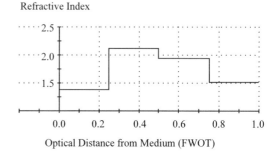

左邊編號 1 膜層為靠近空氣端之低折射率膜層，膜厚 1/4 波厚 $0.25\lambda_0$，折射率 1.38542；編號 2 膜層為高折射率膜層，膜厚 1/4 波厚 $0.25\lambda_0$，折射率 2.11557；編號 3 膜層靠近基板之中折射率膜層，折射率 1.93940，膜厚 1/4 波厚 $0.25\lambda_0$，基板位置從光學厚度 0.75 開始，如上圖右所示。

導納軌跡圖

點按 **[Tools/Analysis/Admittance]**，勾選自動刻度，按 Plot 。

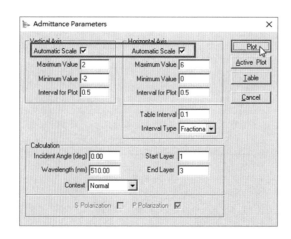

由導納軌跡圖可知，從基板導納值 1.52 出發，先鍍上 1/4 波厚的中折射率材料 HfO₂，其導納軌跡順時針繞上半圓圈至 2.47319，再鍍上 1/4 波厚的高折射率材料 Ta₂O₅，其導納軌跡順時針繞下半圓圈至 1.80967，最後鍍上 1/4 波厚的低折射率材料 MgF₂，其導納軌跡順時針繞下半圓圈至 1.06063，此導納值接近空氣導納值 1，可見在參考波長 510nm 處的反射率接近零值。

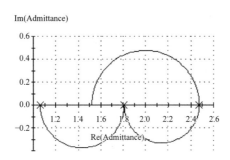

前述 Q 型單層、QQ 型雙層抗反射膜與 QQQ 型參層抗反射膜之導納軌跡圖合併檢視。

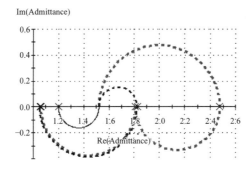

顏色顯示圖

點按 **[Performances/Color]** 或工具列圖示 ，顏色參數設定：

1. 光源選項：D65，此為國際標準人工日光（Artificial Daylight），色溫 6500K，功率 18W。

2. 模式（Mode）：反射率（Reflectance）。

3. 顯示項全部勾選，包括白點（White Point）、色塊（Color Patch）、目標（Target）。

4. 繪圖種類選項：色度 xy。

5 按 Active Plot 。

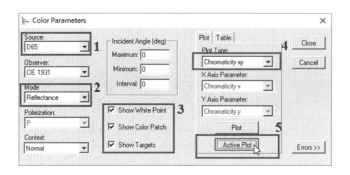

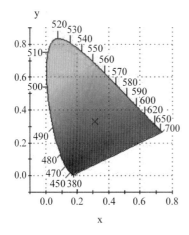

由反射率光譜圖得知，在參考波長 510nm 處的反射率接近零值，但短波長區與長波長區的反射率為 4.5145%、2.8184%，整體光譜特性呈現 U 型，因此，反射光為短波長區的紫光與長波長區的紅光混合而形成洋紅色。

結論：＿＿＿＿＿＿＿＿＿＿＿＿＿＿＿＿＿＿＿＿＿＿＿＿＿＿＿＿＿＿＿。

存檔

　　膜層安排漸趨複雜，有其必要存檔處理；點按參層抗反射膜之設計視窗，選按 **[File/Save As]**，輸入檔名 ARC3，按 存檔 ，如下圖所示：

同樣步驟，儲存單層與雙層抗反射膜設計，檔名分別為 ARC1 與 ARC2；輸出特性圖，比照上述方式儲存，例如參層抗反射膜之反射率光譜圖，存檔動作如下所示：

（二）QHQ 膜層安排

　　續上一設計安排，另存新檔為 ARC3QHQ ，並重新設定膜層參數，以符合 QHQ 膜層安排的要求，其中 Q 代表膜厚為 1/4 波厚，H 代表膜厚為 1/2 波厚。

	Layer	Material	Refractive Index	Extinction Coefficient	Optical Thickness (FWOT)	Physical Thickness (nm)
	Medium	Air	1.00000	0.00000		
	1	MgF2	1.38542	0.00000	0.25000000	92.03
	2	Ta205	2.11557	0.00000	0.50000000	120.53
▶	3	Al203	1.66574	0.00000	0.25000000	76.54
	Substrate	Glass	1.52083	0.00000		
					1.00000000	289.11

點按工具列圖示 **Dp**：檢視特性參數設定，水平軸設定保留預設值，垂直軸選按反射率（Reflectance Magnitude（%）），勾選自動刻度。

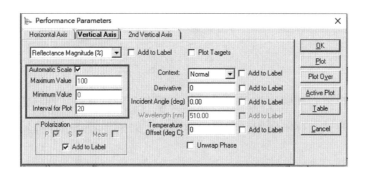

滑鼠點按 [Plot Over] 圖示 **⊮**繪製反射率光譜圖：由特性圖可知，除了短波長區外，整體抗反射效果還算不錯。

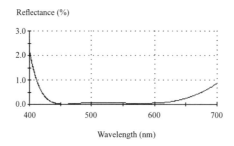

光譜圖數據計算

於圖表中，點按滑鼠右鍵，選項重選按 Statistics 後將滑鼠移入圖表區，滑鼠點按圖形視窗任意位置，出現計算視窗如下所示；依序在範圍模組中輸入光譜範圍

400、700，統計模組中全部勾選，按 Calculate 。

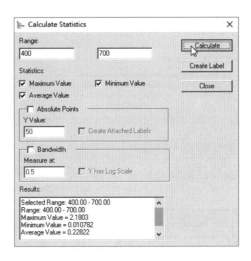

由視窗下方的表列結果得知，反射率全波段皆在 2.1803% 以下，其中反射率最大值為 2.1803%，最小值為 0.010782%，平均值為 0.22822%，其中使用 Create Label 功能，將相關統計數據標示於反射率光譜圖之中（如下圖）。

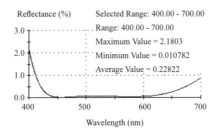

點按工具列 Plot 圖示 ，只顯示目前設計安排的反射率光譜圖；將編號 2 膜層之光學厚度設定為 0，代表目前只有雙層抗反射膜安排。

點按工具列 Plot Over 圖示 ，將 QQ 型雙層抗反射膜與 QHQ 型參層抗反射膜之反射光譜合併檢視，其中虛線曲線對應雙層抗反射膜。

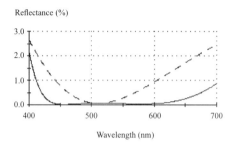

相較於 QQ 型雙層抗反射膜，結論：_____。

編號 3 膜層之光學厚度設定為 0.5，代表目前是 QH 型雙層抗反射膜安排。

	Layer	Material	Refractive Index	Extinction Coefficient	Optical Thickness (FWOT)	Physical Thickness (nm)
	Medium	Air	1.00000	0.00000		
	1	MgF2	1.38542	0.00000	0.25000000	92.03
	2	Ta205	2.11557	0.00000	0.00000000	0.00
▶	3	Al2O3	1.66574	0.00000	0.50000000	153.09
	Substrate	Glass	1.52083	0.00000		
					0.75000000	245.11

點按工具列 Plot Over 圖示，合併檢視反射光譜特性；因原始輸出曲線樣式為點虛線，不容易觀察，故需進一步強化顯示；於點虛線上雙按，在編輯視窗中，線樣式（Line Style）可改可不改，線寬度（Width）更改為2，顏色（Color）更改為紅色。

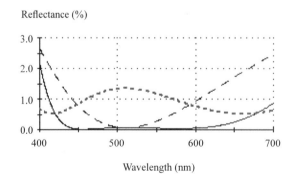

相較於 QQ 型雙層抗反射膜，結論：_____。

折射率側面圖

恢復原本的 QHQ 型設計安排，點按 **[Tools/Index Profile]**，參數設定使用預設值，按 Plot 。

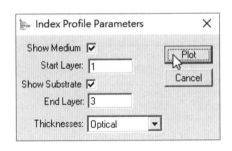

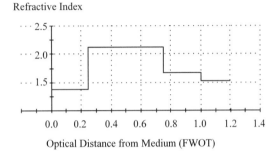

Refractive Index

Optical Distance from Medium (FWOT)

左邊編號 1 膜層（MgF_2）靠近空氣端，膜厚 1/4 波厚 $0.25\lambda_0$，折射率 1.38542；編號 2 膜層（Ta_2O_5）膜厚 1/2 波厚 $0.5\lambda_0$，折射率 2.11557；編號 3 膜層（Al_2O_3）靠近基板，膜厚 1/2 波厚 $0.25\lambda_0$，折射率 1.66574，基板位置從光學厚度 1 開始，如上圖右所示。

導納軌跡圖

點按 **[Tools/Analysis/Admittance]**，勾選自動刻度，按 Plot 。

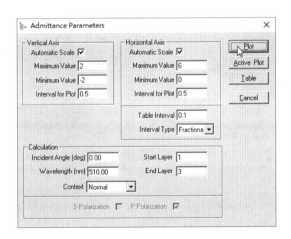

由導納軌跡圖（見下圖）可知，從基板導納值 1.52 出發，先鍍上 1/4 波厚的中折射率材料 Al_2O_3，其導納軌跡順時針繞上半圓圈至 1.82446，再鍍上 1/2 波厚的高折射率材料 Ta_2O_5，其導納軌跡順時針繞一圓圈回到 1.82446，最後鍍上 1/4 波厚的低折射率材料 MgF_2，其導納軌跡順時針繞下半圓圈至 1.05203，此導納值並接近空氣導納值 1，可知在參考波長 510nm 處的反射率接近零值。

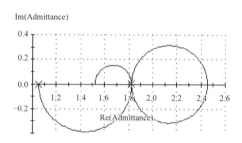

顏色顯示圖

點按 **[Performances/Color]** 或工具列圖示 ，按 Active Plot 。

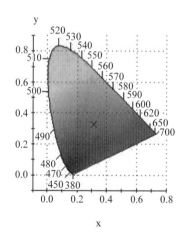

由反射率光譜圖得知，在參考波長 510nm 處的反射率接近零值，整體光譜特性呈現近似 U 型，但短波長區與長波長區的反射率相對大，尤其是短波長區，因此，

反射光偏紫色。

　　結論：＿＿＿＿＿＿＿＿＿＿＿＿＿＿＿＿＿＿＿＿＿＿＿＿＿＿＿＿＿。

不同膜層安排對抗反射效果的影響

　　回設計視窗，點按 **[Edit/Reverse Layers]**。

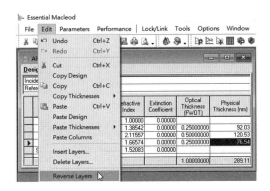

此時膜層安排已經將膜層對調，意即高折射率材料 Al_2O_3 靠近空氣端。

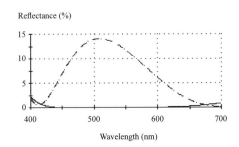

性能參數設定：勾選自動刻度，按 $\boxed{\text{Plot Over}}$ ，反射率光譜圖：

Reflectance (%)

結論：＿＿＿＿＿＿＿＿＿＿＿＿＿＿＿＿＿＿＿＿＿＿＿＿＿＿＿＿＿。

六、問題與討論

1. 使用設計 **Air|L H M|Glass**，$n_L = 1.38$，$n_H = 1.9$，$n_M = 1.76$，可否有最佳抗反射效果？

   反射率光譜圖：

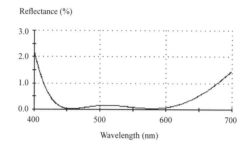

   導納軌跡圖：

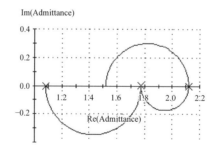

   顏色顯示圖：（模擬後自行檢視顏色）

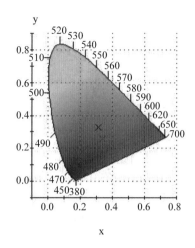

結論：＿＿＿＿＿＿＿＿＿＿＿＿＿＿＿＿＿＿＿＿＿＿＿＿＿＿＿＿＿＿＿。

2. 由電場強度分布圖比較其抗反射效果。

(1)**Air|L H M|Glass**，$n_L = 1.38$，$n_H = 1.9$，$n_M = 1.76$。

(2)**Air|L 2H M|Glass**，$n_L = 1.38$，$n_H = 2.15$，$n_M = 1.7$。

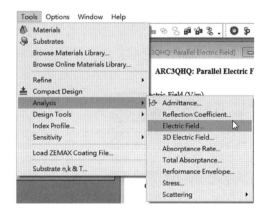

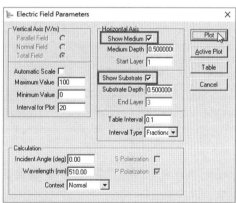

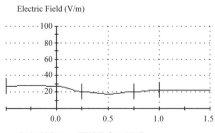

Electric Field (V/m)

Optical Distance (FWOT) from Medium

結論：＿＿＿＿＿＿＿＿＿＿＿＿＿＿＿＿＿＿＿＿＿＿＿＿＿＿＿＿＿＿＿＿＿＿。

3. 使用公式 Formula 功能建立膜層安排 **Air|MgF₂|TiO₂|MgF₂|Substrate**，分析可否有最佳參層抗反射效果？

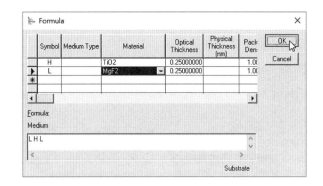

	Layer	Material	Refractive Index	Extinction Coefficient	Optical Thickness (FWOT)	Physical Thickness (nm)
▶	Medium	Air	1.00000	0.00000		
	1	MgF2	1.38542	0.00000	0.25000000	92.03
	2	TiO2	2.34867	0.00037	0.25000000	54.29
	3	MgF2	1.38542	0.00000	0.25000000	92.03
	Substrate	Glass	1.52083	0.00000		
					0.75000000	238.35

結論：＿＿＿＿＿＿＿＿＿＿＿＿＿＿＿＿＿＿＿＿＿＿＿＿＿＿＿＿＿＿＿＿＿＿。

4. 模擬說明參層抗反射設計，可否有 W 型抗反射光譜效果？

5. 模擬說明參層抗反射設計，如何安排無效層？

七、關鍵字

1. 參層抗反射膜：QHQ 膜層。
2. 參層抗反射膜：QQQ 膜層。
3. 導納軌跡圖。
4. 斜向入射。

八、學習資源

1. http://www.solarzoom.com/article-7284-1.html
   非晶矽太陽電池減反射膜的設計。

2. https://www.edmundoptics.com.tw/resources/application-notes/optics/an-intro-duction-to-optical-coatings/
   光學鍍膜簡介。

3. http://www.zhuixue.net/lunwen/huaxue/1718.html
   三層氮化矽減反射膜的工藝研究。

4. http://cn.comsol.com/blogs/modeling-thin-dielectric-films-in-optics/
   光學介質薄膜的模擬。

5. http://handle.ncl.edu.tw/11296/ndltd/64903196518233370346
   以緩衝膜層法增加三層膜層的抗反射頻寬。

6. https://image.hanspub.org/Html/11-1280419_19528.htm
   The Design and Calculation of Optical Anti-Reflected and Reflected Multilayer Film。

九、參考資料

1. 薄膜光學與鍍膜技術（第 8 版），李正中，藝軒圖書。
2. 薄膜光學概論，葉倍宏，全華圖書。

實習
4

CHAPTER ▶▶ ▶

肆層抗反射膜

一、實習目的

配合使用 Essential Macleod 光學薄膜設計模擬軟體，模擬、分析、討論：

1. 雙層 QQ 型 ARC 起始設計，肆層抗反射膜設計的特性。

2. QQQH 低折射率無效層安排之肆層抗反射膜特性。

3. QHQQ 低折射率無效層安排之肆層抗反射膜特性的影響。

實習流程：

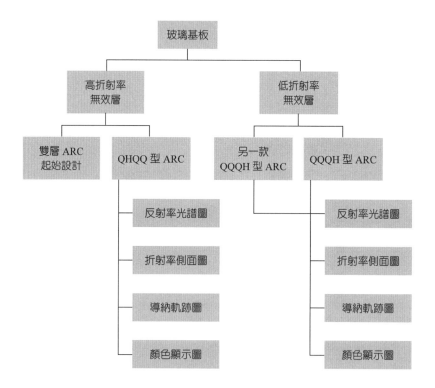

二、實習軟體

Essential Macleod 光學薄膜設計模擬軟體。

三、應用實例

（一）強壓單眼——超級相機內建 16 顆「眼睛」

相機發明至今百年來有許多重大改變，而現在隨著半導體和運算技術的進步，新一波影像革命也預告來襲。由 Light 公司所推出的 L16 相機產品正式進入訂購階段，將以 16 顆鏡頭、三段定焦和 5200 萬總畫素的高畫質力拼笨重的單眼相機。

Light L16 顧名思義就是以最大特色的 16 顆鏡頭為名，**每顆鏡頭都有獨立的 1300 萬畫素感光元件，並由 5 顆 35mm、5 顆 70mm 和 6 顆 150mm 焦段融合為一張 5200 萬畫素巨幅相片**，同時也利用景深差異提供變焦、移動對焦點等充分後製空間。

從畫質上來看，L16 以消費相機的體積，卻可拍出有如單眼相機畫質的相片當然是令人驚嘆，不過嘗試最新科技的代價就是要掏出 1699 美元（約新台幣 56000 元）的價格，或者可以搶先以 1299 美元（約新台幣 43000 元）預購，大約 2016 年夏季正式出貨。

資料來源：**Light**、**The Verge**、**Venture Beat**。

（二）望遠鏡有著什麼樣的鍍膜工藝

直射的光線會破壞望遠鏡中呈現的影像。為了增強視覺影像，鏡片及稜鏡需要鍍上一層偏光膜。一般情況下，目視望遠鏡的單層增透膜設計對波長 5500 埃的黃綠光增透效果最佳，因為人眼對於此一波段光最敏感。所以其對藍紅光的反射就多一些。鍍多層膜的鏡片呈淡淡的綠色或暗紫色，如相機鏡頭的鍍膜。鍍得太厚的單層膜看起來會呈現綠色。

1. 望遠鏡鍍膜工藝的種類

雙筒鏡上會有鏡片鍍膜的標示，表示這雙筒鏡的光學品質，鍍膜的種類主要

有：

(1) Coated Optics（鍍膜）：是一種最低級的增透膜。它只表示至少在一個光學面上鍍有單層增透膜，通常是在兩個物鏡和目鏡的外表面上鍍膜，而內部的鏡片和稜鏡都沒有鍍膜。

(2) Fully Coated（全表面鍍膜）：所有的鏡片和稜鏡都鍍了單層膜，但如在目鏡中使用了光學塑料鏡片，則此塑料鏡片可能並未鍍膜。

(3) Multi-Coated（多層鍍膜）：至少在一個光學面上鍍有多層增透膜，其它光學面可能鍍了單層膜，也可能根本沒鍍膜；通常只在兩個物鏡和目鏡的外表面上鍍多層膜。

(4) Fully Multi-Coated（多層全光學面鍍膜）：所有的鏡片和稜鏡都鍍有增透膜，一些廠商在所有的光學面都鍍了多層膜，而另外一些只在部分光學面鍍多層膜，其它表面仍鍍單層膜。

2. 鍍膜的顏色種類

在國內比較常見的有寬帶綠膜、裝飾綠膜、紅膜和藍膜，還有紫膜和黃膜等：

(1) 寬帶綠膜：有些地方也稱之為增透綠膜，目前是國內最好的鍍膜之一，在不同的角度觀測會呈現不同的色帶（這是多層鍍膜的表現），成像好清晰度高，色彩還原度也不錯。

(2) 紅膜：一般只用於紅點上，這個比較通用，沒有什麼特點。

(3) 藍膜：是國內運用的最廣泛的鍍膜方式，較之寬帶綠膜看出去略有些黃和暗，藍膜也分層數，有的鍍三層，好一些的五層，差的只有一層。

(4) 裝飾綠膜：顏色和增透綠膜很相似，但光學性能卻不敢恭維，比較容易鑑別的方法是裝飾綠膜反光很大，而寬帶綠膜很淡 。

總而言之，好的鏡片和鍍膜看出去很淡，整體透光率可以在 85～90% 左右，如果在內部的鏡片也用鍍膜的鏡片，那麼整體的透光率可以達到 93% 左右（國內比較少見），不過國內即使用寬帶綠膜的鏡片目前也或多或少存在邊緣略有些虛的現象。爲了達到更高的透光率，現在也有採用內部鏡片鍍膜的方式來提高光學性能，使得整體的透光率達到 93～95%。一般辨別好鏡子的方法很簡單，鏡頭越暗，透光率越低，鏡子就好些。

資料來源：**http://www.wuji8.com/meta/814960612.html** 。

四、基本理論

肆層抗反射膜（**Anti-Reflection Coating**，簡稱 ARC）的設計，可以源自雙層或參層 ARC，例如使用**雙層 ARC** 設計：

1	1.38 $0.3208\lambda_0$	2.2 $0.0588\lambda_0$	1.52

（$\lambda_0 = 0.52\mu m$）

爲藍本，再配合使用具有拓寬光譜效果的**無效層**，即可構成抗反射效果不錯的肆層鍍膜；請注意此種鍍膜的特點在**無效層**的安排，爲了方便起見，仍然選用 n = 2.2 作爲**無效層**的材料，設計如下：

1	1.38 $0.25\lambda_0$	2.2 $0.5\lambda_0$	1.38 $0.0708\lambda_0$	2.2 $0.0588\lambda_0$	1.52

其導納軌跡圖如下圖左所示，在高反折射率無效層之前，先後鍍上高、低折射率材料膜層，以拉大導納值，使能搭配高反折射率無效層，最後再鍍上低折射率材料膜層，將導納值直接拉回到等於 1 的位置；反射率光譜效果與原始雙層設計做比較，如下圖右所示，由圖可明顯看出，因為有**無效層**的拓寬低反射率光譜波段作用，使得抗反射效果改善不少。

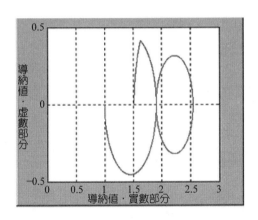 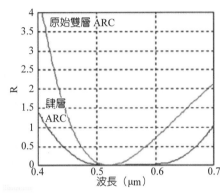

（一）低折射率無效層設計

以上所討論的例子，是**雙層抗反射膜**加鍍**高折射率無效層**後成為肆層抗反射膜的情形。現在，考慮另一種型式的鍍膜：**參層抗反射膜 + 低折射率無效層**，示意步驟如下：

1. 將雙層 QH 抗反射膜：$\lambda_0 = 0.52\mu m$

1	1.38 $0.25\lambda_0$	1.9 $0.5\lambda_0$	1.52

拆成

1	1.38 $0.25\lambda_0$	1.9 $0.25\lambda_0$	n_3 $0.25\lambda_0$	1.52

其中 n_3 值可變，以及

1	1.38 $0.25\lambda_0$	n_2 $0.25\lambda_0$	1.9 $0.25\lambda_0$	1.52

n_2 值可變。

143

2. 在基板上加鍍低折射率 n = 1.38 的**無效層**，於是產生最初的肆層抗反射膜

1	1.38	1.9	n_3	1.38	1.52
	$0.25\lambda_0$	$0.25\lambda_0$	$0.25\lambda_0$	$0.5\lambda_0$	

及

1	1.38	n_2	1.9	1.38	1.52
	$0.25\lambda_0$	$0.25\lambda_0$	$0.25\lambda_0$	$0.5\lambda_0$	

3. 改變 n_2、n_3，檢視不同折射率對光譜的影響，以 $n_2 \uparrow$ 和 $n_3 \downarrow$ 的方式各選定三個數值，結果如下圖所示。$n_2 \uparrow$：n_2 分別為 1.9，2，2.15。

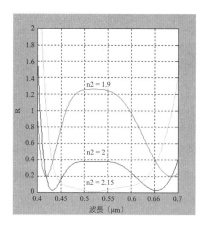

$n_3 \downarrow$：n_3 分別為 1.9，1.8，1.7。

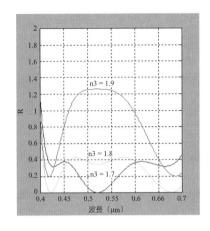

4. 從第 2 層與第 3 層鍍膜的折射率變化中，找出具有最佳光譜特性的匹配層，例如，以下 2 種設計：

1	1.38	2.1	1.9	1.38	1.52
	$0.25\lambda_0$	$0.25\lambda_0$	$0.25\lambda_0$	$0.5\lambda_0$	

1	1.38	1.9	1.76	1.38	1.52
	$0.25\lambda_0$	$0.25\lambda_0$	$0.25\lambda_0$	$0.5\lambda_0$	

其導納軌跡圖如下圖左所示，在低反折射率無效層之後，分別鍍上中、高、低折射率材料膜層，以拉大導納值後再將導納值拉回到接近 1 的位置；兩款設計之反射率光譜效果互相比較，如下圖右所示，由圖可知，以第 2 種設計光譜效果最好，在整個可見光區反射率幾乎小於 0.3%。

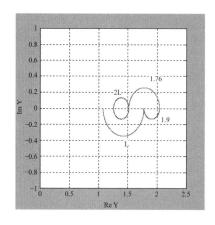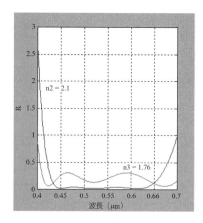

（二）高折射率無效層設計

相對於**低折射率無效層**的設計，安排鍍膜為

1	1.38	2.15	1.6	1.45	1.52
	$0.25\lambda_0$	$0.5\lambda_0$	$0.25\lambda_0$	$0.25\lambda_0$	

（$\lambda_0 = 0.51\mu m$）

此鍍膜抗反射效果，如下圖所示，其中導納軌跡圖如下圖左所示，在高反折射率無效層之前，先後鍍上低、中折射率材料膜層，以拉大導納值後，使能搭配高反折射率無效層，最後再鍍上低折射率材料膜層，將導納值拉回到接近 1 的位置。

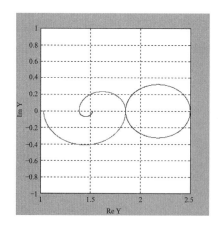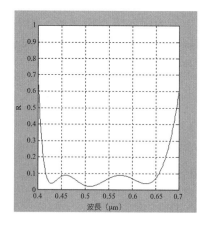

由反射率光譜圖可知，可見光區的反射率小於 0.6%，尤其是在 0.43～0.65 μm 的波長範圍內，反射率更低。若認為此鍍膜，在可見光區的兩極端效果未臻理想，換言之，欲求較好的平均效果，則可將原鍍膜稍作修正

1	1.38	2.1	1.65	1.45	1.52
	$0.25\lambda_0$	$0.5\lambda_0$	$0.25\lambda_0$	$0.25\lambda_0$	

即可求得 R ≦ 0.4% 的輸出光譜效果。

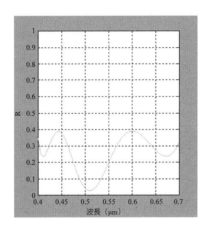

五、模擬步驟

（一）雙層 QQ 型 ARC 起始設計

由導納軌跡圖可知，雙層 QQ 型 ARC 設計的材料選用，必須滿足以下條件

$$\frac{n_0}{n_s} = \left(\frac{n_1}{n_2}\right)^2$$

上式中 n_0：空氣折射率，n_s：基板折射率，n_1：第 1 層膜層折射率，n_2：第 2 層膜層折射率；假設 $n_0 = 1$，$n_s = 1.52$，$n_1 = 1.38$，代入上式中計算可知

$$n_2 = 1.7014$$

若第 2 層膜層選用非理想值，例如 TiO$_2$，則膜厚需重新安排如下圖所示：

	Layer	Material	Refractive Index	Extinction Coefficient	Optical Thickness (FWOT)	Physical Thickness (nm)
	Medium	Air	1.00000	0.00000		
	1	MgF2	1.38542	0.00000	0.32080000	118.09
	2	TiO2	2.34867	0.00037	0.05000000	10.86
▶	Substrate	Glass ▼	1.52083	0.00000		
					0.37080000	128.95

反射率光譜圖

點按功能表 **[Performance/Plot]**，或點按工具列圖示 📈，顯示此款非 QQ 型態 ARC 的反射率光譜圖。

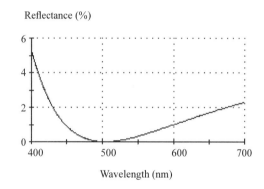

顯見材料折射率未匹配，膜厚將是非 QQ 型態的 ARC 設計。

導納軌跡圖

點按功能表 **[Toos/Analysis/Admittance]**，選擇自動刻度，並注意檢視視窗下方之計算模組中的波長是否正確。

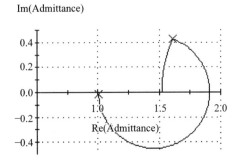

由上述雙層抗反射膜的導納軌跡圖得知，編號 1 低折射率材料的膜厚可以分成實數軸上與軸下兩部分，意即膜厚 $0.3208\lambda_0$ 分成 $0.0708\lambda_0$ 與 $0.25\lambda_0$，在此兩分層之間再新增一層半波厚的高折射率膜層，如此安排便完成使用雙材料肆層抗反射膜的設計（如下所示）。

	Layer	Material	Refractive Index	Extinction Coefficient	Optical Thickness (FWOT)	Physical Thickness (nm)
	Medium	Air	1.00000	0.00000		
	1	MgF2	1.38542	0.00000	0.25000000	92.03
►	2	TiO2	2.34867	0.00037	0.50000000	108.57
	3	MgF2	1.38542	0.00000	0.07080000	26.06
	4	TiO2	2.34867	0.00037	0.05000000	10.86
	Substrate	Glass	1.52083	0.00000		
					0.87080000	237.52

反射率光譜圖

虛線為雙材料肆層抗反射膜的設計。

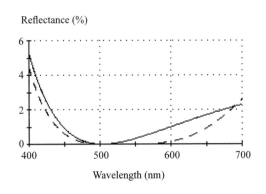

導納軌跡圖

當參考波長為 510nm，編號第 3、2、1 層的導納值落在實數軸上。

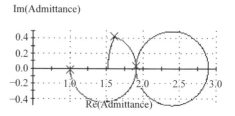

半波厚膜層對不同波長的補償效應：當參考波長為 600nm，編號第 3、2、1 層的導納軌跡長度皆比原先 510nm 長，以致於最後導納值在綜合效應下，仍然可以落在 1 附近。

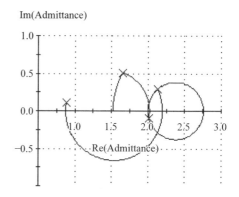

當參考波長為 450nm，編號第 3、2、1 層的導納軌跡長度皆比原先 510nm 短，以致於最後導納值在綜合效應下，仍然可以落在 1 附近。

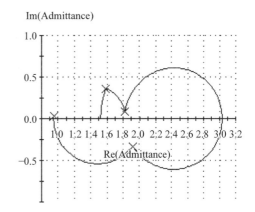

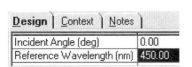

不論現在所測試的參考波長大小，最後導納值皆能落在 1 附近，顯示具備抗反射的光學成效，這也是所謂半波無效層的補償作用。

折射率側面圖

點按 **[Tools/Index Profile]**，參數設定使用預設值，按 Plot。

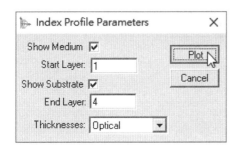

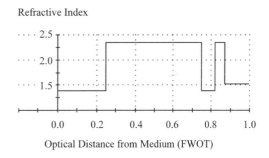

左邊編號 1 膜層為靠近空氣端之低折射率膜層，膜厚 1/4 波厚 $0.25\lambda_0$，折射率 1.38542；編號 2 為高折射率膜層，膜厚 1/2 波厚 $0.5\lambda_0$，折射率 2.34867；編號 3 為低折射率膜層，膜厚 $0.0708\lambda_0$，折射率 1.38542，編號 4 膜層靠近基板之高折射率膜層，折射率 2.34867，膜厚 $0.05\lambda_0$，基板位置從光學厚度 0.8708 開始，如上圖右所示。

顏色顯示圖

點按 **[Performances/Color]** 或工具列圖示 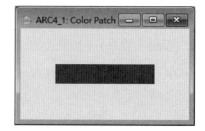，顏色參數設定：

1. 光源選項：D65，此為國際標準人工日光（Artificial Daylight），色溫 6500K，功率 18W。

2. 模式（Mode）：反射率（Reflectance）。

3. 顯示項全部勾選，包括白點（White Point）、色塊（Color Patch）、目標 （Target）。

4. 繪圖種類選項：色度 xy。

5. 按 Active Plot 。

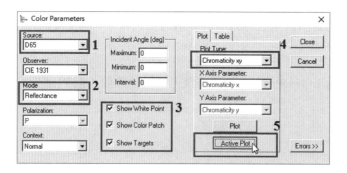

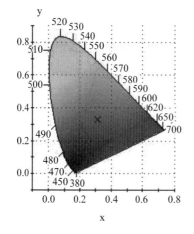

由反射率光譜圖得知,在參考波長 510nm 處的反射率接近零值,但短波長區與長波長區的反射率為 4.458%、2.6173%,整體光譜特性呈現 U 型,因此,反射光為短波長區的紫光與長波長區的紅光混合而形成偏紫的洋紅色。

結論:_____。

存檔

膜層安排漸趨複雜,有其必要存檔處理;點按參層抗反射膜之設計視窗,選按 **[File/Save As]** 或點按工具列 ,輸入檔名 ARC4_1,按 存檔 ,如下圖所示:

同樣步驟,可以儲存其他特性的輸出特性圖,例如反射率光譜圖,存檔動作如下所示:

（二）QQQH 膜層安排：低折射率無效層

前述實習有兩款參層抗反射膜設計，膜厚皆為 1/4 波厚（簡稱 **QQQ 膜層**）：

1. **Air|L H M|Glass**，$n_L = 1.38$，$n_H = 2.11$，$n_M = 1.9$。
2. **Air|L H M|Glass**，$n_L = 1.38$，$n_H = 1.9$，$n_M = 1.76$。

以此為初始設計，新增一層半波厚無效層，設計安排如下：

1. **Air|L H M 2L|Glass**，$n_L = 1.38$，$n_H = 2.11$，$n_M = 1.9$。
2. **Air|L H M 2L|Glass**，$n_L = 1.38$，$n_H = 1.9$，$n_M = 1.76$。

以第 1 款設計為例，滑鼠雙按 圖示，打開 Essential Macleod 模擬軟體，滑鼠點按工具列圖示，產生一個新的設計，選按 **[Edit/Formula]**，針對膜層安排 **Air|L H M 2L|Glass**，$n_L = 1.38$，$n_H = 2.11$，$n_M = 1.9$ 進行設定；於 Symbol 欄位點按，直接鍵入 L，於 Material 欄位點按，選用折射率最接近的材料，例如 MgF_2。比照上述方式，建立高、中折射率材料的符號與選用，並於下方空白處鍵入表示式，如下圖所示：

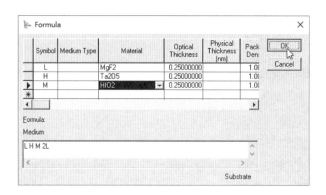

按 OK 完成以公式方式建立膜層安排。

	Layer	Material	Refractive Index	Extinction Coefficient	Optical Thickness (FWOT)	Physical Thickness (nm)
▶	Medium	Air	1.00000	0.00000		
	1	MgF2	1.38542	0.00000	0.25000000	92.03
	2	Ta2O5	2.11557	0.00000	0.25000000	60.27
	3	HfO2	1.93940	0.00000	0.25000000	65.74
	4	MgF2	1.38542	0.00000	0.50000000	184.06
	Substrate	Glass	1.52083	0.00000		
					1.25000000	402.10

點按工具列圖示 ⬚ᴘ：特性參數設定視窗之水平軸設定保留預設值，垂直軸選按反射率（Reflectance Magnitude（%）），保留自動刻度。

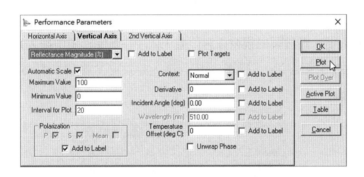

滑鼠點按 Plot 繪製反射率光譜圖：由特性圖可知，反射率曲線呈現 U 型特性，於 440～620nm 波段，反射率極低。

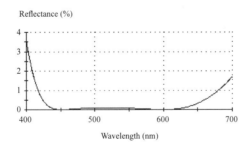

光譜圖數據計算

　　於圖表中，點按滑鼠右鍵，選項重選按 Statistics。

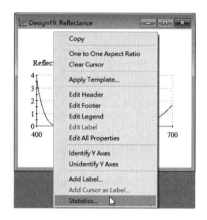

將滑鼠移入圖表區，點按圖形視窗任意位置，依序在範圍模組中輸入光譜範圍 400、700，統計模組中全部勾選，絕對點模組勾選，並設定 Y 數值為 1，按 Calculate 。

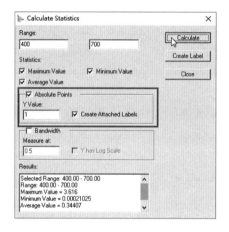

由視窗下方的表列結果得知，反射率全波段皆在 3.616% 以下，反射率最大值為 3.616%，最小值為 0.00021%，平均值為 0.34407%，其中反射率低於 1% 的光譜範圍在 417～680nm。

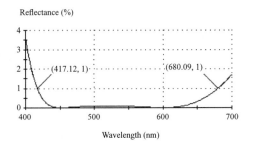

使用 ⌷Create Label⌷ 功能,將相關統計數據標示於反射率光譜圖之中(如下圖所示)。

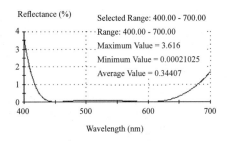

　　相較於 QQQ 型參層抗反射膜,結論:_____。

折射率側面圖

　　恢復原本的 QQQ 型設計安排,點按 **[Tools/Index Profile]**,參數設定使用預設值,按 ⌷Plot⌷。

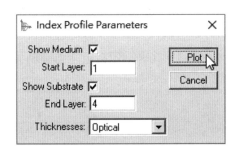

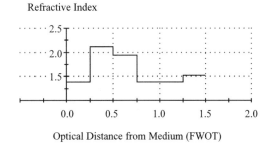

左邊編號 1 膜層為靠近空氣端之低折射率膜層，膜厚 1/4 波厚 $0.25\lambda_0$，折射率 1.38542；編號 2 為高折射率膜層，膜厚 1/4 波厚 $0.25\lambda_0$，折射率 2.11557；編號 3 為中折射率膜層，膜厚 1/4 波厚 $0.25\lambda_0$，折射率 1.93940；編號 4 膜層靠近基板之 低折射率膜層，折射率 1.38542，膜厚 1/4 波厚 $0.5\lambda_0$，基板位置從光學厚度 1.25 開 始，如上圖右所示。

導納軌跡圖

點按功能表 **[Toos/Analysis/Admittance]**，選擇自動刻度，並注意檢視視窗下 方之計算模組中的波長是否正確。

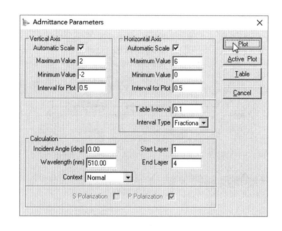

由導納軌跡圖可知，從基板導納值 1.52 出發，先鍍上 1/2 波厚的低折射率材料 MgF_2，導納軌跡順時針繞一圓圈回到原出發點 1.52，再鍍上 1/4 波厚的中折射率 材料 HfO_2，其導納軌跡順時針繞上半圓圈至 2.47319，再鍍上 1/4 波厚的高折射率 材料 Ta_2O_5，其導納軌跡順時針繞下半圓圈至 1.80967，最後鍍上 1/4 波厚的低折射 率材料 MgF_2，其導納軌跡順時針繞下半圓圈至 1.06063，此導納值接近空氣導納值 1，可見在參考波長 510nm 處的反射率接近零值。

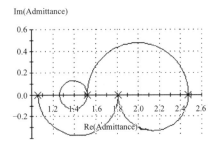

顏色顯示圖

點按 **[Performances/Color]** 或工具列圖示 ，按 <u>Active Plot</u>。

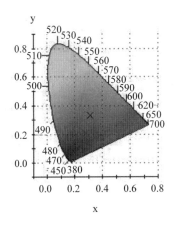

由反射率光譜圖得知，在參考波長 510nm 處的反射率接近零值，但短波長區與長波長區的反射率為 3.616%、1.7063%，整體光譜特性呈現 U 型，因此，反射光為短波長區的紫光與長波長區的紅光混合而形成偏紫的洋紅色。

結論：_____。

（三）另一款 QQQH 膜層安排：低折射率無效層

續上一設計安排，另存新檔為 ARC4_3，並重新設定膜層參數，以符合膜層安排的要求：**Air|L H M 2L|Glass**，$n_L = 1.38$，$n_H = 1.9$，$n_M = 1.76$。

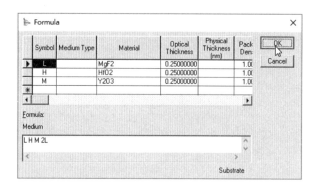

QQQH 型四層抗反射膜設計安排：

	Layer	Material	Refractive Index	Extinction Coefficient	Optical Thickness (FWOT)	Physical Thickness (nm)
▶	Medium	Air	1.00000	0.00000		
	1	MgF2	1.38542	0.00000	0.25000000	92.03
	2	HfO2	1.93940	0.00000	0.25000000	65.74
	3	Y2O3	1.79581	0.00009	0.25000000	71.00
	4	MgF2	1.38542	0.00000	0.50000000	184.06
	Substrate	Glass	1.52083	0.00000		
					1.25000000	412.83

點按工具列圖示 ：檢視特性參數設定，水平軸設定保留預設值，垂直軸選按反射率（Reflectance Magnitude（%）），勾選自動刻度，滑鼠點按 Plot 繪製反射率光譜圖：由特性圖可知，除了短波長區反射率偏高外，整體反射率皆小於 1.0683%，光譜成效還算不錯。

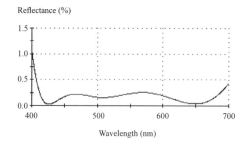

光譜圖數據計算

　　於圖表中，點按滑鼠右鍵，選項重選按 Statistics 後將滑鼠移入圖表區，滑鼠點按圖形視窗任意位置，出現計算視窗如下所示；依序在範圍模組中輸入光譜範圍 400、700，統計模組中全部勾選，按 Calculate 。

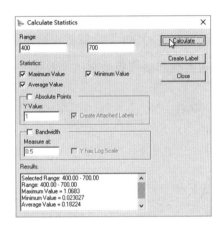

　　由視窗下方的表列結果得知，反射率全波段皆在 1.0683% 以下，其中反射率最大值為 1.0683%，最小值為 0.023027%，平均值為 0.18224%，其中使用 Create Label 功能，將相關統計數據標示於反射率光譜圖之中（如下圖）。

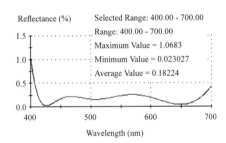

　　點按工具列圖示 ，只顯示目前設計安排的反射率光譜圖；將編號 4 膜層之光學厚度設定為 0，代表目前只有參層抗反射膜安排。

	Layer	Material	Refractive Index	Extinction Coefficient	Optical Thickness (FWOT)	Physical Thickness (nm)
	Medium	Air	1.00000	0.00000		
	1	MgF2	1.38542	0.00000	0.25000000	92.03
	2	HfO2	1.93940	0.00000	0.25000000	65.74
	3	Y2O3	1.79581	0.00009	0.25000000	71.00
▶	4	MgF2	1.38542	0.00000	0.00000000	0.00
	Substrate	Glass	1.52083	0.00000		
					0.75000000	228.77

點按工具列 $\boxed{\text{Plot Over}}$ 圖示 ⬚，將 QQQ 型參層抗反射膜與 QQQH 型肆層抗反射膜之反射光譜合併檢視，其中虛線曲線對應參層抗反射膜。

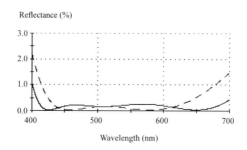

相較於 QQQ 型參層抗反射膜，結論：＿＿＿＿＿＿＿＿＿＿＿＿＿＿＿＿＿＿＿＿。

折射率側面圖

恢復原本的 QQQH 型肆層抗反射膜安排，點按 **[Tools/Index Profile]**，參數設定使用預設值，按 $\boxed{\text{Plot}}$。

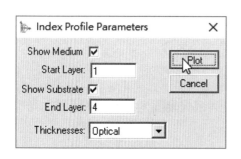

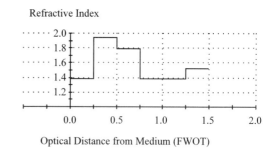

162

左邊編號 1 膜層（MgF$_2$）靠近空氣端，膜厚 1/4 波厚 0.25λ_0，折射率 1.38542；編號 2 膜層（HfO$_2$）膜厚 1/4 波厚 0.25λ_0，折射率 1.93940；編號 3 膜層（Y$_2$O$_3$），膜厚 1/4 波厚 0.25λ_0，折射率 1.79581；編號 4 膜層（MgF$_2$）靠近基板，膜厚 1/2 波厚 0.5λ_0，折射率 1.38542，基板位置從光學厚度 1.25 開始，如上圖右所示。

導納軌跡圖

點按功能表 **[Toos/Analysis/Admittance]** ，選擇自動刻度，並注意檢視視窗下方之計算模組中的波長是否正確，按 Plot 。

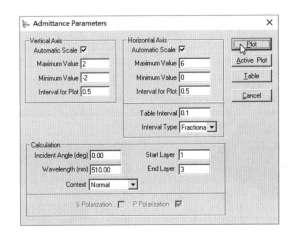

由導納軌跡圖（見下圖）可知，從基板導納值 1.52 出發，先鍍上 1/2 波厚的低折射率材料 MgF$_2$，其導納軌跡順時針繞一圓圈回到原出發點，先鍍上 1/4 波厚的中折射率材料 Y$_2$O$_3$，其導納軌跡順時針繞上半圓圈至 2.12046，再鍍上 1/4 波厚的高折射率材料 HfO$_2$，其導納軌跡順時針繞一圓圈回到 1.7738，最後鍍上 1/4 波厚的低折射率材料 MgF$_2$，其導納軌跡順時針繞下半圓圈至 1.08207，此導納值並接近空氣導納值 1，可知在參考波長 510nm 處的反射率接近零值。

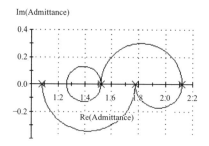

顏色顯示圖

點按 **[Performances/Color]** 或工具列圖示 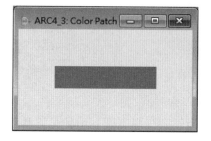，按 Active Plot 。

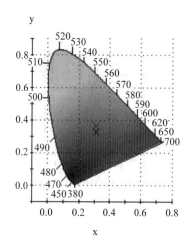

由反射率光譜圖得知，在參考波長 510nm 處的反射率接近零值，整體光譜特性呈現近似寬底的 U 型或 W 型，因此除了短波長區之外，中波長與長波長區的反射率既近似相等且大，顯見反射光偏紫色，但有綠光成分。

結論：_____。

（四）QHQQ 膜層安排：高折射率無效層

以上述兩款 QQQH 型肆層抗反射膜為初始設計，可否修正半波厚無效層是高

折射率材料？

Im(Admittance)

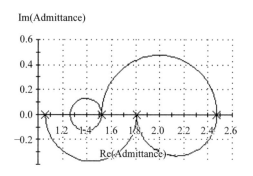

Re(Admittance)

Im(Admittance)

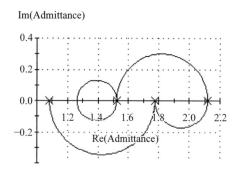

Re(Admittance)

觀察前兩款 QQQH 型肆層抗反射膜設計的導納軌跡圖，依規格要求重新安排膜層設計如下：

Air|L 2H M L'|Glass，$n_L = 1.38$，$n_H = 2.11$，$n_M = 1.66$，$n_L' = 1.45$（SiO_2）

滑鼠雙按圖示，打開 Essential Macleod 模擬軟體，滑鼠點按工具列圖示，產生一個新的設計，選按 **[Edit/Formula]**，針對膜層安排進行設定。於 Symbol 欄位點按，直接鍵入 L，於 Material 欄位點按，選用折射率最接近的材料，例如 MgF_2，比照上述方式，建立高、中、低折射率材料的符號與選用，並於下方空白處鍵入表示式，如下圖所示：

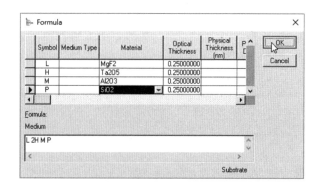

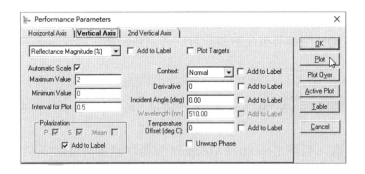

點按工具列圖示 ▷p：特性參數設定，水平軸設定保留預設值，垂直軸選按反射率（Reflectance Magnitude（％）），保留自動刻度。

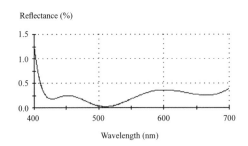

滑鼠點按 Plot 繪製反射率光譜圖：由特性圖可知，反射率曲線呈現類 U 雙 W 型特性，於 440～620nm 波段，反射率極低。

Reflectance (%)

Wavelength (nm)

光譜圖數據計算

於圖表中，點按滑鼠右鍵，選項重選按 Statistics。

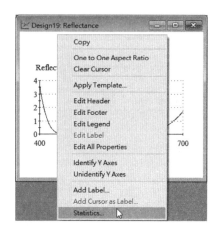

將滑鼠移入圖表區，點按圖形視窗任意位置，依序在範圍模組中輸入光譜範圍 400、700，統計模組中全部勾選，按 Calculate。

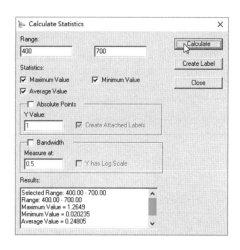

由視窗下方的表列結果得知，反射率全波段皆在 1.2649% 以下，反射率最大值爲 1.2649%，最小值爲 0.020235%，平均值爲 0.24805%；使用 Create Label 功能，將相關統計數據標示於反射率光譜圖之中（如下圖所示）。

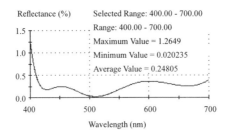

相較於 QQQ 型參層抗反射膜（如下圖虛線所示），結論：_____。

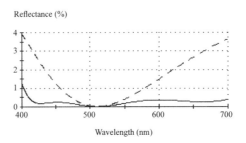

折射率側面圖

恢復原本的 QHQQ 型設計安排，點按 **[Tools/Index Profile]** ，參數設定使用預設值，按 Plot 。

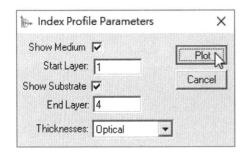

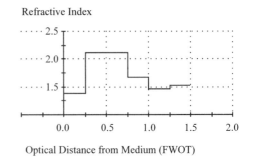

左邊編號 1 膜層爲靠近空氣端之低折射率膜層（MgF_2），膜厚 1/4 波厚 $0.25\lambda_0$，折射率 1.38542；編號 2 爲高折射率膜層（Ta_2O_5），膜厚 1/2 波厚 $0.5\lambda_0$，折射率 2.11557；編號 3 爲中折射率膜層（Al_2O_3），膜厚 1/4 波厚 $0.25\lambda_0$，折射率 1.66574；編號 4 膜層靠近基板之低折射率膜層（SiO_2），折射率 1.4618，膜厚 1/4 波厚 $0.5\lambda_0$，基板位置從光學厚度 1.25 開始，如上圖右所示。

導納軌跡圖

點按功能表 **[Toos/Analysis/Admittance]** ，選擇自動刻度，並注意檢視視窗下方之計算模組中的波長是否正確，按 $\boxed{\text{Plot}}$ 。

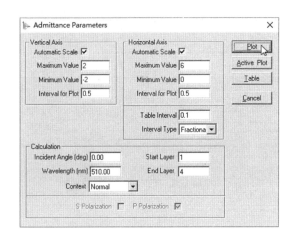

由導納軌跡圖可知，從基板導納值 1.52 出發，先鍍上 1/4 波厚的低折射率材料 SiO_2，導納軌跡順時針繞一圓圈回到原出發點 1.4，再鍍上 1/4 波厚的中折射率材料 Al_2O_3，其導納軌跡順時針繞上半圓圈至 1.98，再鍍上 1/2 波厚的高折射率材料 Ta_2O_5，其導納軌跡順時針繞一圓圈回到原出發點至 1.98，最後鍍上 1/4 波厚的低折射率材料 MgF_2，其導納軌跡順時針繞下半圓圈至 0.975，此導納值接近空氣導納值 1，可見在參考波長 510nm 處的反射率接近零值。

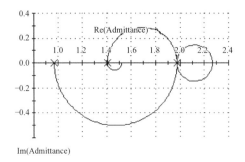

顏色顯示圖

點按 **[Performances/Color]** 或工具列圖示 ，按 Active Plot 。

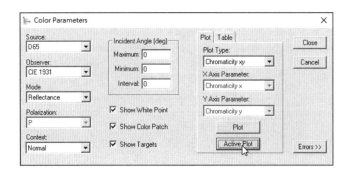

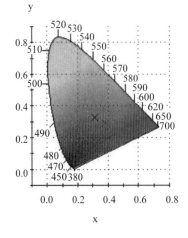

由反射率光譜圖得知，在參考波長 510nm 處的反射率接近零值，但短波長區與長波長區的反射率為 1.2649%、0.39125%，整體光譜特性呈現近似雙 W 型，因此，反射光主要為短波長區的紫光與長波長區的紅光混合而形成偏紫的洋紅色。

　　結論：_____。

六、問題與討論

1. 使用 **Air|MgF₂|TiO₂|MgF₂|TiO₂|Substrate** 的設計，最佳肆層抗反射效果為何？

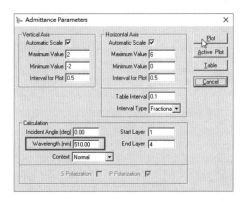 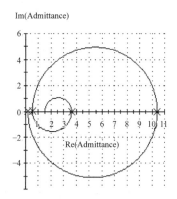

波長分別為 400nm、700nm 的導納軌跡圖，由圖中最終的導納值可知，兩波長處的反射率皆很高，並且 $R_{400nm} > R_{700nm}$。

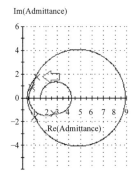 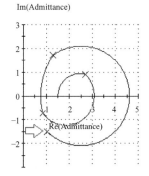

171

2. 使用 **Air|TiO₂|MgF₂|TiO₂|MgF₂|Substrate** 的設計，以相關特性圖驗證是否具備最佳抗反射效果爲何？

3. 模擬分析與說明肆層抗反射設計，可否有 W 型抗反射光譜效果？

4. 模擬分析與說明肆層抗反射設計 **Air|L 2H M L'|Glass**，$n_L = 1.38$，$n_H = 2.11$，$n_M = 1.66$，$n_L' = 1.45$（SiO₂），安排不同高折射率材料之光譜成效。

Layer	Material	Refractive Index	Extinction Coefficient	Optical Thickness (FWOT)	Physical Thickness (nm)
Medium	Air	1.00000	0.00000		
1	MgF2	1.38542	0.00000	0.25000000	92.03
2	TiO2	2.34867	0.00037	0.50000000	108.57
3	Al2O3	1.66574	0.00000	0.25000000	76.54
4	SiO2	1.46180	0.00000	0.25000000	87.22
Substrate	Glass	1.52083	0.00000		
				1.25000000	364.37

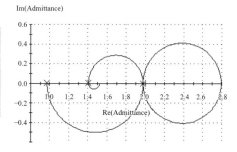

Layer	Material	Refractive Index	Extinction Coefficient	Optical Thickness (FWOT)	Physical Thickness (nm)
Medium	Air	1.00000	0.00000		
1	MgF2	1.38542	0.00000	0.25000000	92.03
2	ZrO2	2.06577	0.00004	0.50000000	123.44
3	Al2O3	1.66574	0.00000	0.25000000	76.54
4	SiO2	1.46180	0.00000	0.25000000	87.22
Substrate	Glass	1.52083	0.00000		
				1.25000000	379.23

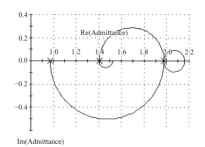

七、關鍵字

1. 低折射率無效層。

2. 高折射率無效層。

八、學習資源

1. http://baike.labbang.com/index.php/
   抗反射塗層。

2. http://ir.lib.ncu.edu.tw:88/thesis/view_etd.asp?URN=91236015&fileName=

GC91236015.pdf

使用反應濺鍍法於塑膠基板上製鍍抗反射膜之研究。

3. 120.114.52.149/~T093000174/repository/fetch/OLED 之抗反射膜優化設計 .pdf

OLED 之抗反射膜優化設計。

4. http://ir.lib.nthu.edu.tw/handle/987654321/34459

可供廣角度入射的理想抗反射膜之數值研究。

5. http://ntour.ntou.edu.tw:8080/ir/handle/987654321/11204

應用抗反射薄膜與微米結構改善可撓式有機發光平面顯示元件。

6. http://www.efun.com.tw/tw/prod_detail.php?id=40

抗反射鍍膜（AR Coating）。

九、參考資料

1. 薄膜光學與鍍膜技術（第 8 版），李正中，藝軒圖書。
2. 薄膜光學概論，葉倍宏，全華圖書。

實習

習

5

紅外光區抗反射膜

一、實習目的

配合使用 Essential Macleod 光學薄膜設計模擬軟體，模擬、分析、討論紅外光區之：

1. Q 型單層抗反射膜設計的特性。
2. QQ 型雙層抗反射膜設計的特性。
3. QQQ 型參層抗反射膜設計的特性。
4. 使用不同基板對紅外光區抗反射膜特性的影響。

實習流程：

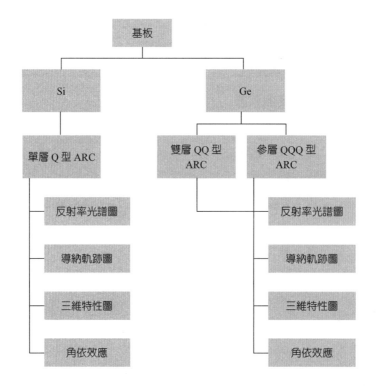

二、實習軟體

Essential Macleod 光學薄膜設計模擬軟體。

三、應用實例

（一）抗反射膜選項 [3]

　　愛特蒙特光學提供全 TECHSPEC® 鏡頭帶有可選單層，介電質抗反射（AR）鍍膜以減少表面反射；此外，鍍製的單層、多層、V 和 2V 抗反射鍍膜，提供現成的貨架產品和大體積客製化訂單。近紅外光區 NIR 的產品選項，如下圖所示：

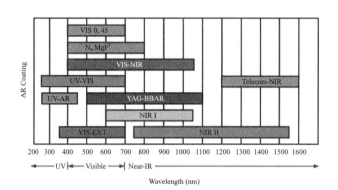

1. VIS-NIR：可見／近紅外寬帶抗反射鍍膜以特別優化方法，在近紅外光區得到最大透射率（> 99%）

2. Telecom-NIR：Telecom／近紅外是流行通信用波段從 1200 至 1600nm 的專業化寬帶抗反射膜（增透膜）。

3. NIR I and NIR II：近紅外 I 與近紅外 II 寬帶 AR 鍍膜，提供普通光纖、激光二極體模組和 LED 燈的近紅外波長所需的卓越的性能。

4. SWIR：短波紅外（SWIR）寬帶抗反射鍍膜設計，常見的應用波長範圍從 900 到最大傳輸 1700nm，產品包括電子器件或太陽能電池的檢查、監視或防偽。

　　相關產品之光譜特性（如下圖所示）：

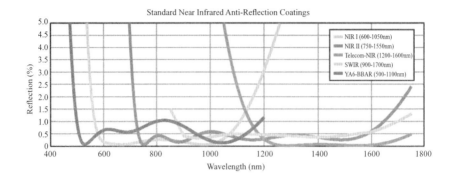

（二）IR Anti-Reflection Coatings[4]

　　ISP 光學提供了四種標準類型使用不同的紅外材料的紅外抗反射膜（增透膜）：
寬帶抗反射膜（BBAR）、窄帶抗反射膜（NBAR）、雙波段抗反射膜（DB）和三波
段抗反射膜（TRB）。

Broad Band AR Coating for 1.5～5μm：

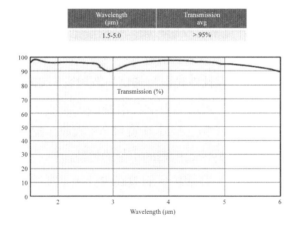

Wavelength (μm)	Transmission avg
1.5-5.0	> 95%

Broad Band AR Coating for 3～5μm：

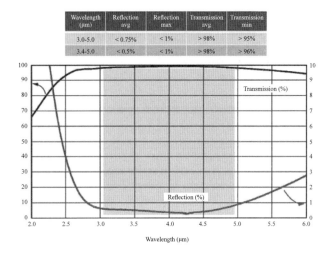

Wavelength (μm)	Reflection avg	Reflection max	Transmission avg	Transmission min
3.0-5.0	< 0.75%	< 1%	> 98%	> 95%
3.4-5.0	< 0.5%	< 1%	> 98%	> 96%

Broad Band AR Coatingfor 8～12μm：

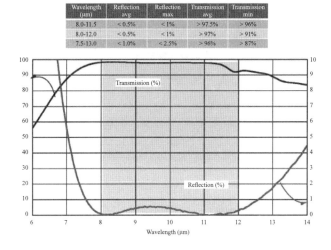

Wavelength (μm)	Reflection avg	Reflection max	Transmission avg	Transmission min
8.0-11.5	< 0.5%	< 1%	> 97.5%	> 96%
8.0-12.0	< 0.5%	< 1%	> 97%	> 91%
7.5-13.0	< 1.0%	< 2.5%	> 96%	> 87%

Broad Band AR Coating for 1～12μm：

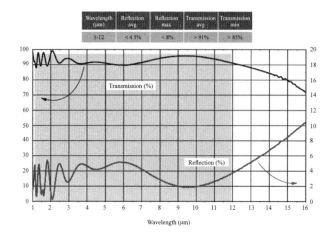

Narrow Band AR Coating for 3.39μm：

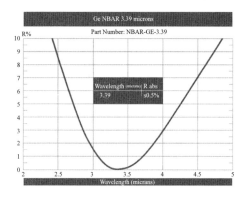

（三）Anti-Reflection Coatings[5]

使用沒有吸收的介電質膜層，允許產生抗反射的膜層設計；現代光學沒有具備抗反射膜層設計是很難想像的，此抗反射膜被簡稱為 AR 鍍膜。這些 AR 膜層對於波長或一個特定的波段，可以使光學介質表面上的反射率最小化。

光學元件具備抗反射鍍膜的優點是：

1. 光學系統通過的能量損失最小化，使得透射傳輸增加。

2. 在成像系統上眩光和干擾反射的抑制。

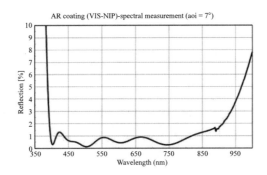

在本實例的微型光學器件（大約為 1mm×1mm×20mm 的）鍍製抗反射膜層在兩個表面上，波長範圍在 800 以及 1000nm 內，特點是實際反射率 R<1%，入射角為 0～30 度。

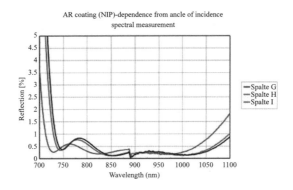

不同入射角度：0～30 度的反射率光譜圖量測，可以看到在 888nm 處光譜光度計量測到 IR 傳感器的轉換點。

（四）應用於紅外光區的材料選擇 [6]

　　紅外光區在電磁波光譜中的範圍，如下圖所示：**近紅外光區**（NIR）、**中紅外光區**（MIR）、**遠紅外光區**（FIR）；由於紅外光區比可見光區波長更長，使得這兩個區域在光傳播通過相同的光學介質，會有不同的行為。有一些材料可應用於 IR

光區或可見光區，其中最值得注意的是熔凝矽石、BK7 和藍寶石；但是，光學系統的性能可藉由使用更適合的材料進行優化，以符合目前的規格。要理解這個概念，考慮透射率、折射率、色散和梯度折射率。有關規格和性能更深入的訊息，請查看光學玻璃。

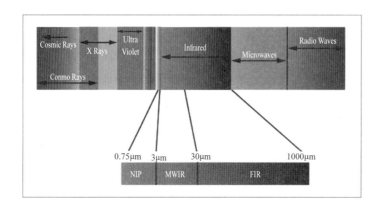

最重要的屬性在定義任何材料的透射率。透射率可以透過量測取得，並且被定義為與入射光比值的百分比。紅外材料通常在可見光不透明，而可見的材料通常在紅外不透明；換言之，它們顯示出在這些波長區域幾乎為 0% 的透射。例如：考慮矽，在紅外光區透射，但在不可見光區沒有此特性（見下圖）。

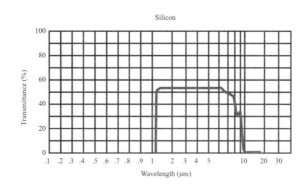

（五）如何選擇正確的材料

　　為了選擇正確的紅外光區材料，有三個簡單的檢查特性可供考慮。選擇過程更容易，因為存在的材料中，相較於可見光區，紅外光區可供實際選擇的材料比較少，並且這些材料往往由於製造和材料成本的緣故，價格也比較昂貴。

1. 熱性質：通常，光學材料被放置在不同溫度變化的環境中。此外，紅外光區應用的共同關心問題是產生大量的熱的傾向。材料的梯度折射率和熱膨脹係數（CTE）係數應該進行評估，以確保滿足使用者規格所需要具備的性能。例如：鍺具有非常高的梯度折射率，如果在熱揮發性設置使用可能降低其光學性能。

2. 透射率：不同應用操作於 IR 光譜中不同區域內。某些紅外光區基板有更好的光學成效，取決於目前的波長（見下圖）。例如，如果系統是指在 MWIR 來操作，鍺相較於藍寶石是一個更好的選擇，其中紅外光區的效果很好。

3. 折射率：就折射率變化而言，IR 光區材料遠遠超過可見光區的材料，以致允許在系統設計中有更多的變化。不像在整個可見光譜工作良好可見材料（如 N-BK7），紅外光區往往侷限於 IR 光譜內的小波段，導致應用在抗反射鍍膜上同樣被限制。

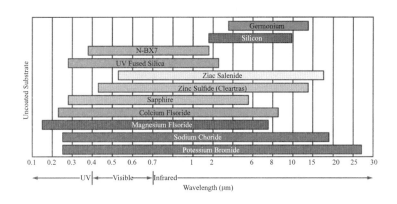

　　儘管目前有幾十種紅外光區材料，但只有少數是針對光學、成像和光子學工業中，使用於製造成常見的元件。氟化鈣、熔融二氧化矽、鍺、氟化鎂、N-BK7、溴化鉀、藍寶石、矽、氯化鈉、硒化鋅和硫化鋅等材料，各自具備有別於彼此的獨特屬性，使得各自適用於特定的應用。下表中提供了一些常用基板的比較。

Key IR Material Attributes						
Name	Index of Refraction (nd)	Abbe Number (vd)	Density (g/cm^3)	CTE (x 10^{-6}/℃)	dn/dT (x 10^{-6}/℃)	Knoop Hardness
Calcium Fluoride (CaF$_2$)	1.434	95.1	3.18	18.85	−10.6	158.3
Fused Silica (FS)	1.458	67.7	2.2	0.55	11.9	500
Germanium (Ge)	4.003	N/A	5.33	6.1	396	780
Magnesium Fluoride (MgF$_2$)	1.413	106.2	3.18	13.7	1.7	415
N-BK7	1.517	64.2	2.46	7.1	2.4	610
Potassium Bromide (KBr)	1.527	33.6	2.75	43	−40.8	7
Sapphire	1.768	72.2	3.97	5.3	13.1	2200
Silicon(Si)	3.422	N/A	2.33	2.55	1.60	1150
Sodium Chloride (NaCl)	1.491	42.9	2.17	44	−40.8	18.2
Zinc Selenide (ZnSe)	2.403	N/A	5.27	7.1	61	120
Zinc Sulfide (ZnS)	2.631	N/A	5.27	7.6	38.7	120

材料比較：

Calcium Fluoride (CaF$_2$)	低吸收，高折射率均勻性
	用於光譜、半導體處理、冷卻熱成像
Fused Silica (FS)	低 CTE 和優異的紅外透射率
	用於干涉測量、激光儀器、光譜
Germanium (Ge)	高 nd、高努氏硬度、優良的 MWIR 到 FIR 傳輸
	用於熱成像、紅外成像
Magnesium Fluoride (MgF$_2$)	高 CTE，低折射率，從可見光到 MWIR 的良好傳輸
	用於不需要抗反射鍍膜的 Windows、鏡頭和偏振鏡

N-BK7	低成本材料，在可見和近紅外應用中工作良好
	用於機器視覺、顯微鏡、工業應用
Potassium Bromide (KBr)	良好的抗機械衝擊、水溶性、寬廣的傳輸範圍
	用於 FTIR 光譜
Sapphire	非常耐用和良好的 IR 傳輸
	用於紅外激光系統、光譜儀和環境設備
Silicon (Si)	低成本和重量輕
	用於光譜、MWIR 激光系統、太赫茲成像
Sodium Chloride (NaCl)	水溶性、低成本，從 250nm 到 16μm 的極好透射率，對熱衝擊敏感
	用於 FTIR 光譜
Zinc Selenide (ZnSe)	低吸收、高耐熱衝擊
	CO_2 激光系統和熱成像
Zinc Sulfide (ZnS)	在可見光和紅外線下具有優良的透射性，比 ZnSe 更堅硬和更耐化學性
	用於熱成像

四、基本理論

比較高、低折射率基板 n_s 的不同：

1. 可見光區基板：$1.4 \leq n_S \leq 1.8$。

2. 紅外光區基板：$3 \leq n_S \leq 4$。

顯見高折射率基板更需要抗反射鍍膜，不然根本無法作任何有關高穿透的應用。對**單層抗反射膜**而言，可見光區要求將反射率降到 1% 左右，而紅外光區則只要有明顯改善穿透率效果就可以了，不必像可見光區 ARC 的要求標準。現在列舉 3 個例子，如下討論：

Case1

1|L|4，1 為空氣的折射率，4 為鍺基板的折射率，材料 SiO 的折射率 $n_L = 1.9$，參考波長（或稱為中心波長）$\lambda_0 = 3\mu m$，入射角 $\theta_0 = 0°$：使用

$$Y = \frac{C}{B} = \frac{i\eta_1}{i\frac{\eta_s}{\eta_1}} = \frac{\eta_1^2}{\eta_s}$$

$$R = \left(\frac{1-Y}{1+Y}\right)^2 = \left(\frac{1-0.9025}{1+0.9025}\right)^2 \cong 0.263\%$$

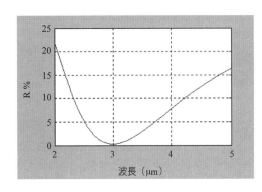
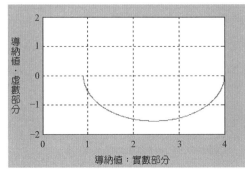

Case2

1|L|4，材料 ZnS 的折射率 $n_L = 2.2$，中心波長 $\lambda_0 = 3\mu m$，入射角 $\theta_0 = 0°$：$n_L = 2.2$ 離標準值 $\sqrt{n_0 n_s} = 2$ 更多，所以在設計波長處的反射率比 Case1 高。

$$Y = \frac{\eta_2^2}{\eta_s} = \frac{n_L^2}{n_s} = \frac{2.2^2}{4} = 1.205$$

$$R = \left(\frac{1-Y}{1+Y}\right)^2 = \left(\frac{1-1.205}{1+1.205}\right)^2 \cong 0.903\%$$

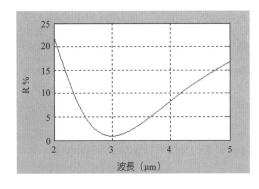
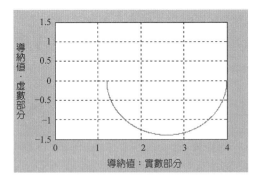

Case3

　　1|L|2.45，低折射率材料之折射率 n_L = 1.55，中心波長 λ_0 = 3μm，入射角 θ_0 = 0°：這是符合設計波長零反射的膜層設計，輸出結果如下所示。

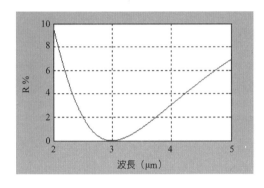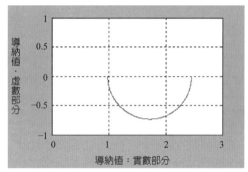

高折射率基板的斜向入射特性和低折射率基板類似，其中最主要的差異就是彼此極值移向短波長的程度不同。前述低折射率基板的雙層抗反射膜設計方法，仍然適用於高折射率基板，但可惜的是，抗反射的波段太窄，致無法符合實際應用的需要，因此改採**向量法**來決定適當的鍍膜折射率，以達到期望的光譜效能。

（一）QQ 膜層設計

　　鍍膜條件：1|L|M|4，低折射率材料之折射率 n_L = 1.7，中折射率材料之折射率 n_M = 3，中心波長 λ_0 = 3μm，入射角 θ_0 = 0°；由前述雙層抗反射膜得知，導納值為

$$Y = \frac{C}{B} = \frac{\eta_1^2 \eta_s}{\eta_2^2}$$

如欲反射率 R = 0，則須滿足

$$\eta_0 = Y = \frac{\eta_1^2 \eta_s}{\eta_2^2} = \frac{n_1^2 n_s}{n_2^2} = n_0$$

即

187

$$\frac{n_2}{n_1} = \sqrt{\frac{n_s}{n_0}}$$

若低折射率膜層選用折射率 $n_L = 1.7$，代回上式

$$n_2 = n_1 \sqrt{\frac{n_s}{n_0}} = 1.7 \sqrt{\frac{4}{1}} = 3.4$$

可見選用 $n_M = 3$ 無法使在中心波長的反射率為零；使用 $R = \left(\frac{\eta_0 - Y}{\eta_0 + Y}\right)^2$，計算反射率為

$$Y = \frac{\eta_1^2 \eta_s}{\eta_2^2} = \left(\frac{1.7}{3}\right)^2 (4) = 1.284$$

$$R = \left(\frac{1 - Y}{1 + Y}\right)^2 = \left(\frac{1 - 1.284}{1 + 1.284}\right)^2 = 1.55\%$$

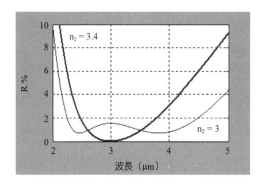
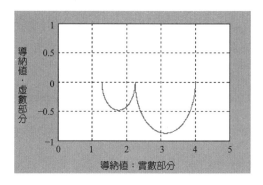

（二）QH 鍍膜設計

鍍膜條件：**1|L 2H|4**，低折射率材料之折射率 $n_L = 1.7$，PbTe 的高折射率材料之折射率 $n_H = 5.35$，中心波長 $\lambda_0 = 3\mu m$ ，入射角 $\theta_0 = 0°$。由前述 **QH 雙層抗反射膜**得知，無效層作用可拓寬低反射率區，但是要選用比鍺基板折射率 $n = 4$ 還要大的材料已經不多了，而且光學成效不一定比較好，這些問題的改善都有賴於進階的優化設計。

　　高折射率基板的斜向入射特性和低折射率基板類似，其中最主要的差異就是彼此極值移向短波長的程度不同。

五、模擬步驟

（一）單層 Q 型抗反射膜

　　Air|L|Si，參考波長 3μm，入射角 0 度；滑鼠雙按 圖示，打開 Essential Macleod 模擬軟體，點按功能表 **[File/New/Design]**，產生一個新的設計。

也可點按工具列圖示 。

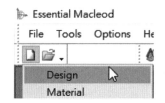

新增 Si 矽基板材料：於設計狀態，點按功能表 **[Tools/Substrates]**。

也可點按工具列圖示 。

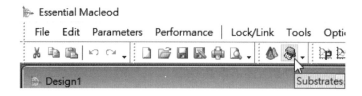

或者是於非設計狀態，點按功能表 **[Tools/Browse Materials Library]**。

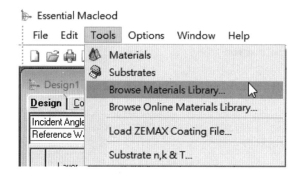

於材料庫視窗直接雙按 +Semiconductors 欄位。

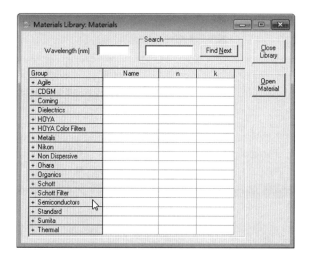

也可於搜尋欄位中鍵入 Si，點按 Find Next 搜尋。

於 Si 材料名稱欄位雙按。

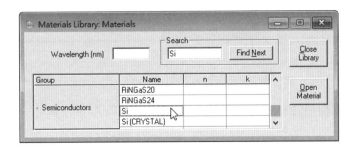

顯示 Si 材料的色散資料，若是對應基板視窗，資料表如下所示：

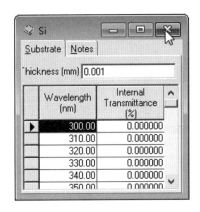

點按視窗右上角紅色 ▣ 的圖示，系統出現是否存檔訊息，按 Yes 。

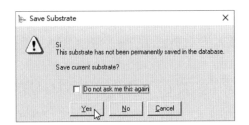

若預設 Si 為名稱不改，直接點按 OK ，完成 Si 基板材料新增動作。

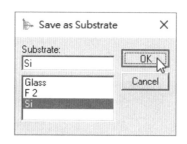

若是對應材料視窗，資料表如下所示：

點按視窗右上角紅色 × 的圖示，系統出現是否存檔訊息，按 Yes 。

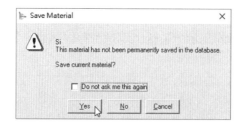

若預設 Si 為名稱不改，直接點按 OK ，完成 Si 基板材料新增動作。

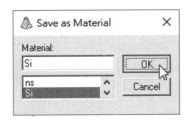

回設計視窗：參考波長更新為 3000nm，編號 1 材料更換為 ZrO_2，基板更換為 Si。

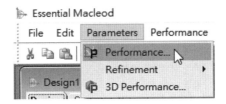

反射率光譜圖

點按功能表 **[Parameters/Performance]**，或點按工具列圖示 ⬛。

> **Essential Macleod**
>
> File Edit Parameters Performance
>
> ✂ 📋 📋 │ 🅿 Performance... 🔨
>
>   Refinement   ▶
>
> Design1 🅿 3D Performance...

特性參數設定視窗之水平軸設定，取消自動刻度，波長最大值（Maximum Value）5000，最小值（Minimum Value）2000，繪圖間距（Interval for Plot）500。

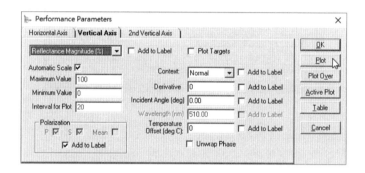

垂直軸選按反射率（Reflectance Magnitude（%）），並保留自動刻度。

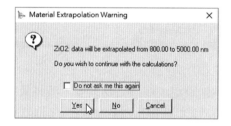

按 Plot 繪製反射率光譜圖，結果出現提示視窗，告知使用 ZrO_2 材料，於光譜 800～5000nm 範圍無對應色散資料。

按 Yes ，套用現有色散資料，反射率光譜圖如下所示：

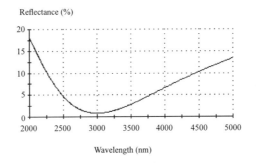

導納軌跡圖

　　點按功能表 **[Toos/Analysis/Admittance]**，選擇自動刻度，並注意檢視視窗下方之計算模組中的波長是否正確；由導納軌跡圖可知，最終導納值為 1.2049，顯見在參考波長處的反射率不等於 0。

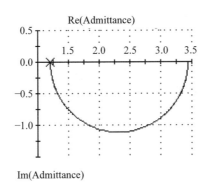

三維特性圖

　　x 軸之波長最大、最小範圍分別更改為 5000、2000。

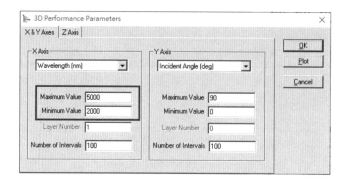

z 軸設定：反射率（Reflectance Mangitude（%）），保留自動刻度，偏振群組選擇平均（Mean）。

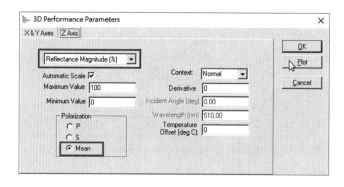

按 Plot 繪製三維特性圖。

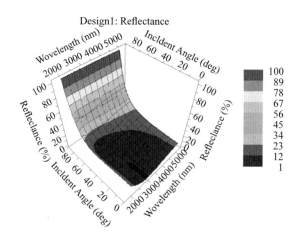

由此特性圖可知，除了 2000nm、大角度與 5000nm 附近外，在入射角近 80 度範圍內，反射率爲藍色顯示，其數值範圍爲 1～12%。

角依效應

將入射角更改爲 30 度。

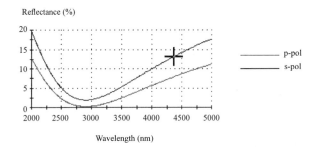

於 s 偏振光曲線上雙按。

Reflectance (%)

Wavelength (nm)

將曲線樣式更改爲 Short Dash。

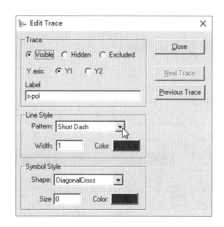

由輸出特性圖可知，s 偏振光的反射率皆大於 p 偏振光，並且反射率最低點從參考波長 3000nm 處往短波長方向移動。

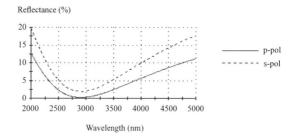

（二）雙層 QQ 型抗反射膜

Air|L M|Ge，參考波長 3μm，入射角 0 度；假設 $n_L = 1.666$（Al_2O_3），計算中折射率材料為

$$n_M = n_L \sqrt{\frac{n_s}{n_0}} = 1.666 \sqrt{\frac{4.4}{1}} = 3.495$$

續上實作範例，基板更換為 Ge，編號 1 材料更換為 Si。

	Layer	Material	Refractive Index	Extinction Coefficient	Optical Thickness (FWOT)	Physical Thickness (nm)
	Medium	Air	1.00000	0.00000		
▶	1	Si	3.43699	0.00000	0.25000000	218.21
	Substrate	Ge	4.40000	0.00000		
					0.25000000	218.21

新增膜層：點按功能表 **[Edit/Insert Layers]**，新增 1 層，按 OK 。

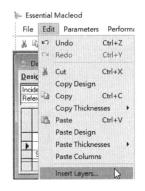

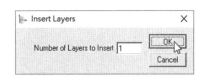

編號 1 的材料更換爲 Al_2O_3，光學厚度（Optical Thickness）更改爲 0.25。

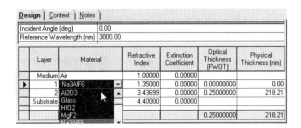

反射率光譜圖

點按功能表 **[Performance/Plot]**，或點按工具列圖示 ▨。

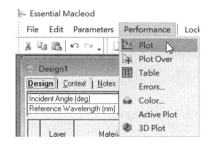

繪製反射率光譜圖，結果出現提示視窗，告知使用 Al_2O_3 材料，於光譜 900～5000nm 範圍無對應色散資料，按 Yes，套用現有色散資料。

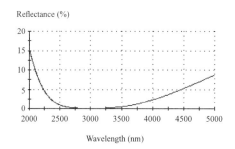

導納軌跡圖

點按功能表 **[Toos/Analysis/Admittance]**，選擇自動刻度，並注意檢視視窗下方之計算模組中的波長是否正確；由導納軌跡圖可知，最終導納值近似 1，顯見在參考波長處的反射率接近等於 0。

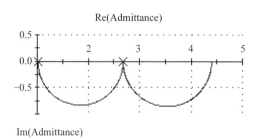

三維特性圖

按工具列 🔵 圖示，繪製三維特性圖。

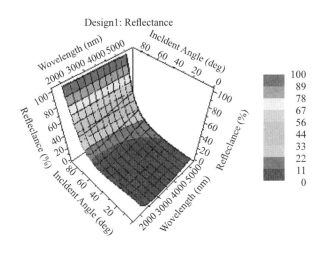

Design1: Reflectance

由此特性圖可知，除了大角度與 5000nm 附近的一小塊區域外，在入射角近 80 度範圍內，反射率為藍色顯示，其數值範圍為 1～11%；與前述單層抗反射膜相比較，顯見低反射率區域更加寬廣，抗反射效果確實較優。

角依效應

將入射角更改為 30 度。

	Layer	Material	Refractive Index	Extinction Coefficient	Optical Thickness (FWOT)	Physical Thickness (nm)
	Medium	Air	1.00000	0.00000		
▶	1	Al2O3	1.65090	0.00000	0.25000000	454.30
	2	Si	3.43699	0.00000	0.25000000	218.21
	Substrate	Ge	4.40000	0.00000		
					0.50000000	672.51

Design | Context | Notes

Incident Angle (deg) 30.00
Reference Wavelength (nm) 3000.00

於 s 偏振光曲線上雙按，將曲線樣式更改為 Short Dash。

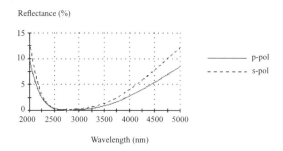

由輸出特性圖可知，s 偏振光的反射率皆大於 p 偏振光，並且反射率最低點從參考波長 3000nm 處往短波長方向移動。

（三）參層 QQQ 型抗反射膜

Air|L M H|Si，參考波長 3.5μm，入射角 0 度：假設 Si 基板 $n_s = 3.43699$，計算使用材料的折射率。

$$n_1 = \sqrt[4]{n_0{}^3 n_s} = \sqrt[4]{1 \times 3.437} = 1.362$$

$$n_2 = \sqrt[4]{n_0{}^2 n_s{}^2} = \sqrt[4]{1 \times 3.437^2} = 1.854$$

$$n_3 = \sqrt[4]{n_0 n_s{}^3} = \sqrt[4]{1 \times 3.437^3} = 2.524$$

續上實作範例，新增膜層：全選基板欄位。

	Layer	Material	Refractive Index	Extinction Coefficient	Optical Thickness (FWOT)	Physical Thickness (nm)
	Medium	Air	1.00000	0.00000		
	1	Al2O3	1.65090	0.00000	0.25000000	454.30
	2	Si	3.43699	0.00000	0.25000000	218.21
➡	Substrate	Ge	4.40000	0.00000		
					0.50000000	672.51

Incident Angle (deg): 0.00
Reference Wavelength (nm): 3000.00

點按功能表 **[Edit/Insert Layers]**，新增 1 層。

	Layer	Material	Refractive Index	Extinction Coefficient	Optical Thickness (FWOT)	Physical Thickness (nm)
	Medium	Air	1.00000	0.00000		
	1	Al2O3	1.65090	0.00000	0.25000000	454.30
	2	Si	3.43699	0.00000	0.25000000	218.21
▶	3	Na3AlF6	1.35000	0.00000	0.00000000	0.00
	Substrate	Ge	4.40000	0.00000		
					0.50000000	672.51

基板更換爲 Si，編號1~3的材料分別更換爲 MgF_2、Y_2O_3、TiO_2，光學厚度（Optical Thickness）皆更改爲 0.25，參考波長爲 3500nm。

Design	Context	Notes				
Incident Angle (deg)	0.00					
Reference Wavelength (nm)	3500.00					

	Layer	Material	Refractive Index	Extinction Coefficient	Optical Thickness (FWOT)	Physical Thickness (nm)
	Medium	Air	1.00000	0.00000		
	1	MgF2	1.38030	0.00000	0.25000000	633.92
	2	Y2O3	1.77300	0.00000	0.25000000	493.51
▶	3	TiO2	2.25000	0.00000	0.25000000	388.89
	Substrate	Si	3.43293	0.00000		
					0.75000000	1516.32

點按工具列圖示 ▷P：特性參數設定視窗之水平軸設定，取消自動刻度，波長最大值（Maximum Value）7000，最小值（Minimum Value）2000，繪圖間距（Interval for Plot）1000。

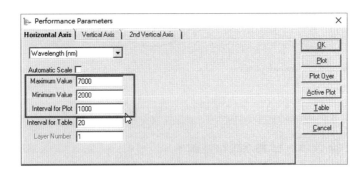

檢視垂直軸設定，保留原設定，按 Plot 繪製反射率光譜圖，結果出現提示視窗，告知使用的材料，於某光譜範圍無對應色散資料，按 Yes ，套用現有色散資料（見

下圖左）。

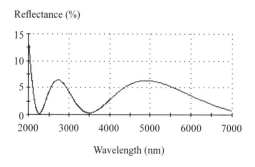

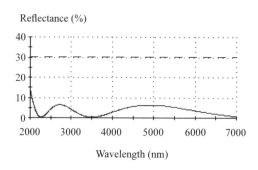

上圖右同時顯示只有無抗反射膜基板的反射率光譜圖。

導納軌跡圖

　　點按功能表 **[Toos/Analysis/Admittance]**，選擇自動刻度，並注意檢視視窗下方之計算模組中的波長是否正確；由導納軌跡圖可知，最終導納值為 0.89378，顯見在參考波長處的反射率不等於 0，但接近 0。

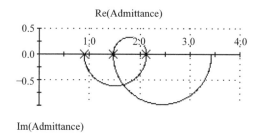

三維特性圖

　　按工具列 圖示，繪製三維特性圖。

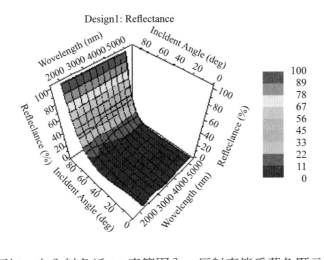

Design1: Reflectance

由此特性圖可知，在入射角近 80 度範圍內，反射率皆為藍色顯示，其數值範圍為 1～11%；與前述單層、雙層抗反射膜相比較，顯見低反射率區域更加寬廣許多，抗反射效果確實最優。

角依效應

　　將入射角更改為 30 度。

	Layer	Material	Refractive Index	Extinction Coefficient	Optical Thickness (FWOT)	Physical Thickness [nm]
	Medium	Air	1.00000	0.00000		
	1	MgF2	1.38030	0.00000	0.25000000	633.92
	2	Y2O3	1.77300	0.00000	0.25000000	493.51
▶	3	TiO2	2.25000	0.00000	0.25000000	388.89
	Substrate	Si	3.43293	0.00000		
					0.75000000	1516.32

Design | Context | Notes
Incident Angle (deg) 30.00
Reference Wavelength (nm) 3500.00

於 s 偏振光曲線上雙按，將曲線樣式更改為 Short Dash。

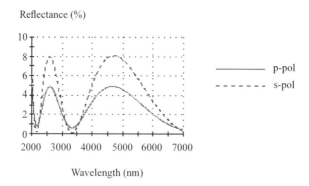

由輸出特性圖可知，s 偏振光的反射率除了在 2163nm、3335 nm 以及靠近 7000 nm 外，其餘波段皆大於 p 偏振光，並且反射率最低點有往短波長方向移動的現象。

六、問題與討論

1. **Air|L|Si**，參考波長 3000nm，入射角 0 度，模擬選擇最佳材料的抗反射設計。

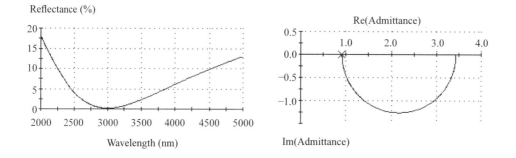

2. **Air|L|Ge**，參考波長 3000nm，入射角 0 度，模擬選擇最佳材料的抗反射設計。

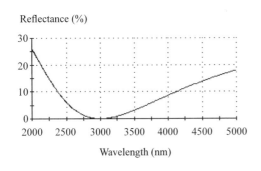

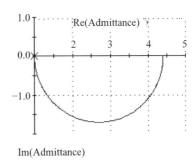

3. **Air|L M|Si** ，參考波長 3000nm ，入射角 0 度，說明與模擬選擇最佳材料的抗反射設計，如下圖所示：

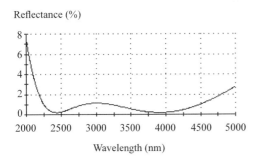

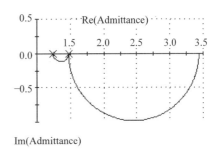

	Layer	Material	Refractive Index	Extinction Coefficient	Optical Thickness (FWOT)	Physical Thickness (nm)
	Medium	Air	1.00000	0.00000		
	1	Na3AlF6	1.35000	0.00000	0.25000000	555.56
▶	2	TiO2	2.25000	0.00000	0.25000000	333.33
	Substrate	Si	3.43699	0.00000		
					0.50000000	888.89

Design | Context | Notes
Incident Angle (deg) 0.00
Reference Wavelength (nm) 3000.00

4. **Air|L M H|Si** ，參考波長 3500nm ，入射角 0 度，說明與模擬選擇最佳材料的抗反射設計，如下圖所示：

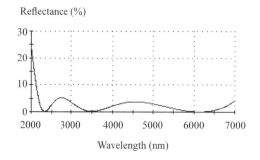

Reflectance (%)

Wavelength (nm)

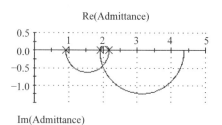

Re(Admittance)

Im(Admittance)

	Layer	Material	Refractive Index	Extinction Coefficient	Optical Thickness (FWOT)	Physical Thickness (nm)
Medium		Air	1.00000	0.00000		
	1	SiO2	1.40589	0.00000	0.25000000	622.38
▶	2	ZrO2	2.03500	0.00000	0.25000000	429.98
	3	AlAs	2.88800	0.00000	0.25000000	302.98
Substrate		Ge	4.37500	0.00000		
					0.75000000	1355.34

Design | Context | Notes

Incident Angle (deg): 0.00
Reference Wavelength (nm): 3500.00

七、關鍵字

1. 近紅外光區。

2. 中紅外光區。

3. 遠紅外光區。

4. 紅外光區基板、材料。

5. 雙層 QQ 膜層。

6. 雙層 QH 膜層。

八、學習資源

1. http://handle.ncl.edu.tw/11296/ndltd/64287182049025262438
   紅外光區抗反射超硬膜之研究——類鑽石膜光學常數之量測與分析。

2. http://www.ncsist.org.tw/csistdup/products/product.aspx?product_
   Id=199&catalog=23
   光學鍍膜技術——國家中山科學研究院。

九、參考資料

1. 薄膜光學與鍍膜技術（第 8 版），李正中，藝軒圖書。

2. 薄膜光學概論，葉倍宏，全華圖書。

3. http://www.edmundoptics.com/resources/application-notes/optics/anti-reflection-coatings/。

4. http://www.ispoptics.com/articles/10/COATING。

5. http://www.s1optics.com/products/optical-function-layers/anti-reflective-coating/。

6. http://www.edmundoptics.com/resources/application-notes/optics/the-correct-material-for-infrared-applications/。

雙波段抗反射膜

一、實習目的

配合使用 Essential Macleod 光學薄膜設計模擬軟體，針對

1. 雙波長抗反射膜。

2. 可見光區＋紅外光單波長抗反射膜。

使用膜厚可調參數的優化設計，分析與討論雙波段抗反射膜的膜層設計安排與其光譜特性。

實習流程：

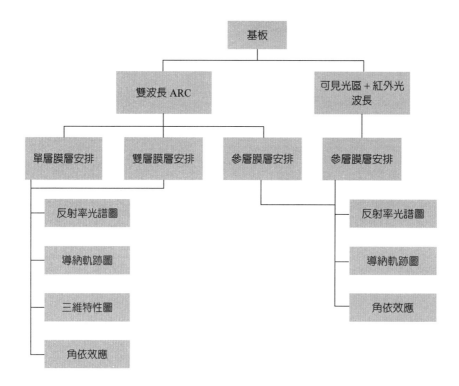

二、實習軟體

Essential Macleod 光學薄膜設計模擬軟體。

三、應用實例

（一）抗反射膜選項 [3]

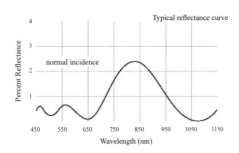

1. Dual Band HEBBAR ™ coating for 450 to 700 nm and 1064 nm。
2. Rabs < 1.25% @ 4504700 nm, Rabs < 0.25% @ 1064 nm。
3. Damage threshold: 1.3 J/cm2, 10-nsec pulse at 532 nm typical; 5.4 J/cm2, 20-nsec pulse at 1064 nm typical。

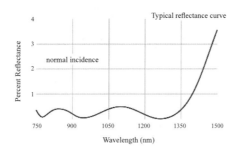

1. **Dual Band HEBBAR ™ coating for 780 to 830 nm and 1300 nm**。
2. Rabs < 0.5% @ 7804830 nm and 1300 nm。
3. Damage threshold: 5.4 J/cm2, 20-nsec pulse at 1064 nm typical。

（二）紅外光區雙波段抗反射鍍膜 [4]

對於雙波段前視紅外（FLIR）影像感測器性能可以顯著改善，藉由提高同時通過在光學系統中兩個感測器的波段（見下圖）。目前流行使用的增透膜（ARs），在同一光學元件上對任一波段優化，而非兩個波段，此 AR 鍍膜涵蓋中和長波長紅

外光區，或者從可見光區到長波長紅外光區整個波段，光譜性能不足以應用於未來的系統。設計和製造高性能 AR 鍍膜的方法已經研製成功，此方法顯示膜層厚度問題與設計複雜性，討論相對於透射性能的取捨問題。

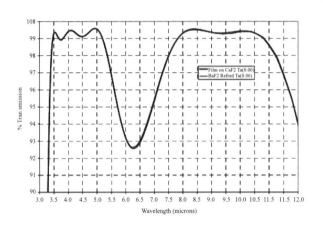

高性能雙波段 AR 鍍膜設計比單波段 AR 鍍膜設計更加複雜與膜厚更厚，但在光學成效上，雙波段 AR 鍍膜設計可以被設計和製造的水平並不遜色於單波段 AR 鍍膜設計。通常，鍍膜材料的選項可以應用於包括具有非常不同的折射率數值的覆蓋鏡片材料。該製造薄膜具有良好的光譜性能和品質，在這兩個波段中，反射率皆小於1%，符合實用規範上的目標。

四、基本理論

所謂「**雙波段抗反射膜**」係指在**光譜上有兩個波長區域同時具備抗反射效果的鍍膜**，典型的應用，例如手術與測量用的儀器設備，其種類主要有：

1. 雙波長抗反射膜。
2. 可見光區＋紅外光單波長抗反射膜。

以上屬第 2 類鍍膜比較難設計，往往需要借重電腦的強大計算能力，才能達到所要求的光譜效果，相比較之下，第 1 類的設計就簡單許多，只要以**向量法**進行分析即可。

（一）雙波長抗反射膜

在前述章節中，已經討論過**向量法**表現雙波長抗反射的情形，現在改用特徵矩陣法來探討這個問題，按照鍍膜層數多寡分述如下：

1. 單層膜

符合零反射率的條件為

$$\cos\delta_1 (\eta_S - \eta_0) = 0 \qquad （實部）$$
$$\sin\delta_1 (\eta_1 - \eta_0\eta_S/\eta_1) = 0 \qquad （虛部）$$

其中 $\delta_1 = \dfrac{2\pi}{\lambda}n_1d_1 = N\left(\dfrac{\pi}{2}\right)g = N\left(\dfrac{\pi}{2}\right)\left(\dfrac{\lambda_o}{\lambda}\right)$，$N：\lambda_0/4$ 整數倍，由上式可知

$$\cos(\delta_1) = 0 \qquad （\because \eta_S \neq \eta_0）$$
$$\eta_1 - \frac{\eta_0\eta_s}{\eta_1} = 0 \qquad （\because \sin(\delta_1) \neq \eta_0）$$

即

$$\delta_1 = m\left(\frac{\pi}{2}\right) = N\left(\frac{\pi}{2}\right)g \qquad\qquad （m：奇數）$$
$$= N\left(\frac{\pi}{2}\right)\frac{\lambda_o}{\lambda}$$

由此解出零反射的位置

$$\lambda = \frac{N}{m}\lambda_0$$

例如：鍍上 $\lambda_0/4$（$N = 1$）時，零反射率的位置有

$$g = 1、3、5 \cdots\cdots \quad , \quad \lambda = \lambda_0、\lambda_0/3、\lambda_0/5 \cdots\cdots$$

例如：鍍上 $3\lambda_0/4$（$N = 3$）時，零反射率的位置有

$$g = 1/3 \cdot 1 \cdot 5/3 \cdots \cdots \quad , \quad \lambda = 3\lambda_0 \cdot \lambda_0 \cdot 3\lambda_0/5 \cdots \cdots$$

上述 3：1 雙波長抗反射膜設計為

$$\left.1\right|\begin{array}{c} 1.38 \\ 0.25\lambda_0 \end{array}\left|1.52\right. \qquad (\lambda_0 = 1.064\mu m)$$

或者是 1：3 的雙波長抗反射膜設計為

$$\left.1\right|\begin{array}{c} 1.38 \\ 0.75\lambda_0 \end{array}\left|1.52\right. \qquad (\lambda_0 = 0.355\mu m)$$

2. 雙層膜

符合零反射率的條件為

$$\cos(\delta_1)\cos(\delta_2)(\eta_s - \eta_0) + \sin(\delta_1)\sin(\delta_2)\left(\frac{\eta_0\eta_2}{\eta_1} - \frac{\eta_1\eta_s}{\eta_2}\right) = 0$$

$$\cos(\delta_1)\cos(\delta_2)\left(\eta_2 - \frac{\eta_0\eta_s}{\eta_2}\right) + \sin(\delta_1)\cos(\delta_2)\left(\eta_1 - \frac{\eta_0\eta_s}{\eta_1}\right) = 0$$

若零反射率的雙波長為 $\lambda = 3\lambda_0/4 \cdot 3\lambda_0/2$，也就是說 g = 4/3、2/3，則最簡單的設計是

$$\left.\eta_0\right|\begin{array}{c} \eta_1 \\ 0.25\lambda_0 \end{array}\left|\begin{array}{c} \eta_2 \\ 0.25\lambda_0 \end{array}\right|\eta_s$$

讓 $\eta_s = 2.25$，上述公式化簡成

$$\eta_2/\eta_1 \doteqdot 1.306 \quad , \quad \eta_1\eta_2 = 2.25$$

求解得

$$\eta_1 \doteqdot 1.31 \quad , \quad \eta_2 \doteqdot 1.71$$

因為第 1 層的折射率不合理，改用 $\eta_1 = 1.38$，而 η_2 假設為 1.72，在此設計條件下，零反射率的位置移至

$$g \doteqdot 0.625 \quad , \quad g \doteqdot 1.375$$

綜合以上討論得知，選用 $\eta_1 = 1.38$ 與 $\eta_2 = 1.72$，不僅破壞零反射率的狀態，而且還會產生移位現象。為了避免產生移位現象，第 2 層鍍膜的折射率必須等於

$$\eta_2 \doteqdot 1.306\eta_1 \doteqdot 1.8$$

若同時也希望零反射率，則基板折射率必須改為

$$\eta_s = \eta_1\eta_2 = 1.38 \times 1.8 = 2.484$$

仍以 $\eta_s = 2.25$ 為例，上述兩種雙層 QQ 膜層設計，雙波長 $g = 2/3$ 與 $g = 4/3$，中心波長 $\lambda_0 = 0.707\mu m$。

3. 參層膜

符合零反射率的條件，因為可調變數變多，使得最簡單的 $\lambda_0/4$ 鍍膜設計，在最簡化的雙波長零反射率的條件下，例如對稱的 $g = 2/3$ 和 $4/3$，仍然很難找到滿足零反射要求的折射率，因此有需要修改前述程式或重新設計程式。此程式中，n_1 與 n_s 已知，n_2 與 n_3 待求，現在令 $n_1 = 1.38$，$n_s = 2.25$，測試 QQQ 型鍍膜設計，結果：

1	1.38	1.8	2.36	2.25
	$0.25\lambda_0$	$0.25\lambda_0$	$0.25\lambda_0$	

若是 HQQ 型鍍膜設計，結果：

1	1.38	1.8	1.71	2.25
	$0.25\lambda_0$	$0.25\lambda_0$	$0.25\lambda_0$	

其中雙波長 g = 2/3 與 g = 4/3，中心波長 $\lambda_0 = 0.707\mu m$；檢視反射率光譜圖，發現在中心波長 $\lambda = 0.53\mu m$ 與 $\lambda = 1.06\mu m$ 處反射率 R = 0，確實滿足要求，但是，請特別注意電腦模擬找到的 n_2 與 n_3 不一定存在，所以進一步的做法是挑選存在並且最接近的折射率來使用，以避免誤差太大。

（二）可見光區 + 紅外光單波長抗反射膜

由於這種鍍膜所涵蓋的波段過於寬廣，以致一般正常的**寬帶抗反射膜**無法派上用場，面對此難題，解決的辦法是配合電腦進行輔助模擬設計，其過程必須要有起始設計，然後再優化設計直到符合光譜要求為止。通常，優化品質與起始設計有密不可分的關係，有好的起始設計才會有更快、更好的優化結果，而要有**好的起始設計則需具備正確的光學薄膜的基本觀念**；為了能夠充分了解這兩者的差別，特舉 2 個例子說明。假設紅外光區反射率 R=0 的波長 $\lambda=1.06\mu m$，空氣折射率 $n_0=1$，基板折射率 $n_s=1.52$，設計步驟如下：

1. 由最初的雙波長 1：3 單層抗反射膜得知，可見光區的抗反射效果不佳，針對這個缺陷著手改進，可將 $3\lambda_0/4$ 的膜層分成 $\lambda_0/4$ 膜層與 $\lambda_0/2$ 膜層，中間再加鍍折射率 n = 1.8 的無效層，形成所謂 QHH 型的參層鍍膜：

$$1 \left| \begin{array}{c|c|c} 1.38 & 1.8 & 1.38 \\ 0.25\lambda_0 & 0.5\lambda_0 & 0.5\lambda_0 \end{array} \right| 1.52 \qquad (\lambda_0 = 0.51\mu m)$$

2. 雖然上述的改良設計，拓寬了可見光區的抗反射範圍，卻也破壞紅外光區的抗反射效果。為此再加鍍同樣的無效層，例如多了一層的設計：

$$1|L(4H)(2L)|1.52$$

或者多了兩層的設計：

$$1|L(6H)(2L)|1.52$$

均可達到幾乎不明顯改變可見光區的抗反射效果，而能改善紅外光區的抗反射效果的目的。

3. 因為紅外光區要求抗反射的波長效果 λ = 1.06μm，因此，以上的設計都不符合規格要求。但是，若能改變監控波長為 λ₀ = 0.48μm，至少還有差強人意的輸出結果。

上述這些設計可歸納為一般傳統的設計，以此角度來衡量上圖所示的光譜效果，勉強可以接受。反之，如果是以高品質為訴求來要求，則需要繼續尋找新的設計或透過電腦模擬做優化動作。現在考慮另一種傳統設計

	1.38	2.15	1.7	
1	0.25λ₀	0.5λ₀	0.25λ₀	1.52

（λ₀ = 0.53μm）

由於此設計的抗反射效果只侷限於可見光區，在紅外光區 λ = 1.06μm 處的反射率仍然很高，為了符合雙區抗反射要求，優化動作勢必難免。

五、模擬步驟

（一）雙波長抗反射膜

　　Air|3L|Glass，參考波長 355nm，入射角 0 度；滑鼠雙按 圖示，打開 Essential Macleod 模擬軟體，點按功能表 [**File/New/Design**]，產生一個新的設計，或點按工具列圖示 。

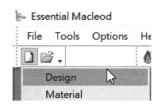

| Design | Context | Notes |

| Incident Angle [deg] | 0.00 |
| Reference Wavelength [nm] | 355.00 |

Layer	Material	Refractive Index	Extinction Coefficient	Optical Thickness (FWOT)	Physical Thickness [nm]
Medium	Air	1.00000	0.00000		
1	MgF2	1.39310	0.00000	0.75000000	191.12
Substrate	Glass	1.53820	0.00000		
				0.75000000	191.12

點按工具列圖示 ：特性參數設定視窗之水平軸設定，取消自動刻度，波長最大值（Maximum Value）1300，最小值（Minimum Value）300，繪圖間距（Interval for Plot）200。

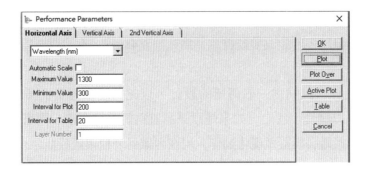

垂直軸選按反射率（Reflectance Magnitude（%）），並保留自動刻度；按 Plot 繪製
反射率光譜圖，結果出現提示視窗，告知使用 MgF_2 材料，於光譜 875～1300nm 範
圍無對應色散資料（MgF_2 材料透明區 140nm～10μm）。

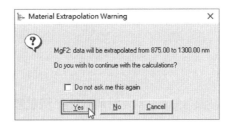

按 Yes，套用現有色散資料。

反射率光譜圖

如下所示，其中 λ_0 與 $3\lambda_0$ 為雙波長抗反射膜的波長。

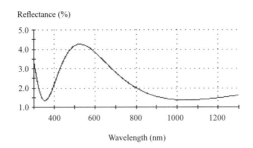

由輸出特性可知,反射率在 λ_0 與 $3\lambda_0$ 波長附近呈現最小值,但並非接近 0 值,顯見抗反射效果不佳。

導納軌跡圖

軌跡呈現一圓形,係因為膜厚 $0.75\lambda_0$,總共需要順時針繞 3 個半圈;最終導納值為 1.26168,顯見在參考波長處的反射率不等於 0。

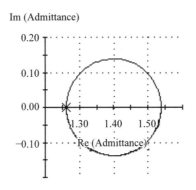

三維特性圖

x 軸之波長最大、最小範圍分別更改為 1300、300;z 軸設定:反射率(Reflectance Mangitude(%)),保留自動刻度,偏振群組選擇平均(Mean)。

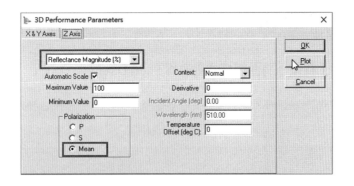

按 Plot 繪製三維特性圖。

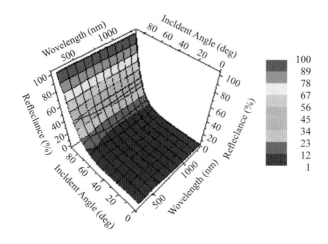

由此特性圖可知，在入射角近 80 度範圍內，全區域反射率為藍色顯示，其數值範圍為 1～12%。

角依效應

將入射角更改為 30 度。

	Layer	Material	Refractive Index	Extinction Coefficient	Optical Thickness (FWOT)	Physical Thickness (nm)
	Medium	Air	1.00000	0.00000		
▶	1	MgF2	1.39310	0.00000	0.75000000	191.12
	Substrate	Glass	1.53820	0.00000		
					0.75000000	191.12

Incident Angle (deg): 30.00
Reference Wavelength (nm): 355.00

Design | Context | Notes

於 s 偏振光曲線上雙按，將曲線樣式更改為 Short Dash。

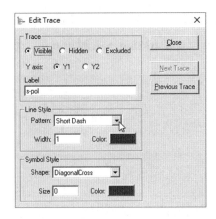

由輸出特性可知，s 偏振光的反射率皆大於 p 偏振光，兩者的差距於雙抗反射之設計波長 λ_0 與 $3\lambda_0$ 處最小，並且反射率最低點從參考波長 355nm 處往短波長方向移動。

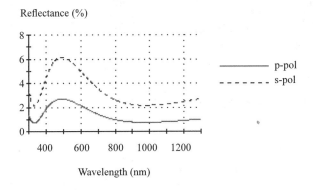

原本的設計安排 **Air|3L|Glass** ，參考波長 355nm ，若修改爲 **Air|L|Glass** ，則參考波長必須 3 倍，即爲 1065nm 。

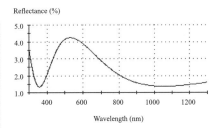

此輸出特性如同上一設計，差別是參考波長 λ_0 不同，但膜厚還是相同。

Air|5L 5M|Glass，參考波長 633nm，入射角 0 度；假設 $n_L = 1.38$（MgF_2），計算中折射率材料爲

$$n_M = n_L \sqrt{\frac{n_s}{n_0}} = 1.38 \sqrt{\frac{1.52}{1}} = 1.7$$

安排膜層如下所示：

	Layer	Material	Refractive Index	Extinction Coefficient	Optical Thickness (FWOT)	Physical Thickness (nm)
			Incident Angle (deg)	0.00		
			Reference Wavelength (nm)	633.00		
	Medium	Air	1.00000	0.00000		
	1	MgF2	1.38287	0.00000	1.25000000	572.18
▶	2	Al2O3	1.65865	0.00000	1.25000000	477.05
	Substrate	Glass	1.51511	0.00000		
					2.50000000	1049.22

反射率光譜圖

點按功能表 **[Parameters/Performance]**，或點按工具列圖示 🖳p。

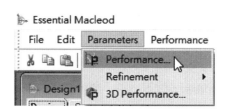

特性參數設定視窗之水平軸設定，取消自動刻度，波長最大值（Maximum Value）3500，波長最小值（Minimum Value）500，繪圖間距（Interval for Plot）500。

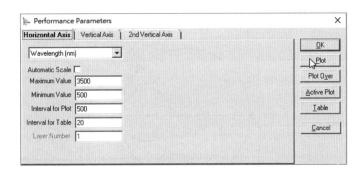

按 Plot 繪製反射率光譜圖,結果出現提示視窗,告知使用的膜層材料,於某光譜範圍內無對應色散資料,按 Yes ,套用現有色散資料,輸出反射率光譜圖如下所示,其中 λ_0 與 $5\lambda_0$ 為雙波長抗反射膜的波長。

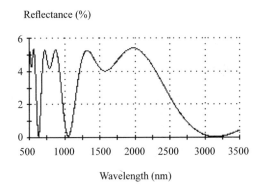

導納軌跡圖

點按功能表 **[Tools/Analysis/Admittance]** ,選擇自動刻度,並注意檢視視窗下方之計算模組中的波長是否正確;由導納軌跡圖可知,最終導納值為 1.05317,顯見在參考波長處的反射率不等於 0,但非常接近 0。

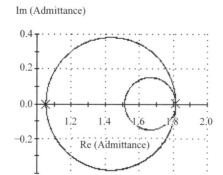

三維特性圖

按工具列 圖示，繪製三維特性圖。

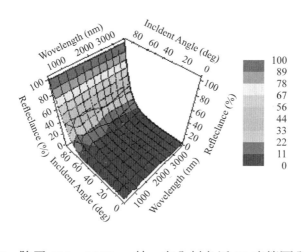

由此特性圖可知，除了 500〜2000nm 外，在入射角近 80 度範圍內，反射率爲藍色顯示，其數值範圍爲 1〜11%。

角依效應

將入射角更改爲 30 度。

Incident Angle (deg)	30.00
Reference Wavelength (nm)	633.00

於 s 偏振光曲線上雙按，將曲線樣式更改爲 Short Dash。

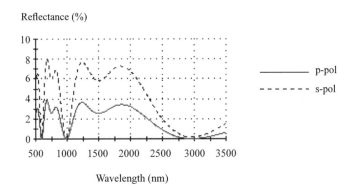

由輸出特性可知，s 偏振光的反射率皆大於 p 偏振光，兩者的差距於雙抗反射之設計波長 λ_0 與 $5\lambda_0$ 處最小，並且反射率最低點從參考波長 633nm 與 3165nm 處往短波長方向移動。

Air|L M H|Glass，參考波長 707nm，入射角 0 度，雙波長 532nm、1064nm 抗反射設計；假設 Glass 基板 $n_s = 1.52$，計算使用材料的折射率爲 $n_L = 1.38$，$n_M = 1.8$，$n_H = 2.35$；續上實作範例，新增膜層：全選基板欄位。

	Layer	Material	Refractive Index	Extinction Coefficient	Optical Thickness (FWOT)	Physical Thickness (nm)
	Medium	Air	1.00000	0.00000		
	1	MgF2	1.38182	0.00000	1.25000000	639.56
	2	Al2O3	1.65588	0.00000	1.25000000	533.71
	Substrate	Glass	1.51294	0.00000		
					2.50000000	1173.26

Incident Angle (deg) 0.00
Reference Wavelength (nm) 707.00
Design | Context | Notes

點按功能表 **[Edit/Insert Layers]**，新增 1 層。

	Layer	Material	Refractive Index	Extinction Coefficient	Optical Thickness (FWOT)	Physical Thickness (nm)
	Medium	Air	1.00000	0.00000		
	1	MgF2	1.38182	0.00000	1.25000000	639.56
	2	Al2O3	1.65588	0.00000	1.25000000	533.71
	3	Na3AlF6	1.35000	0.00000	0.00000000	0.00
	Substrate	Glass	1.51294	0.00000		
					2.50000000	1173.26

編號 1~3 的材料分別更換或確認爲 MgF_2、Y_2O_3、TiO_2，光學厚度（Optical Thickness）皆更改爲 0.25，參考波長爲 707nm。

	Layer	Material	Refractive Index	Extinction Coefficient	Optical Thickness (FWOT)	Physical Thickness (nm)
	Medium	Air	1.00000	0.00000		
▶	1	MgF2	1.38182	0.00000	0.25000000	127.91
	2	Y2O3	1.77274	0.00000	0.25000000	99.70
	3	TiO2	2.25991	0.00028	0.25000000	78.21
	Substrate	Glass	1.51294	0.00000		
					0.75000000	305.83

Incident Angle (deg): 0.00
Reference Wavelength (nm): 707.00

反射率光譜圖

點按功能表 **[Parameters/Performance]**，或點按工具列圖示 📇。

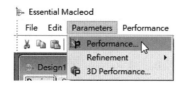

特性參數設定視窗之水平軸設定，取消自動刻度，波長最大值（Maximum Value）1200，波長最小值（Minimum Value）400，繪圖間距（Interval for Plot）200；檢視垂直軸設定，保留原設定。

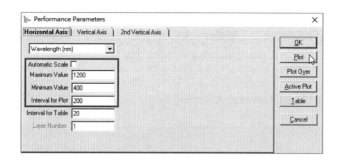

按 $\boxed{\text{Plot}}$ 繪製反射率光譜圖，結果出現提示視窗，告知使用的材料，於某光譜範圍無對應色散資料，按 $\boxed{\text{Yes}}$，全部套用現有色散資料。

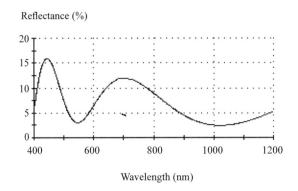

由輸出特性可知，反射率在 λ_0 與 $2\lambda_0$ 波長附近呈現最小值，但並非接近 0 值，顯見抗反射效果不佳。

導納軌跡圖

點按功能表 **[Tools/Analysis/Admittance]**，選擇自動刻度，並注意檢視視窗下方之計算模組中的波長是否正確；由導納軌跡圖可知，最終導納值為 2.05069，顯見在參考波長處的反射率不等於 0；另外，由軌跡圖可知，基板折射率太小，以致於編號 1 的最後一層導納值，由 0.93111 向右繞半圈至 2.05069。

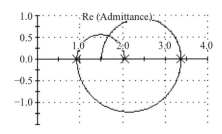

		Design	Design1				
		Calculation Wavelength (nm)	707.00				
		Incident Angle (deg)	0.00				

	Total Optical Thickness (FWOT)	Layer Number	Optical Thickness (FWOT)	Re(Admittance)	Im(Admittance)	Reflectance (%)	Phase (deg)
	0.68000000	1	0.18000000	1.68407	0.52541	9.946206	-153.548878
	0.71000000	1	0.21000000	1.90906	0.37217	11.218308	-165.026229
	0.74000000	1	0.24000000	2.04111	0.10314	11.821484	-176.284831
	0.75000000	1	0.25000000	2.05069	-0.00050	11.861939	179.981992

角依效應

將入射角更改為 30 度。

	Layer	Material	Refractive Index	Extinction Coefficient	Optical Thickness (FWOT)	Physical Thickness (nm)
			Incident Angle (deg)	30.00		
			Reference Wavelength (nm)	3500.00		
	Medium	Air	1.00000	0.00000		
	1	MgF2	1.38030	0.00000	0.25000000	633.92
	2	Y2O3	1.77300	0.00000	0.25000000	493.51
	3	TiO2	2.25000	0.00000	0.25000000	388.89
	Substrate	Si	3.43293	0.00000		
					0.75000000	1516.32

於 s 偏振光曲線上雙按，將曲線樣式更改為 Short Dash。

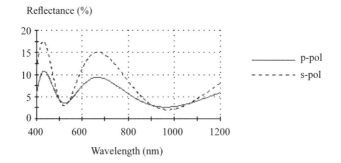

由輸出特性可知，s 偏振光的反射率除了在 λ_0 與 $2\lambda_0$ 波長附近外，其餘波段皆大於 p 偏振光，並且反射率最低點有往短波長方向移動的現象。

修正設計

　　由抗反射的基本理論，或導納軌跡圖可知，因為基板折射率小，以致於雙波長抗反射效果不佳，在不更換基板的條件下，改善的方法唯有使用折射率比較低的材料，例如編號 3 的膜層材料改為 Y_2O_3，編號 2 的膜層材料改為 Al_2O_3，編號 1 的膜層材料不變。

Design	Context	Notes					
Incident Angle (deg)		0.00					
Reference Wavelength (nm)		707.00					
	Layer	Material	Refractive Index	Extinction Coefficient	Optical Thickness (FWOT)	Physical Thickness (nm)	
▶	Medium	Air	1.00000	0.00000			
	1	MgF2	1.38182	0.00000	0.25000000	127.91	
	2	Al2O3	1.65588	0.00000	0.25000000	106.74	
	3	Y2O3	1.77274	0.00000	0.25000000	99.70	
	Substrate	Glass	1.51294	0.00000			
					0.75000000	334.36	

反射率光譜圖

　　點按功能表 **[Performance/Plot]**，或點按功具列圖示 ⬚。

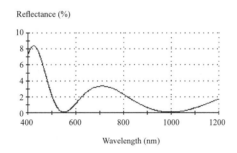

由輸出特性可知，反射率在 λ_0 與 $2\lambda_0$ 波長附近等於 0 值，顯示雙波長抗反射的效果佳。

導納軌跡圖

　　點按功能表 **[Tools/Analysis/Admittance]**，選擇自動刻度，並注意檢視視窗下

方之計算模組中的波長是否正確。

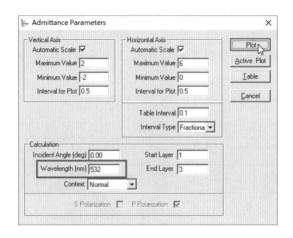

由導納軌跡圖可知，波長 532nm 小於參考波長 707nm，使得每一膜層的導納軌跡大於半圓圈，最後導納值為 1.02752，顯見在波長 532nm 處的反射率接近 0（見下圖左）；另外，波長 1064nm 大於參考波長 707nm，使得每一膜層的導納軌跡小於半圓圈，最後導納值為 1.03095，顯見在波長1064nm處的反射率接近0（見下圖右）。

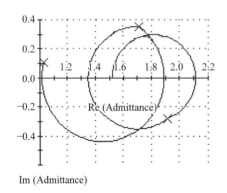

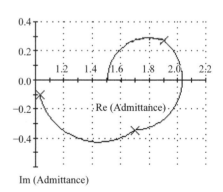

（二）可見光區 + 紅外光區單波長抗反射膜

Air|L M 2L|Glass，參考波長 480nm，入射角 0 度，可見光區 + 紅外光區單波長 1064nm 抗反射設計；假設 Glass 基板 n_s = 1.52，計算使用材料的折射率為 n_L

= 1.38，n_M = 1.8；續上實作範例，安排膜層：編號 1～3 的材料分別更換或確認為 MgF_2、Y_2O_3、MgF_2，初始設計針對 λ_0、$3\lambda_0$，編號 1、3 材料的光學厚度（Optical Thickness）分別為 0.25、0.5。

	Layer	Material	Refractive Index	Extinction Coefficient	Optical Thickness (FWOT)	Physical Thickness (nm)
	Medium	Air	1.00000	0.00000		
	1	MgF2	1.38634	0.00000	0.25000000	86.56
▶	2	Y2O3	1.80313	0.00012	0.00000000	0.00
	3	MgF2	1.38634	0.00000	0.50000000	173.12
	Substrate	Glass	1.52292	0.00000		
					0.75000000	259.68

Incident Angle (deg): 0.00
Reference Wavelength (nm): 480.00

Design | Context | Notes

反射率光譜圖

點按功能表 **[Parameters/Performance]**，或點按工具列圖示 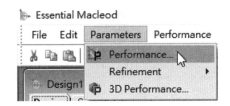。

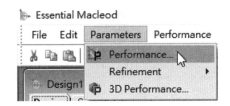

特性參數設定視窗之水平軸設定，取消自動刻度，波長最大值（Maximum Value）1200，波長最小值（Minimum Value）400，繪圖間距（Interval for Plot）200；檢視垂直軸設定，保留原設定。

按 Plot 繪製反射率光譜圖，結果出現提示視窗，告知使用的材料，於某光譜範圍無對應色散資料，按 Yes，全部套用現有色散資料。

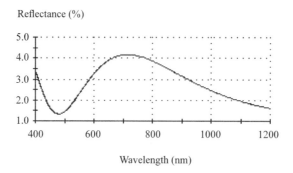

Reflectance (%)

Wavelength (nm)

由輸出特性可知，反射率在 λ_0 與 $3\lambda_0$ 波長附近呈現最小值，但並非接近 0 值，顯見抗反射效果不佳，但光譜要求已見雛型。新增編號 2 中折射率材料 Y_2O_3，膜厚 0.25（單位 λ_0）。

	Layer	Material	Refractive Index	Extinction Coefficient	Optical Thickness (FWOT)	Physical Thickness (nm)
	Medium	Air	1.00000	0.00000		
	1	MgF2	1.38634	0.00000	0.25000000	86.56
▶	2	Y2O3	1.80313	0.00012	0.25000000	66.55
	3	MgF2	1.38634	0.00000	0.50000000	173.12
	Substrate	Glass	1.52292	0.00000		
					1.00000000	326.23

反射率光譜圖與導納軌跡圖如下所示：

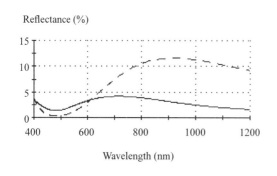

Reflectance (%)

Wavelength (nm)

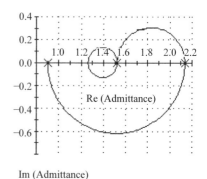

Re (Admittance)

Im (Admittance)

由導納軌跡圖可知，最後導納值接近 1，顯然在參考波長 λ_0 處的抗反射效果良好，但根據反射率光譜圖，則可明顯看到紅外光區單波長 1064nm 的抗反射效果不佳。更改膜層設計安排 **Air|L 2M 2L|Glass**，如下所示：

	Layer	Material	Refractive Index	Extinction Coefficient	Optical Thickness (FWOT)	Physical Thickness (nm)
	Medium	Air	1.00000	0.00000		
	1	MgF2	1.38634	0.00000	0.25000000	86.56
▶	2	Y2O3	1.80313	0.00012	0.50000000	133.10
	3	MgF2	1.38634	0.00000	0.50000000	173.12
	Substrate	Glass	1.52292	0.00000		
					1.25000000	392.78

反射率光譜圖與導納軌跡圖

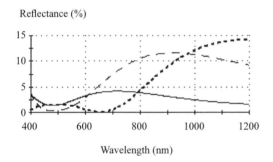

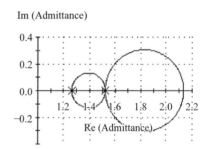

由導納軌跡圖可知，最後導納值不接近 1，顯然在參考波長 λ_0 處的抗反射效果不佳，但根據反射率光譜圖，則可明顯看到整個可見光區的抗反射改善效果，但紅外光區單波長 1064nm 的抗反射效果仍然不佳。更改膜層設計安排 **Air|L 4M 2L|Glass**，如下所示：

	Layer	Material	Refractive Index	Extinction Coefficient	Optical Thickness (FWOT)	Physical Thickness (nm)
	Medium	Air	1.00000	0.00000		
	1	MgF2	1.38634	0.00000	0.25000000	86.56
▶	2	Y2O3	1.80313	0.00012	1.00000000	266.20
	3	MgF2	1.38634	0.00000	0.50000000	173.12
	Substrate	Glass	1.52292	0.00000		
					1.75000000	525.88

反射率光譜圖

整個可見光區與紅外光區單波長 1064nm 的抗反射效果已然成形，但可見光區 600～700nm 之間的反射率偏高；基本上，如此設計安排可以當做優化的初始設計，有關此類優化動作，後續皆有專章實習項目對應。

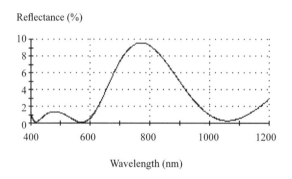

導納軌跡圖

點按功能表 **[Tools/Analysis/Admittance]** ，選擇自動刻度，並注意檢視視窗下方之計算模組中的波長是否正確；由導納軌跡圖可知，軌跡圖如同上一款設計安排，但是膜厚加倍的結果，使得反射率光譜特性更加符合設計規格的要求。

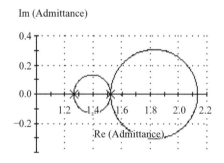

角依效應

將入射角更改為 30 度。

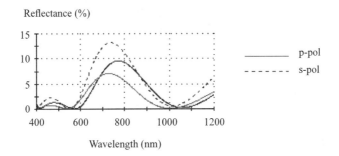

於 s 偏振光曲線上雙按，將曲線樣式更改為 Short Dash。

Reflectance (%)

────── p-pol

- - - - - s-pol

Wavelength (nm)

由輸出特性可知，s 偏振光的反射率除了在 540～579nm 外，其餘波段皆大於 p 偏振光，並且反射率最低點有往短波長方向移動的現象。

六、問題與討論

1. 設計雙波長 1:3 之雙層抗反射膜層，**Air|3L 3M|Si**，參考波長 517nm，入射角 0 度，模擬選擇最佳材料的抗反射設計。

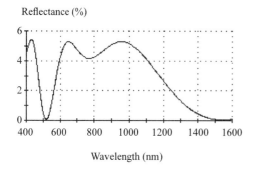

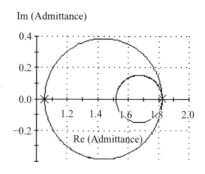

	Layer	Material	Refractive Index	Extinction Coefficient	Optical Thickness (FWOT)	Physical Thickness (nm)
	Medium	Air	1.00000	0.00000		
	1	MgF2	1.38522	0.00000	0.75000000	279.92
▶	2	Al2O3	1.66521	0.00000	0.75000000	232.85
	Substrate	Glass	1.52042	0.00000		
					1.50000000	512.77

Incident Angle (deg) 0.00
Reference Wavelength (nm) 517.00

2. **Air|2L H M|Substrate** ，基板折射率 2.25，參考波長 707nm，入射角 0 度，解
釋為何如此安排的雙波長抗反射效果。

Incident Angle (deg) 0.00
Reference Wavelength (nm) 707.00

	Layer	Material	Refractive Index	Extinction Coefficient	Optical Thickness (FWOT)	Physical Thickness (nm)
	Medium	Air	1.00000	0.00000		
	1	Na3AlF6	1.35000	0.00000	0.50000000	261.85
	2	Y2O3	1.77274	0.00000	0.25000000	99.70
	3	Al2O3	1.65588	0.00000	0.25000000	106.74
▶	Substrate	ns2.25	2.25000	0.00000		
					1.00000000	468.30

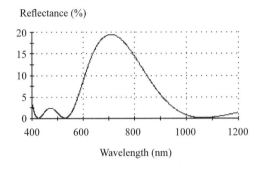

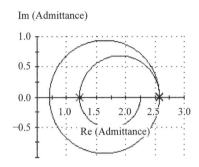

3. 單一波段與雙波段抗反射膜層安排，在相同層數的條件下，總膜厚有何不同？

4. 為何雙波段抗反射膜層安排是採用 1/4 波厚整數倍的設計？

七、關鍵字

1. 雙波長抗反射膜。

2. 可見光區＋紅外光單波長抗反射膜。

八、學習資源

1. http://handle.ncl.edu.tw/11296/ndltd/64287182049025262438
   紅外光區抗反射超硬膜之研究——類鑽石膜光學常數之量測與分析。

2. https://www.grb.gov.tw/search/planDetail?id=1331045&docId=0
   家用型雙波段乳癌紅外線診斷系統。

3. http://www.cqvip.com/read/read.aspx?id=32361817
   激光／紅外雙波段減反射膜研究。

九、參考資料

1. 薄膜光學與鍍膜技術（第 8 版），李正中，藝軒圖書。

2. 薄膜光學概論，葉倍宏，全華圖書。

3. http://cvilaseroptics.com/support/Technical-Library/Optical-Coatings。

4. http://www.corning.com/media/worldwide/csm/documents/Dual_band_antire-flection__Rahmlow.pdf。

實習 7

CHAPTER ▶▶ ▶

單層抗反射膜優化設計

一、實習目的

使用 Essential Macleod 光學薄膜設計模擬軟體,分析、討論單層抗反射膜優化設計的光譜特性。

1. 針對可見光區之單層抗反射膜初始設計,使用 Simplex Parameters 優化方法,分別以膜厚、折射率、膜厚與折射率雙可調為優化參數,尋找最佳單層抗反射膜優化設計。

2. 針對紅外光區之單層抗反射膜初始設計,使用 Simplex Parameters 優化方法,分別以膜厚、折射率、膜厚與折射率雙可調為優化參數,尋找最佳單層抗反射膜優化設計。

實習流程:

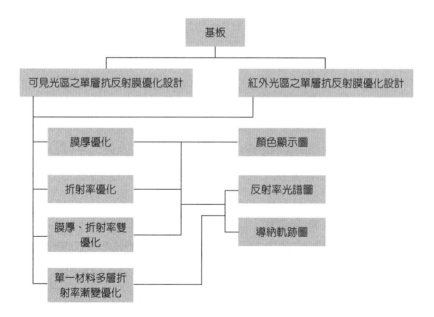

二、實習軟體

Essential Macleod 光學薄膜設計模擬軟體。

三、應用實例

（一）GC lens｜只做好產品的眼鏡品牌 [3]

鏡片等級與價格和品牌的組合極其複雜，光樹脂鏡片材質曲率就分爲 1.5、1.56、1.61、1.67、1.74，鍍膜也分爲硬化鍍膜、單層 AR 膜、雙層 AR 膜、奈米鍍膜、抗靜電鍍膜，連 AR 膜都分爲藍膜、綠膜、黃金膜、紫膜等等；事實上，消費者通常不知道其中的區別，在選擇的時候，也往往因爲資訊落差而感到無力，到最後只能就價格做選擇，相信不管是眼睛或荷包，都不該承擔這樣的風險，GC Lens 透明的價格與品質，數千名使用者的肯定與優化，表明只提供最好的選擇。

（二）抗反射鍍膜（AR） [4]

1. 產品描述

(1) **抗反射鍍膜**（**Anti Reflection Coating**），又稱 **AR 鍍膜**，可減少光線的反射，增加玻璃或透明基板的透光度。

(2) 一般玻璃的透光度約爲 91%，用於顯示器會產生倒影或反光，抗反射技術

可降低目視干擾。

(3) **億達科技**在 AR 單層膜及多層膜技術上有十幾年經驗，可使透明基板穿透度達 98% 以上，廣泛應用在觸控平板、光機的**高穿透鏡**、顯示器、儀器視窗或數位相機等產品。

(4) 產品規格可依客戶實際需求調整。

2. 產品應用

平板電腦、顯示器、儀器視窗、數位相機鏡頭。

3. 規格說明

Tave ≧ 98%@420～680nm。

4. 應用材質

玻璃、石英、PC、PMMA。

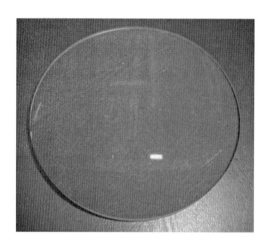

四、基本理論

抗反射膜的目的在降低反射率，但是傳統的分析方法只能求得局部極值，對實際的應用幫助不大，為了彌補這種缺點，建立光學薄膜系統自動設計模擬程式是必要的。問題是如何建立？既然抗反射膜在乎某一光譜範圍內有低反射率，因此，可

以簡單定義**評價函數**（Merit Function）為

$$F(\theta_i, n, d, \lambda) = \sum_{\lambda} R$$

只要優化函數數值最小，即可得最佳的抗反射膜設計；根據這樣的概念，修改現有建立的程式，就不難改良為薄膜自動模擬設計程式。在以自動模擬設計程式分別測試單層及多層抗反射膜之前，假設所有抗反射膜滿足下列各種狀況：

1. 入射角 $\theta_i = 0°$（須依實際應用所需角度調整）。

2. 光譜範圍 0.4～0.7μm，並區分成 50 個搜尋累計波段（ 須依實際應用波段範圍所需以及取樣數多寡，進行彈性調整）。

3. 各膜層折射率固定，其中空氣折射率 $n_0 = 1$，基板折射率 $n_s = 1.52$（須依實際應用所需，選用適當基板材料，以及各膜層折射率漸變之調整可能）。

4. 設計參考波長 $\lambda_0 = 0.51μm = 510nm$（須依實際應用所需，彈性調整參考波長）。

5. 光學厚度 nd 為唯一的設計參數，其搜尋範圍從 $0.001\lambda_0$～$0.5\lambda_0$（須依實際應用所需，實施膜厚優化動作或折射率優化動作，或膜厚、折射率雙可調優化動作；膜厚原則上是越薄越好，故以 $0.5\lambda_0$ 為上限）。

單層抗反射膜

以 $n_1 = 1.38$ 為例，膜層安排 **Air|MgF₂ (0.237λ₀)|Substrate**，優化設計與光譜效果如下：

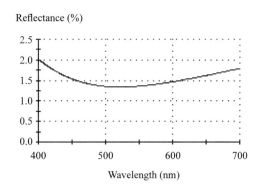

　　基本上，前述所討論有關電腦輔助設計的技巧，沒有理由不能應用到其他更複雜或者是不同型式的鍍膜設計上，並且不論電腦自動設計程式是採用何種優化技巧，似乎都指向一個共同的焦點，就是找出最終設計的安排有多快、多好，換言之，面對高度非線性的光學薄膜問題，以電腦模擬方法找到又快、又好的鍍膜設計是每一位光學薄膜設計者所追求的目標，為了達到這樣的目標，實有賴於今後對優化函數與薄膜光學基本觀念更進一步的研究與發展。

五、模擬步驟

（一）可見光區之單層抗反射膜優化設計

　　單層抗反射膜安排 **Air|L|Glass**，參考波長 510nm，入射角 0 度；滑鼠雙按 圖示，打開 Essential Macleod 模擬軟體，點按功能表 **[File/New/Design]**，產生一個新的設計，或點按工具列圖示 。

初始設計視窗：預設為冰晶石 Na_3AlF_6 材料。

點按工具列圖示 ：特性參數設定視窗之水平軸設定，保留預設值；垂直軸選按反射率（Reflectance Magnitude（%）），取消自動刻度，設定最大值為 2.5，最小值為 0，間距為 0.5，按 Plot 繪製反射率光譜圖。

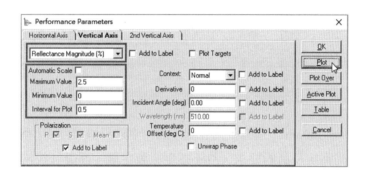

反射率光譜圖

如下所示，其中 $\lambda_0 = 510$nm 為參考波長。

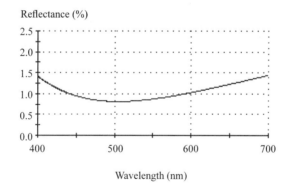

由輸出特性可知，反射率在 λ_0 波長附近呈現最小值，但並非接近 0 值，顯見抗反射效果不佳。

1. 膜厚優化

點按工具列圖示 ，設定優化目標值，初始畫面如下所示：

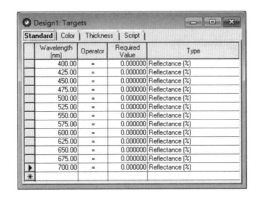

預設波段為 400～700nm ，運算子為等號（=），需求目標值為 0，型態為反射率，全部符合可見光區抗反射的要求，故不須更改設定值。回設計視窗，點按功能表 **[Tools/Refine/Simplex]**。

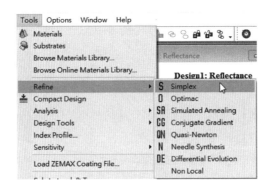

或工具列圖示 。

原則上，保留預設值，其中膜厚（Thicknesses）為調變參數。

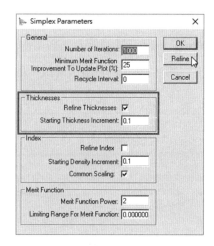

按 Refine 進行優化動作，按 確定 結束。

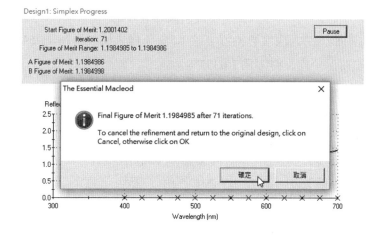

確認膜厚在多次執行優化動作後不再改變，最後得到如下所示的膜厚資料。

	Layer	Material	Refractive Index	Extinction Coefficient	Optical Thickness (FWOT)	Physical Thickness (nm)
▶	Medium	Air	1.00000	0.00000		
	1	Na3AlF6	1.35000	0.00000	0.25214925	95.26
	Substrate	Glass	1.52083	0.00000		
					0.25214925	95.26

反射率光譜圖

點按 **[Performance/Plot]** ，或工具列圖示 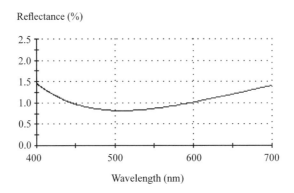；由光譜圖得知，在參考波長510nm 處的反射率最小但不為零，顯示非理想單層抗反射膜的情況。

於可見光區範圍內，全波段反射率皆小於 1.5% ，最大反射率為 1.4645% ，最小反射率為 0.81482% ，平均反射率為 1.0393% 。

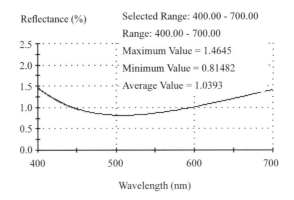

導納軌跡圖

點按 **[Tools/Analysis/Admittance]** ，軌跡呈現近似一半圓形，係因為膜厚接近 $0.25\lambda_0$ ；最終導納值為 1.19841，顯見在參考波長處的反射率不等於 0 。

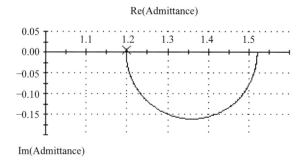

顏色顯示圖

滑鼠點按工具列 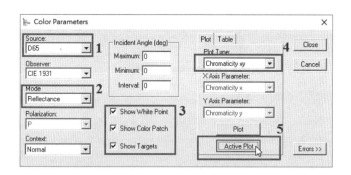 圖示，或功能表 **[Performance/Color]**。

顏色參數設定：

1. 光源選項：D65，此爲國際標準人工日光（Artificial Daylight），色溫 6500K，功率 18W。

2. 模式（Mode）：反射率（Reflectance）。

3. 顯示項全部勾選，包括白點（White Point），色塊（Color Patch），目標 （Targets）。

4. 繪圖種類選項：色度 xy。

5. 按 Active Plot。

由顏色顯示圖可知，使用 D65 為光源，使用低折射率材料冰晶石 Na_3AlF_6，單層抗反射膜優化設計的顏色近似為白光顏色。

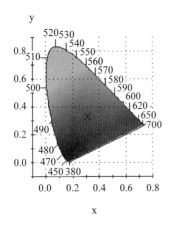

總結：_____。

2. 折射率優化

回設計視窗，將膜厚恢復為原來的 0.25；點按功能表 **[Tools/Refine/Simplex]**，或工具列圖示 。

取消優化膜厚，即不勾選 Refine Thicknesses 選項。

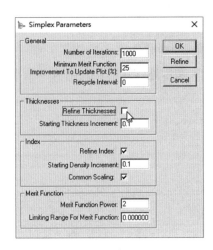

系統自動切換勾選折射率（Index）模組中的 Refine Index 選項，按 Refine 進行優
化動作，按 確定 結束。

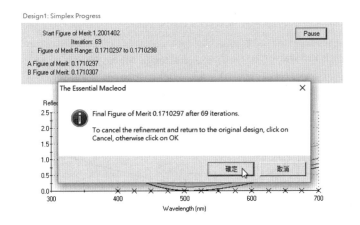

確認折射率在多次執行優化動作後不再改變，最後得到如下所示的折射率資料，其
中堆積密度（Packing Density）為 0.66495，折射率已經變化為 1.23273。

Layer	Packing Density	Material	Refractive Index	Extinction Coefficient	Optical Thickness (FWOT)	Physical Thickness (nm)
Medium		Air	1.00000	0.00000		
1	0.66495	Na3AlF6	1.23273	0.00000	0.25000000	103.43
Substrate		Glass	1.52083	0.00000		
					0.25000000	103.43

反射率光譜圖

點按 **[Performance/Plot Over]** ，或工具列圖示 ；由光譜圖得知，在參考波長 510nm 處的反射率為零，顯示理想單層抗反射膜的情況。

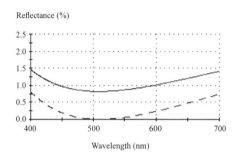

於可見光區範圍內，全波段反射率皆小於 0.9%，最大反射率為 0.80127%，最小反射率近似為 0%，平均反射率為 0.27519%（見下圖右）。

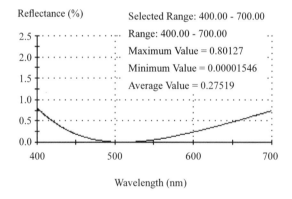

導納軌跡圖

點按 **[Tools/Analysis/Admittance]**；可見導納軌跡呈現一半圓形，這是因為膜厚 $0.25\lambda_0$ 的緣故；因為折射率為理想情況，即滿足 $n = \sqrt{n_0 n_S}$ 條件，因此最終導納值為 1，在參考波長處的反射率等於 0。

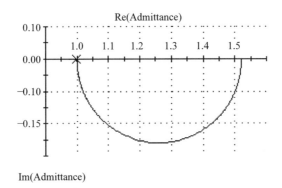

Re(Admittance)

Im(Admittance)

顏色顯示圖

滑鼠點按工具列 圖示或功能表 **[Performance/Color]**；由顏色顯示圖可知，使用D65為光源，使用理想低折射率材料，單層抗反射膜優化設計的顏色為洋紅色。

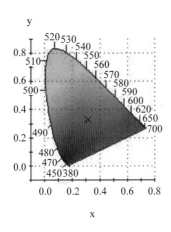

總結：＿＿＿＿＿＿＿＿＿＿＿＿＿＿＿＿＿＿＿＿＿＿＿＿＿＿＿＿＿＿＿＿＿。

3. 膜厚、折射率雙優化

回設計視窗，將膜厚恢復為原來的 0.25，堆積密度為 1；點按功能表 **[Tools/ Refine/Simplex]**，或工具列圖示 ，勾選 Refine Thicknesses 與 Refine Index 兩個選項（見下圖）。

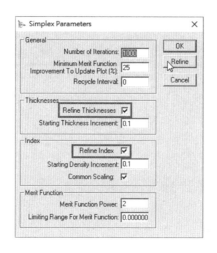

按 Refine 進行優化動作，按 確定 結束；確認折射率在多次執行優化動作後不再改變，最後得到如下所示的鍍膜資料，其中堆積密度（Packing Density）為 0.66502，折射率為 1.23276，膜厚 0.25018。

	Layer	Packing Density	Material	Refractive Index	Extinction Coefficient	Optical Thickness (FWOT)	Physical Thickness (nm)
	Medium		Air	1.00000	0.00000		
▶	1	0.66502	Na3AlF6	1.23276	0.00000	0.25018050	103.50
	Substrate		Glass	1.52083	0.00000		
						0.25018050	103.50

與上述只有折射率優化的數據相比較，可知兩種優化方式的結果幾乎相同；一般而言，若最後優化結果如此，通常是固定膜厚為 1/4 波厚，單選折射率漸變優化即可。

總結：＿＿＿＿＿＿＿＿＿＿＿＿＿＿＿＿＿＿＿＿＿＿＿＿＿＿＿＿＿。

調整鍍膜過程中基板法線與入射氣流的角度，可以改變薄膜柱狀結構的方向與氣孔率大小，由此獲得不同折射率的薄膜；因為利用此種傾斜沉積技術所鍍製的薄膜氣孔率較大，故其折射率比傳統鍍膜技術的薄膜小。

4. 單一材料多層折射率漸變優化

　　續上步驟，將堆積密度（Packing Density）恢復原數值 1，滑鼠移至編號 1 之最前面點按複製（Crtl + c）貼上（Crtl + v），建立兩層低折射率膜層。

	Layer	Packing Density	Material	Refractive Index	Extinction Coefficient	Optical Thickness (FWOT)	Physical Thickness (nm)	Lock
	Medium		Air	1.00000	0.00000			
▶	1	1.00000	Na3AlF6	1.35000	0.00000	0.25000000	94.44	No

	Layer	Packing Density	Material	Refractive Index	Extinction Coefficient	Optical Thickness (FWOT)	Physical Thickness (nm)	Lock
	Medium		Air	1.00000	0.00000			
▶	1	1.00000	Na3AlF6	1.35000	0.00000	0.25000000	94.44	No
	2	1.00000	Na3AlF6	1.35000	0.00000	0.25000000	94.44	No
	Substrate		Glass	1.52083	0.00000			
						0.50000000	188.89	

回設計視窗，點按功能表 **[Tools/Refine/Simplex]**，或工具列圖示 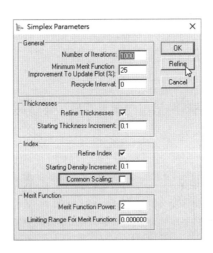，取消 Common Scaling 選項。

點按 Refine 模擬單一材料雙層折射率漸變設計，結果顯示編號 1 膜層之堆積密度

為 0.34165，對應折射率為 1.11958；編號 2 膜層之堆積密度為 1.02182，對應折射率為 1.35764，可知最佳選擇應使用靠近基板折射率的材料。

	Layer	Packing Density	Material	Refractive Index	Extinction Coefficient	Optical Thickness (FWOT)	Physical Thickness (nm)
	Medium		Air	1.00000	0.00000		
▶	1	0.34165	Na3AlF6	1.11958	0.00000	0.25235454	114.95
	2	1.02182	Na3AlF6	1.35764	0.00000	0.25065170	94.16
	Substrate		Glass	1.52083	0.00000		
						0.50300624	209.11

反射率光譜圖

經統計得知，全可見光區的平均反射率為 0.015%，顯見呈現極佳的抗反射效果。

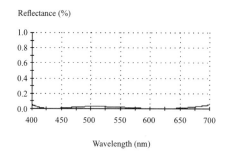

導納軌跡圖

因為膜厚 0.25λ$_0$，導納軌跡呈現兩個半圓形，雖然最終導納值不為 1 但接近 1。

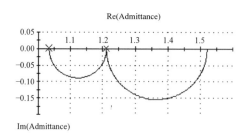

比照上述步驟，重新模擬單一材料參層折射率漸變設計。

Layer	Packing Density	Material	Refractive Index	Extinction Coefficient	Optical Thickness (FWOT)	Physical Thickness (nm)	Lock
Medium		Air	1.00000	0.00000			
1	0.29244	Na3AlF6	1.10236	0.00000	0.25025110	115.78	No
2	0.66573	Na3AlF6	1.23301	0.00000	0.75173144	310.93	No
3	1.08372	Na3AlF6	1.37930	0.00000	0.24955692	92.27	No
Substrate		Glass	1.52083	0.00000			
					1.25153946	518.99	

其反射率光譜圖與導納軌跡圖依序如下所示，其抗反射效果類似上述單一材料雙層折射率漸變設計。

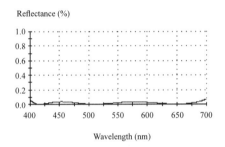

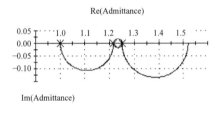

因編號 2 膜層膜厚為 $0.7517\lambda_0$，膜層比較厚，故更改為 $0.125\lambda_0$ 後重新模擬。

Layer	Packing Density	Material	Refractive Index	Extinction Coefficient	Optical Thickness (FWOT)	Physical Thickness (nm)	Lock
Medium		Air	1.00000	0.00000			
1	0.12533	Na3AlF6	1.04387	0.00000	0.23665959	115.62	No
2	0.55565	Na3AlF6	1.19448	0.00000	0.24554803	104.84	No
3	1.15680	Na3AlF6	1.40488	0.00000	0.24615360	89.36	No
Substrate		Glass	1.52083	0.00000			
					0.72836123	309.82	

結果：由反射率光譜圖統計數據得知，全可見光區的平均反射率為 0.00294%，已遠優於單一材料雙層折射率漸變設計。

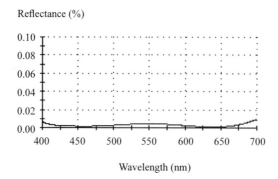

導納軌跡圖同樣呈現三個半圓形，雖然最終導納值不爲1但很接近1。

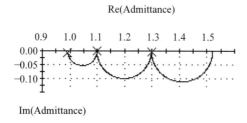

由以上模擬設計得知，膜層的堆積密度有可能大於1，或者數值太低，因此在模擬過程中，應隨時檢視其數值的變化，甚至因應設計需要予以固定值處理。例如單一材料改爲MgF_2，固定編號1膜層之堆積密度爲0.3，編號3膜層之堆積密度爲1。

	Layer	Packing Density	Material	Refractive Index	Extinction Coefficient	Optical Thickness (FWOT)	Physical Thickness (nm)	Lock
	Medium		Air	1.00000	0.00000			
	1	1.00000	MgF2	1.38542	0.00000	0.25000000	92.03	n
▶	2	1.00000	MgF2	1.38542	0.00000	0.25000000	92.03	No
	3	1.00000	MgF2	1.38542	0.00000	0.25000000	92.03	n
	Substrate		Glass	1.52083	0.00000			
						0.75000000	276.09	

回設計視窗，點按功能表 **[Tools/Refine/Simplex]**，或工具列圖示 ⏸，取消 Common Scaling 選項；點按 Refine 模擬單一材料參層折射率漸變設計，過程中須隨時

檢視各層膜厚,若是大於 $0.25\lambda_0$,則可考慮重新設定爲 $0.125\lambda_0$ 後再模擬。確認評價數值不再降低,可知編號 2 膜層之堆積密度爲 0.76966 。

	Layer	Packing Density	Material	Refractive Index	Extinction Coefficient	Optical Thickness (FWOT)	Physical Thickness (nm)	Lock
	Medium		Air	1.00000	0.00000			
▶	1	0.30000	MgF2	1.11563	0.00000	0.23043401	105.34	n
	2	0.76966	MgF2	1.29664	0.00000	0.12084995	47.53	No
	3	1.00000	MgF2	1.38542	0.00000	0.17443016	64.21	n
	Substrate		Glass	1.52083	0.00000			
						0.52571411	217.09	

反射率光譜圖

經統計得知,全可見光區的平均反射率爲0.014%,顯見呈現極佳的抗反射效果。

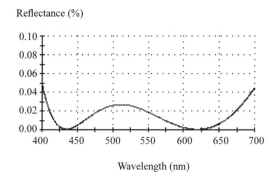

導納軌跡圖

雖然編號 1 膜層的膜厚非 $0.25\lambda_0$,但合成編號 2 膜層的導納匹配後,使得整體導納軌跡呈現近似兩個半圓形,其最終導納值不爲 1 但接近 1 。

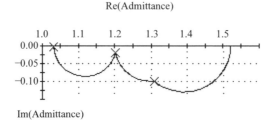

（二）紅外光區之單層抗反射膜優化設計

1. 膜厚優化

回設計視窗：參考波長更新為 3000nm，編號 1 材料更換為 ZrO_2，堆積密度（Packing Density）為 1，膜厚為 1/4 波厚，基板更換為 Si。

Layer	Packing Density	Material	Refractive Index	Extinction Coefficient	Optical Thickness (FWOT)	Physical Thickness (nm)
Incident Angle (deg)	0.00					
Reference Wavelength (nm)	3000.00					
Medium		Air	1.00000	0.00000		
1	1.00000	ZrO2	2.03500	0.00000	0.25000000	368.55
Substrate		Si	3.43699	0.00000		
					0.25000000	368.55

反射率光譜圖

點按功能表 **[Parameters/Performance]**，或點按工具列圖示 ，特性參數設定視窗之水平軸設定，取消自動刻度，波長最大值（Maximum Value）5000，最小值（Minimum Value）2000，繪圖間距（Interval for Plot）500。

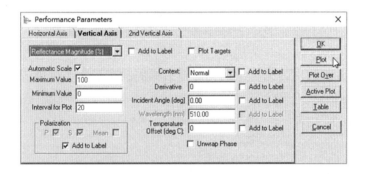

垂直軸選按反射率（Reflectance Magnitude（%）），並保留自動刻度。

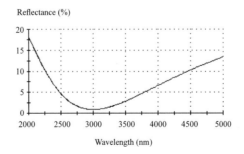

按 Plot 繪製反射率光譜圖，結果出現提示視窗，告知使用 ZrO_2 材料，於光譜 800～5000nm 範圍無對應色散資料，按 Yes ，套用現有色散資料，反射率光譜圖如 下所示：

Reflectance (%)

點按工具列圖示 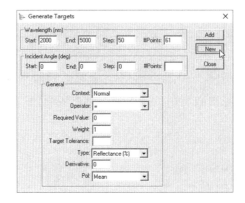，設定優化目標值：波長從 2000nm 到 5000nm，每 250nm 一個間距，依序修改如下：

Wavelength [nm]	Operator	Required Value	Target Tolerance	Type
2000.00	=	0.000000	1.000000	Reflectance (%)
2250.00	=	0.000000	1.000000	Reflectance (%)
2500.00	=	0.000000	1.000000	Reflectance (%)
2750.00	=	0.000000	1.000000	Reflectance (%)
3000.00	=	0.000000	1.000000	Reflectance (%)
3250.00	=	0.000000	1.000000	Reflectance (%)
3500.00	=	0.000000	1.000000	Reflectance (%)
3750.00	=	0.000000	1.000000	Reflectance (%)
4000.00	=	0.000000	1.000000	Reflectance (%)
4250.00	=	0.000000	1.000000	Reflectance (%)
4500.00	=	0.000000	1.000000	Reflectance (%)
4750.00	=	0.000000	1.000000	Reflectance (%)
5000.00	=	0.000000	1.000000	Reflectance (%)

或者使用連續波長設定方式，滑鼠先點按目標值設定視窗，後選按功能表 **[Edit/ Generate...]**。

依序鍵入起始、終止、間距波長數據，目標值間距預設為 50nm，General 欄位中之需求目標值為 0，型態為反射率，偏振屬性為平均，按 New 建立。

　　點按功能表 **[Tools/Refine/Simplex]**，或工具列圖示 ，勾選 Refine Thicknesses 選項（見下圖）。

Simplex Parameters

General

Number of Iterations: 1000

Minimum Merit Function
Improvement To Update Plot (%): 25

Recycle Interval: 0

Thicknesses

Refine Thicknesses ☑

Starting Thickness Increment: 0.1

Index

Refine Index ☐

Starting Density Increment: 0.1

Common Scaling: ☑

Merit Function

Merit Function Power: 2

Limiting Range For Merit Function: 0.000000

OK

Refine

Cancel

按 Refine 進行優化動作，按 確定 結束；確認膜厚在多次執行優化動作後，評價函數的數值不再改變，最後得到如下所示的鍍膜資料，其中膜厚 0.245219。

	Layer	Material	Refractive Index	Extinction Coefficient	Optical Thickness (FWOT)	Physical Thickness (nm)
	Medium	Air	1.00000	0.00000		
▶	1	ZrO2	2.03500	0.00000	0.24521877	361.50
	Substrate	Si	3.43699	0.00000		
					0.24521877	361.50

點按工具列圖示 📈，檢視優化前後的反射率光譜圖。

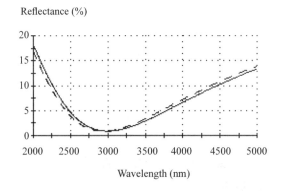

Reflectance (%)

Wavelength (nm)

由光譜圖可知優化前後的結果幾乎相同；一般而言，若最後優化結果如此，通常是

固定膜厚爲 1/4 波厚，單選折射率漸變優化即可。

　　總結：_____。

2. 折射率優化

　　回設計視窗：膜厚恢復爲 1/4 波厚，點按功能表 **[Tools/Refine/Simplex]**，或工具列圖示 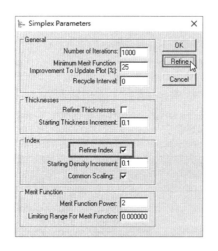 ，勾選 Refine Index 選項（見下圖）。

按 Refine 進行優化動作，結果輸出優化後的訊息視窗，告知經過 58 次迭代動作，最後圖形的優化值爲 72.2728；按 確定 。

確認折射率在多次執行優化動作後不再改變，最後得到如下所示的鍍膜資料，其中膜厚維持 1/4 波厚，堆積密度 0.82427。

	Layer	Packing Density	Material	Refractive Index	Extinction Coefficient	Optical Thickness (FWOT)	Physical Thickness (nm)
	Medium		Air	1.00000	0.00000		
▶	1	0.82427	ZrO2	1.85312	0.00000	0.25000000	404.72
	Substrate		Si	3.43699	0.00000		
						0.25000000	404.72

點按工具列圖示 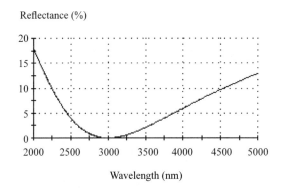 ，檢視優化後的反射率光譜圖，由此可知這是理想單層抗反射的結果。

導納軌跡圖

點按功能表 **[Tools/Analysis/Admittance]** ，選擇自動刻度，並注意檢視視窗下方之計算模組中的波長是否正確。

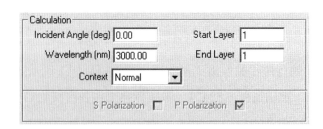

由導納軌跡圖可知，最終導納值為 0.99986，顯見在參考波長處的反射率等於 0。

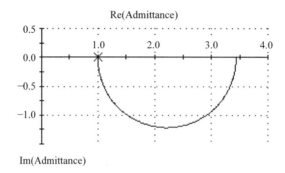

3. 膜厚、折射率雙優化

回設計視窗：堆積密度與膜厚分別恢復爲 1、0.25，點按功能表 **[Tools/Refine/Simplex]**，或工具列圖示 ，勾選 Refine Thicknesses 選項（見下圖）。

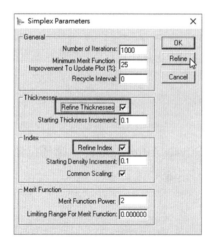

確認折射率在多次執行優化動作後不再改變，最後得到如下所示的鍍膜資料，其中膜厚接近 1/4 波厚，堆積密度 0.82421，數值皆與上述各自優化的結果相似。

	Layer	Packing Density	Material		Refractive Index	Extinction Coefficient	Optical Thickness (FWOT)	Physical Thickness (nm)
	Medium		Air		1.00000	0.00000		
▶	1	0.82421	ZrO2	▾	1.85306	0.00000	0.24473784	396.22
	Substrate		Si		3.43699	0.00000		
							0.24473784	396.22

點按工具列圖示 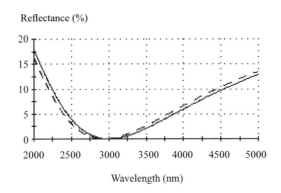，檢視上述兩種優化的反射率光譜圖。

Reflectance (%)

Wavelength (nm)

總結：_____。

六、問題與討論

1. 初始設計 **Air|H|Glass**，H為高折射率材料 TiO$_2$，參考波長510nm，入射角0度，
   優化找出最佳抗反射效果的膜層安排。

2. 紅外光區單抗反射膜之優化設計，材料任選，參考波長3000nm，入射角0度。

3. 可見光區單抗反射膜之優化設計，使用 **Optimac Parameters** 優化法，材料任
   選，參考波長510nm，入射角0度。

基本動作：保留預設值。

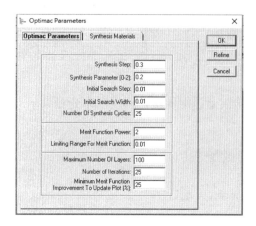

滑鼠點按頁籤 Synthesis Materials ：由左邊下拉式清單中選擇欲合成的膜層材料，按 Add-> 新增至右邊清單中。

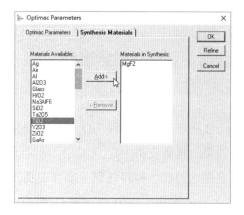

此優化方法會依照優化設定條件新增膜層，找出**評價函數**（Merit Function）數值最小的膜層安排與膜厚，故膜層安排已非原先的單層膜設計。

4. 續上一題，改用 **Simulated Annealing Parameters** 優化法。

基本動作：保留預設值。

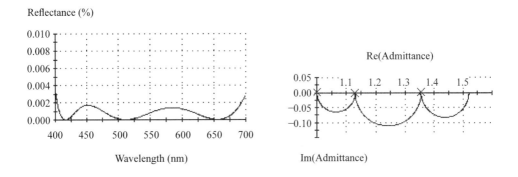

假設是多膜層設計，在**評價函數**（Merit Function）數值最小的條件下，此優化
方法會依照優化設定條件減少膜層。

5. 模擬設計單一材料 SiO_2，3 層折射率漸變抗反射膜，波段範圍 400～700nm。

	Layer	Packing Density	Material	Refractive Index	Extinction Coefficient	Optical Thickness (FWOT)	Physical Thickness (nm)	Lock
	Medium		Air	1.00000	0.00000			
	1	0.13737	SiO2	1.06344	0.00000	0.24983063	119.81	No
▶	2	0.51389	SiO2	1.23732	0.00000	0.24997971	103.04	No
	3	0.94242	SiO2	1.43521	0.00000	0.25057095	89.04	No
	Substrate		Glass	1.52083	0.00000			
						0.75038129	311.89	

Reflectance (%)

Re(Admittance)

Wavelength (nm)

Im(Admittance)

6. 模擬設計單一材料 ZrO_2，6 層折射率漸變抗反射膜，波段範圍 400～1200nm，

並分析討論膜層數的需要。

Layer	Packing Density	Material	Refractive Index	Extinction Coefficient	Optical Thickness (FWOT)	Physical Thickness (nm)	Lock
Medium		Air	1.00000	0.00000			
1	0.14227	ZrO2	1.15163	0.00004	0.29216675	129.39	No
2	0.43885	ZrO2	1.46771	0.00004	0.28992620	100.74	No
3	0.80519	ZrO2	1.85814	0.00004	0.28370226	77.87	No
4	0.98326	ZrO2	2.04792	0.00004	0.31631620	78.77	No
5	0.85585	ZrO2	1.91213	0.00004	0.28351458	75.62	No
6	0.63048	ZrO2	1.67194	0.00004	0.29043408	88.59	No
Substrate		Glass	1.52083	0.00000			
					1.75606006	550.98	

Reflectance (%)

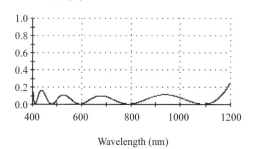

Wavelength (nm)

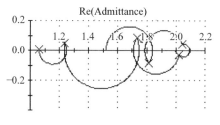

Re(Admittance)

Im(Admittance)

七、關鍵字

1. 評價函數。

2. 優化設計。

3. 膜厚優化。

4. 折射率優化。

5. 折射率漸變膜層。

八、學習資源

1. http://psdn.pidc.org.tw/ike/DocLib/2005/2005DOCLIB/2005IKE10-0/2005ike10-0-307.asp

   塑膠物語：什麼是光學薄膜？

2. http://handle.ncl.edu.tw/11296/ndltd/64881741295486112810

抗反射膜和高反射膜的模擬與優化。

3. http://dspace.xmu.edu.cn/bitstream/handle/2288/121336/GaAs 太陽電池減反
   射膜的設計 .pdf?sequence = 1&isAllowed = y
   GaAs 太陽電池減反射膜的設計。

4. https://gceyewearinc.wordpress.com/category/ 關於眼鏡 /
   關於眼鏡。

5. http://www.laserfocusworld.cn/PDF/2016/1202/PhotonicFrontiers.pdf
   理解減反射膜的關鍵設計原則。

九、參考資料

1. 薄膜光學與鍍膜技術（第 8 版），李正中，藝軒圖書。

2. 薄膜光學概論，葉倍宏，全華圖書。

3. https://gceyewear.com/products/gc-lens。

4. www.ydcoating.com/s/1/product-358468/ 抗反射鍍膜 AR.html。

實習

8

CHAPTER ▶▶ ▶

多層抗反射膜優化設計

一、實習目的

使用 Essential Macleod 光學薄膜設計模擬軟體，分析、討論多層抗反射膜優化設計的光譜特性。

1. 針對可見光區之多層抗反射膜初始設計，使用 Simplex Parameters 優化方法，分別以膜厚、折射率、膜厚與折射率雙可調為優化參數，尋找最佳多層抗反射膜優化設計。

2. 針對紅外光區之多層抗反射膜初始設計，使用 Simplex Parameters 優化方法，分別以膜厚、折射率、膜厚與折射率雙可調為優化參數，尋找最佳多層抗反射膜優化設計。

實習流程：

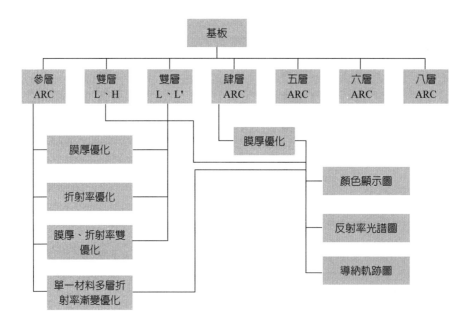

二、實習軟體

Essential Macleod 光學薄膜設計模擬軟體。

三、應用實例

康寧 Gorilla 玻璃所展示的抗反射膜 [3]

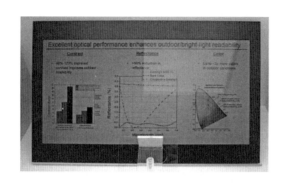

　　這種抗反射膜，顯而易見相當特殊。在上圖中，屏幕的左半部分使用抗反射膜層，而右半則不具備。又如下圖所示的屏幕，被放置在一個相對直接的光源下來模擬在晴天戶外的情況，結果所顯示的顏色看起來有點不同，亮度皆有一定量的丟失，但抗反射膜層仍然發揮抗反射功能，讓屏幕保持顯示可讀的的閱讀狀態。在屏幕的左半部分看起來無光澤、無反射和眩光，屏幕有具備硬膜的玻璃頂板保護。

ARC 與 AG 處理 [4]

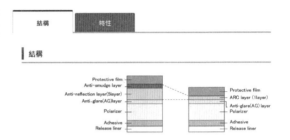

| 抗反射處理 | 結構 | 特性 |

目前彩色顯示器可藉由防止陽光和螢光燈在 LCD表面的反射來達到高對比的效果

已改善抗反射層的防污功能，變得更容易使用，與 AG（抗眩功能）結合後，性能可進一步提升。

四、基本理論

抗反射膜的目的在降低反射率，但是傳統的分析方法只能求得局部極值，對實際的應用幫助不大，爲了彌補這種缺點，建立光學薄膜系統自動設計模擬程式是必要的。

問題是如何建立？既然抗反射膜在乎某一光譜範圍內有低反射率，因此，可以簡單定義**評價函數**（Merit Function）爲

$$F(\theta_i, n, d, \lambda) = \sum_{\lambda} R$$

只要評價函數數值最小，即可得到最佳的抗反射膜設計；根據這樣的概念，修改現有建立的程式，就不難改良爲薄膜自動模擬設計程式。在以自動模擬設計程式分別測試單層及多層抗反射膜之前，假設所有抗反射膜滿足下列各種狀況：

1. 入射角 $\theta_i = 0°$（須依實際應用所需角度調整）。

2. 光譜範圍 $0.4 \sim 0.7 \mu m$，並區分成 50 個搜尋累計波段（須依實際應用波段範圍所需，以及取樣數多寡，進行彈性調整）。

3. 各膜層折射率固定，其中空氣折射率 $n_0 = 1$，基板折射率 $n_s = 1.52$（須依實際應用所需，選用適當基板材料，以及各膜層折射率漸變之調整可能）。

4. 設計參考波長 $\lambda_0 = 0.51 \mu m = 510 nm$（須依實際應用所需，彈性調整參考波長）。

5. 光學厚度 nd 爲唯一的設計參數，其搜尋範圍從 $0.001\lambda_0 \sim 0.5\lambda_0$（須依實際應

用所需，實施膜厚優化動作或折射率優化動作，或膜厚、折射率雙可調優化動作；膜厚原則上是越薄越好，故以 $0.5\lambda_0$ 為上限）。

（一）雙層抗反射膜

以 $n_1 = 1.38$，$n_2 = 2.15$ 為例，膜層安排 **Air|MgF$_2$ (0.237λ_0) 2.15 (0.0357λ_0)| Substrate**，要求全區域最大反射率不大於 2%，優化設計與光譜效果如下：

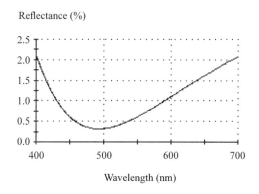

（二）參層抗反射膜

以 $n_1 = n_3 = 1.38$，$n_2 = 2.0$ 為例，膜層安排 **Air|MgF$_2$ (0.232λ_0) 2.0 (0.467λ_0) MgF$_2$ (0.005λ_0)|Substrate**，要求全區域最大反射率不大於 1.5%，優化設計與光譜效果如下：

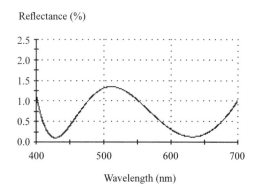

（三）肆層抗反射膜

以 $n_1 = n_3 = 1.38$，$n_2 = n_4 = 2.0$ 為例，膜層安排 **Air|MgF$_2$ (0.233λ_0) 2.0 (0.49λ_0) MgF$_2$ (0.075λ_0) 2.0 (0.053λ_0)|Substrate**，要求全區域最大反射率不大於 0.6%，優化設計與光譜效果如下：

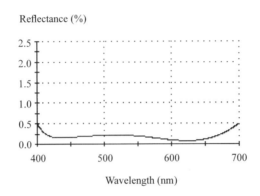

（四）五層抗反射膜

以 $n_1 = n_3 = n_5 = 1.38$，$n_2 = n_4 = 2.0$ 為例，膜層安排 **Air|MgF$_2$ (0.239λ_0) 2.0 (0.514λ_0) MgF$_2$ (0.101λ_0) 2.0 (0.075λ_0) MgF$_2$ (0.092λ_0)|Substrate**，要求全區域最大反射率不大於 0.6%，優化設計與光譜效果如下：

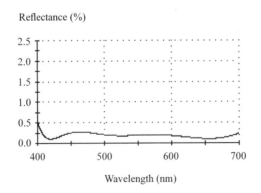

由上圖可知，反射率在短波長區稍微偏高，若能適當調整監控波長 λ_0，比如說 $\lambda_0 = 0.54\mu m$，即可改善光譜效果，如下圖所示：

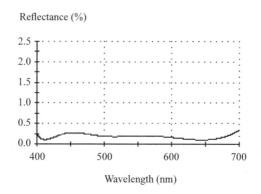

至此，示範了電腦優化設計的五層抗反射膜，對一般的應用而言，其光譜效果已經非常良好。至於六層以上的抗反射膜，請自行練習模擬。

另外還有**雙波段抗反射膜**的設計，只要將**評價函數**中加入 $\lambda = 1.06\mu m$ 的條件，同樣可以比照辦理。以 5 層鍍膜為例，最後優化設計所得到的鍍膜安排為

Air|MgF$_2$ (0.3139λ_0) 2.0 (0.1385λ_0) MgF$_2$ (0.0716λ_0) 2.0 (0.5846λ_0) 1.62 (0.2194λ_0)| Substrate，$n_1 = n_3 = 1.38$，$n_2 = n_4 = 2.0$，$n_5 = 1.62$，$\lambda_0 = 0.53\mu m$，以及輸出光譜效果如下：

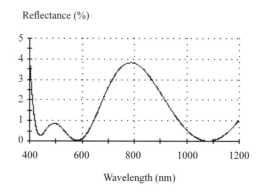

這種模擬設計是輸入各膜層折射率後，找出符合要求的膜厚，過程中不管評價函數如何定義，或者由無起始設計，所輸出的解答可能不止一種，而且折射率與膜層厚度誤差對不同設計系統所造成的光學特性也不盡相同，其間如何取捨全視系統需求而定。

設計程式中，不需要起始設計的優化法與具有起始設計的合成法相比較，前者恐怕要花費更多時間才能得到相同的設計品質。例如，以前述最佳 5 層雙波段抗反射膜做爲優化設計的起始設計，可以再套用 3 層等效膜的技巧，繼續優化，達到進一步改善光譜效果的目的。現在，假設低折射率材料 $n_L = 1.38$，高折射率材料 $n_H = 2.25$，膜層安排 **Air|MgF$_2$ (0.3003λ_0) 2.25 (0.1281λ_0) MgF$_2$ (0.0657λ_0) 2.25 (0.6785λ_0) MgF$_2$ (0.0718λ_0) 2.25 (0.084λ_0) |Substrate**，$\lambda_0 = 0.53\mu m$，模擬結果與光譜輸出如下所示。

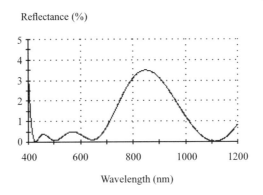

請注意雙波段抗反射優化的程度及其可能的容限範圍，因爲程式所模擬的理論膜厚，監控能否得宜仍舊是一大問題。

基本上，前述所討論有關電腦輔助設計的技巧，沒有理由不能應用到其他更複雜或者是不同型式的鍍膜設計上，並且不論電腦自動設計程式是採用何種優化技巧，似乎都指向一個共同的焦點，就是找出最終設計的安排有多快、多好，換言之，面對高度非線性的光學薄膜問題，以電腦模擬方法找到又快、又好的鍍膜設計是每一位光學薄膜設計者所追求的目標，爲了達到這樣的目標，實有賴於今後對評價函數與薄膜光學基本觀念更進一步的研究與發展。

五、模擬步驟

（一）雙層抗反射膜

Air|L H|Glass，使用低、高折射率材料，參考波長 0.51μm，入射角 0 度。

滑鼠雙按 圖示，打開 Essential Macleod 模擬軟體，點按功能表 **[File/New/ Design]**，產生一個新的設計，或點按工具列圖示 。

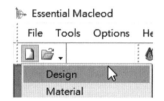

初始設計視窗：預設為冰晶石 Na_3AlF_6 材料。

	Layer	Material	Refractive Index	Extinction Coefficient	Optical Thickness (FWOT)	Physical Thickness (nm)
▶	Medium	Air	1.00000	0.00000		
	1	Na3AlF6	1.35000	0.00000	0.25000000	94.44
	Substrate	Glass	1.52083	0.00000		
					0.25000000	94.44

Incident Angle (deg) 0.00
Reference Wavelength (nm) 510.00

新增膜層：點按編號 1 的欄位，再點按功能表 **[Edit/Insert Layers]**。

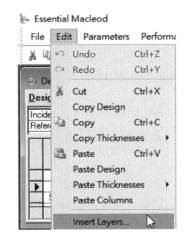

新增一膜層，按 OK 。

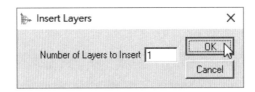

或者使用另一種新增膜層的方法：全選編號 1 的欄位。

	Layer	Material	Refractive Index	Extinction Coefficient	Optical Thickness (FWOT)	Physical Thickness (nm)
	Medium	Air	1.00000	0.00000		
→	1	Na3AlF6	1.35000	0.00000	0.25000000	94.44
	Substrate	Glass	1.52083	0.00000		
					0.25000000	94.44

點按功能表 **[Edit Insert Layers]**；將編號 1 膜層的膜厚更改爲 0.25，編號 2 膜層的材料更改爲 TiO₂，確認膜層設定如下所示：

	Layer	Material	Refractive Index	Extinction Coefficient	Optical Thickness (FWOT)	Physical Thickness (nm)
	Medium	Air	1.00000	0.00000		
	1	Na3AlF6	1.35000	0.00000	0.25000000	94.44
▶	2	TiO2 ▾	2.34867	0.00037	0.25000000	54.29
	Substrate	Glass	1.52083	0.00000		
					0.50000000	148.73

點按工具列圖示 ⬚p：特性參數設定視窗之水平軸設定，保留預設值；垂直軸選按反射率（Reflectance Magnitude（%）），保留自動刻度，按 Plot 繪製反射率光譜圖。

反射率光譜圖

如下所示，其中 λ_0 = 510nm 為參考波長；因為是自動刻度，故 y 軸最小值為 10%。

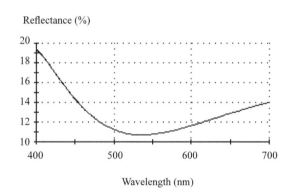

由輸出特性可知，反射率在 λ_0 波長附近呈現最小值，但並非非常接近 0 值，顯見整體抗反射效果不佳。

1. 膜厚優化

點按工具列圖示 ⚫，確認預設優化目標值：預設波段為 400～700nm，運算子為等號（=），需求目標值為 0，型態為反射率。回設計視窗，點按功能表 **[Tools/ Refine/Simplex]**。

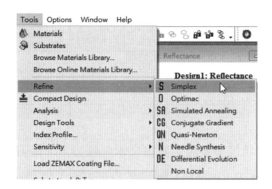

或工具列圖示 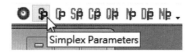。

原則上，保留預設值，其中膜厚（Thicknesses）爲調變參數。

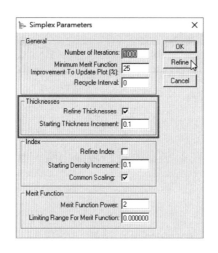

按 Refine 進行優化動作，按 確定 結束；確認膜厚在多次執行優化動作後不再改
變，最後得到如下所示的膜厚資料。

	Layer	Material	Refractive Index	Extinction Coefficient	Optical Thickness (FWOT)	Physical Thickness (nm)
	Medium	Air	1.00000	0.00000		
	1	Na3AlF6	1.35000	0.00000	0.24762923	93.55
▶	2	TiO2	2.34867	0.00037	0.46359341	100.67
	Substrate	Glass	1.52083	0.00000		
					0.71122264	194.22

反射率光譜圖

點按 **[Performance/Plot Over]**，或工具列圖示 ；由光譜圖得知，在參考波長 510nm 處與整體光譜效果的反射率皆有明顯的改善。

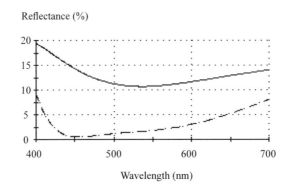

導納軌跡圖

點按 **[Tools/Analysis/Admittance]**，軌跡呈現近似一圓形與半圓形，因為膜厚分別接近 $0.5\lambda_0$ 與 $0.25\lambda_0$，基本上係屬於雙層 QH 型抗反射膜的安排；最終導納值為 1.11305，顯見在參考波長處的反射率不等於 0。

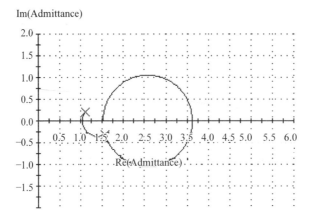

維持雙層 **Air|L H|Glass** 型態，嚴格來說，全波段抗反射效果不佳，並且編號 2 半波厚膜層的無效層的效果沒有彰顯，故直接將膜厚減厚為 0.125。

	Layer	Material	Refractive Index	Extinction Coefficient	Optical Thickness (FWOT)	Physical Thickness (nm)
	Medium	Air	1.00000	0.00000		
	1	Na3AlF6	1.35000	0.00000	0.24762923	93.55
▶	2	TiO2	2.34867	0.00037	0.12500000	27.14
	Substrate	Glass	1.52083	0.00000		
					0.37262923	120.69

重新優化一次，發現最佳抗反射膜層安排係高折射率膜層的膜厚趨近於 0，亦即簡併為單一低折射率膜層安排。

	Layer	Material	Refractive Index	Extinction Coefficient	Optical Thickness (FWOT)	Physical Thickness (nm)
	Medium	Air	1.00000	0.00000		
	1	Na3AlF6	1.35000	0.00000	0.30216664	114.15
▶	2	TiO2	2.34867	0.00037	0.02020408	4.39
	Substrate	Glass	1.52083	0.00000		
					0.32237072	118.54

與上述設計相比較的反射率光譜圖：如果選擇雙層抗反膜設計，卻沒有發揮雙層設計安排的效果，則無需使用雙材料設計，因為直接改用單層低折射率膜層的光譜成

效幾乎相同。

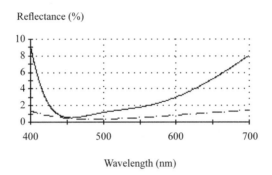

　　總結：_____。

2. 折射率優化

　　回設計視窗，將膜厚恢復為原來的 0.25；點按功能表 **[Tools/Refine/Sim-plex]**，或工具列圖示 ，取消優化膜厚，即不勾選 Refine Thicknesses 選項。

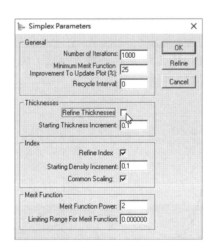

系統自動切換勾選折射率（Index）模組中的 Refine Index 選項，按 Refine 進行優化動作，按 確定 結束。

確認折射率在多次執行優化動作後不再改變，最後得到如下所示的折射率資料，其中編號 1、2 膜層的堆積密度（Packing Density）分別為 0.33103 與 0.25199，相對應的折射率為 1.11586 與 1.33985。

	Layer	Packing Density	Material	Refractive Index	Extinction Coefficient	Optical Thickness (FWOT)	Physical Thickness (nm)
	Medium		Air	1.00000	0.00000		
	1	0.33103	Na3AlF6	1.11586	0.00000	0.25000000	114.26
	2	0.25199	TiO2	1.33985	0.00037	0.25000000	95.16
▶	Substrate		Glass	1.52083	0.00000		
						0.50000000	209.42

反射率光譜圖

點按 **[Performance/Plot]**，或工具列圖示 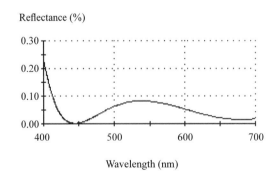；由光譜圖得知，在參考波長 510nm 處的反射率不為零但接近零。

Reflectance (%)

於可見光區範圍內，全波段反射率皆小於 0.24%，最大反射率為 0.23269%，最小

反射率近似為 0%，平均反射率為 0.04787%（見下圖）。

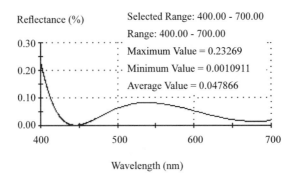

導納軌跡圖

點按 **[Tools/Analysis/Admittance]**；可見導納軌跡呈現兩個順時針移動的半圓形，這是因為膜厚 $0.25\lambda_0$ 的緣故，也因為如此安排，導致雙層折射率漸變無法滿足理想條件，即最終導納值不為 1，所以在參考波長處的反射率不等於 0。

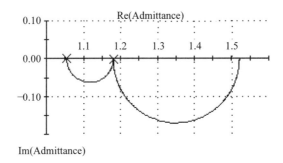

顏色顯示圖

滑鼠點按工具列 🔵 圖示或功能表 **[Performance/Color]**；由顏色顯示圖可知，使用 D65 為光源，使用雙層折射率漸變方法，雙層抗反射膜優化設計的顏色為淺綠色。

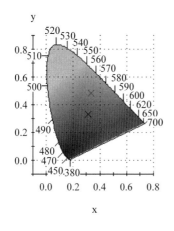

總結：_____。

3. 膜厚、折射率雙優化

回設計視窗，將堆積密度設定為 1；點按功能表 **[Tools/Refine/Simplex]**，或工具列圖示 ，勾選 Refine Thicknesses 與 Refine Index 兩個選項（見下圖）。

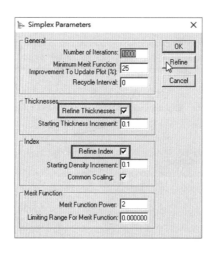

按 Refine 進行優化動作，按 確定 結束；確認折射率在多次執行優化動作後不再改變，最後得到如下所示的鍍膜資料，其中編號 1 膜層的堆積密度（Packing

Density）為 0.36944，折射率為 1.12931，膜厚 0.22542，編號 2 膜層的堆積密度為 0.26479，折射率為 1.35712，膜厚 0.22839。

	Layer	Packing Density	Material	Refractive Index	Extinction Coefficient	Optical Thickness (FWOT)	Physical Thickness (nm)
	Medium		Air	1.00000	0.00000		
	1	0.36944	Na3AlF6	1.12931	0.00000	0.22542226	101.80
▶	2	0.26479	TiO2	1.35712	0.00037	0.22838807	85.83
	Substrate		Glass	1.52083	0.00000		
						0.45381033	187.63

反射率光譜圖

　　點按 **[Performance/Plot]**，或工具列圖示 ⬚；由光譜圖得知，在參考波長 510nm 處的反射率不為零，數值為 0.04%，全波段幾乎小於 0.06%，顯見膜厚與折射率雙可調優化方法的光譜成效，遠比膜厚或折射率單一可調的優化方法優異。

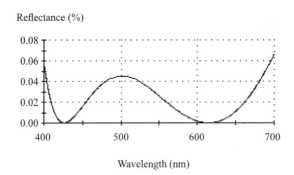

導納軌跡圖

　　點按 **[Tools/Analysis/Admittance]**；導納軌跡呈現兩個順時針移動的不完整半圓形，這是因為膜厚接近 $0.25\lambda_0$ 的緣故，也因為如此安排，導致雙層折射率漸變無法滿足理想條件，即最終導納值不為 1，所以在參考波長處的反射率不等於 0。

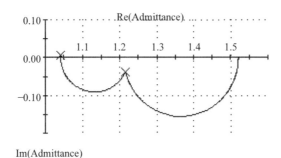

顏色顯示圖

滑鼠點按工具列  圖示或功能表 **[Performance/Color]**；由顏色顯示圖可知，使用 D65 為光源，使用雙層折射率漸變方法，輸出光譜的顏色為偏水藍的淺綠色。

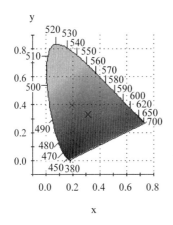

總結：＿＿＿＿＿＿＿＿＿＿＿＿＿＿＿＿＿＿＿＿＿＿＿＿＿＿＿＿＿＿＿。

4. 雙層低折射率材料

上述編號 2 的膜層折射率，略大於冰晶石 Na_3AlF_6 的折射率，故改用低折射率材料 SiO_2；重新設定膜層安排如下所示：

	Layer	Packing Density	Material	Refractive Index	Extinction Coefficient	Optical Thickness (FWOT)	Physical Thickness (nm)
	Medium		Air	1.00000	0.00000		
	1	1.00000	Na3AlF6	1.35000	0.00000	0.25000000	94.44
	2	1.00000	SiO2	1.46180	0.00000	0.25000000	87.22
▶	Substrate		Glass	1.52083	0.00000		
						0.50000000	181.67

比照上述優化步驟，最後得到各項輸出結果：

	Layer	Packing Density	Material	Refractive Index	Extinction Coefficient	Optical Thickness (FWOT)	Physical Thickness (nm)
	Medium		Air	1.00000	0.00000		
	1	0.34667	Na3AlF6	1.12133	0.00000	0.24732721	112.49
▶	2	0.77514	SiO2　▼	1.35796	0.00000	0.24666369	92.64
	Substrate		Glass	1.52083	0.00000		
						0.49399090	205.13

反射率光譜圖

點按 **[Performance/Plot]**，或工具列圖示 ▨；由光譜圖得知，在參考波長 510nm 處的反射率不為零，數值低於 0.04%，全波段幾乎小於 0.05%，顯見膜厚與折射率雙可調優化方法，若材料皆選用低折射率的光譜成效，遠比選用一高一低折射率的優化方法優異。

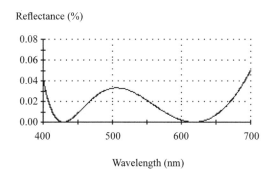

導納軌跡圖

點按 **[Tools/Analysis/Admittance]**；因為膜厚非常接近 $0.25\lambda_0$ 的緣故，以致導納軌跡呈現兩個順時針移動的半圓形，不過，雖然最終導納值不為 1，使得在參考波長處的反射率不等於 0，但其反射率低於 0.04%，整體而言，全波段反射率小於 0.05%，顯見抗反射效果優異。

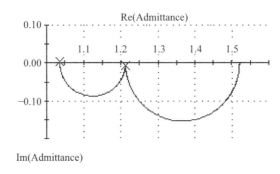

由顏色顯示圖可知，使用 D65 為光源，使用雙層折射率漸變方法，輸出光譜的顏色為偏水藍的淺綠色，類似上述設計的顏色顯示。

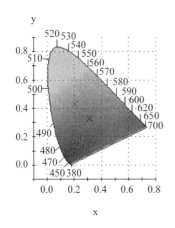

總結：＿＿＿＿＿＿＿＿＿＿＿＿＿＿＿＿＿＿＿＿＿＿＿＿＿＿＿＿＿。

（二）參層抗反射膜

Air|L H L|Glass，參考波長 0.51μm，入射角 0 度。

1. 膜厚優化

續上述設計，依規格安排膜層，使用膜厚為可調參數，優化結果如下：

	Layer	Material	Refractive Index	Extinction Coefficient	Optical Thickness (FWOT)	Physical Thickness (nm)
	Medium	Air	1.00000	0.00000		
▶	1	Na3AlF6	1.35000	0.00000	0.30370175	114.73
	2	TiO2	2.34867	0.00037	0.02549743	5.54
	3	Na3AlF6	1.35000	0.00000	0.02130879	8.05
	Substrate	Glass	1.52083	0.00000		
					0.35050797	128.32

反射率光譜圖

由反射率光譜圖及其統計數據可知，全波段反射率小於 1.5%，平均反射率 0.78057%。

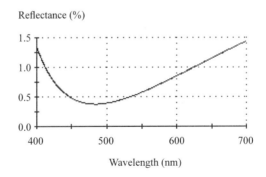

導納軌跡圖

編號 2 膜層使用高折射率材料，因此編號 2 與編號 3 的膜厚很薄；最後導納值為 1.13727，由此可類推得知，在參考波長處的反射率不等於 0。

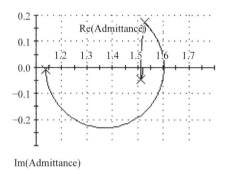

2. 折射率優化

恢復原膜層安排,固定膜厚為 $0.25\lambda_0$,使用折射率為可調參數,並取消共同縮放比例(Common Scaling)。

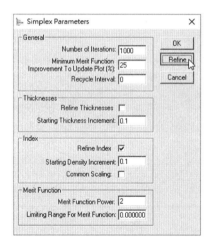

優化結果:即便編號 2 膜層是高折射率材料,折射率漸變的結果,各膜層折射率依然從基板往入射介質空氣端遞減。

Layer	Packing Density	Material	Refractive Index	Extinction Coefficient	Optical Thickness (FWOT)	Physical Thickness (nm)
Medium		Air	1.00000	0.00000		
1	0.12828	Na3AlF6	1.04490	0.00000	0.25000000	122.02
2	0.14453	TiO2	1.19492	0.00037	0.25000000	106.70
3	1.14954	Na3AlF6	1.40234	0.00000	0.25000000	90.92
Substrate		Glass	1.52083	0.00000		
					0.75000000	319.64

反射率光譜圖

　　由反射率光譜圖及其統計數據可知，全波段反射率小於 0.03%，平均反射率 0.0118%。

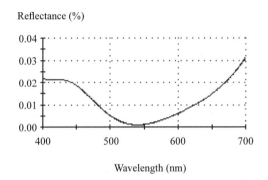

Reflectance (%)

Wavelength (nm)

導納軌跡圖

　　固定膜厚皆為 $0.25\lambda_0$，導納軌跡呈現 3 個標準的半圓形，其最後導納值為 0.9887，可知在參考波長處的反射率接近 0。

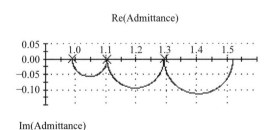

Re(Admittance)

Im(Admittance)

3. 膜厚、折射率雙優化

　　將膜層安排恢復成原設計安排，同時使用膜厚、折射率為可調參數，並取消共同縮放比例（Common Scaling），優化結果：編號 2 與編號 3 膜厚超過 $0.5\lambda_0$，可以改為 $0.125\lambda_0$ 重新執行。

	Layer	Packing Density	Material	Refractive Index	Extinction Coefficient	Optical Thickness (FWOT)	Physical Thickness (nm)
	Medium		Air	1.00000	0.00000		
	1	0.53625	Na3AlF6	1.18769	0.00000	0.23389677	100.44
	2	0.30550	TiO2	1.41201	0.00037	0.12500000	45.15
	3	1.38791	Na3AlF6	1.48577	0.00000	0.125	317.45
	Substrate		Glass	1.52083	0.00000		
						1.28371287	463.03

　　最後得到的優化結果，類似折射率漸變的優化方法，可見折射率漸變調變顯然比膜厚調變更具關鍵性。

	Layer	Packing Density	Material	Refractive Index	Extinction Coefficient	Optical Thickness (FWOT)	Physical Thickness (nm)
	Medium		Air	1.00000	0.00000		
	1	0.17875	Na3AlF6	1.06256	0.00000	0.22264877	106.87
	2	0.16777	TiO2	1.22627	0.00037	0.24708617	102.76
	3	1.20958	Na3AlF6	1.42335	0.00000	0.26909411	96.42
	Substrate		Glass	1.52083	0.00000		
						0.73882904	306.05

反射率光譜圖

　　由反射率光譜圖及其統計數據可知，全波段反射率小於 0.004%，平均反射率 0.001197%，呈現優異的抗反射效果。

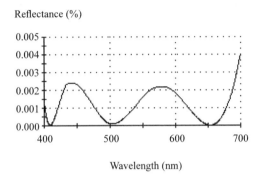

導納軌跡圖

膜厚皆非 $0.25\lambda_0$，導納軌跡呈現 3 個非標準的半圓形，其最後導納值為 0.99828，可知在參考波長處的反射率接近 0。

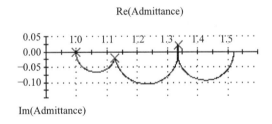

4. 單一材料折射率漸變

由上述折射率漸變優化結果得知，折射率係從基板往入射介質空氣端遞減，故改用材料 SiO_2 執行單一材料折射率漸變的優化方法；比照上述方式，先將膜層安排恢復成原設計安排，使用折射率為可調參數，並取消共同縮放比例（Common Scaling），優化結果：

	Layer	Packing Density	Material	Refractive Index	Extinction Coefficient	Optical Thickness (FWOT)	Physical Thickness (nm)
	Medium		Air	1.00000	0.00000		
▶	1	0.13582	SiO2	1.06272	0.00000	0.25000000	119.98
	2	0.50719	SiO2	1.23422	0.00000	0.25000000	103.30
	3	0.93502	SiO2	1.43179	0.00000	0.25000000	89.05
	Substrate		Glass	1.52083	0.00000		
						0.75000000	312.33

反射率光譜圖

由反射率光譜圖及其統計數據可知，全波段反射率小於 0.002%，平均反射率 0.00099%，呈現非常優異的抗反射效果。

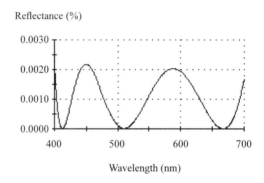

導納軌跡圖

固定膜厚皆為 $0.25\lambda_0$，導納軌跡呈現 3 個標準的半圓形，並且最後導納值為 0.99938，可知在參考波長處的反射率幾乎等於 0。

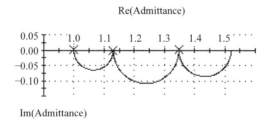

總結：＿＿＿＿＿＿＿＿＿＿＿＿＿＿＿＿＿＿＿＿＿＿＿＿＿＿＿＿＿。

（三）肆層抗反射膜

Air|L H L H|Glass，參考波長 0.51μm，入射角 0 度。

膜厚優化

依規格安排膜層，使用公式輸入方式建立膜層安排；回設計視窗，點按 **[Edit/ Formula]**。

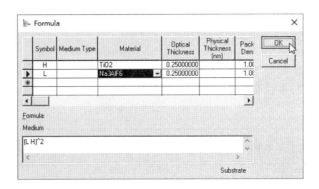

初始膜層安排：

	Layer	Material	Refractive Index	Extinction Coefficient	Optical Thickness (FWOT)	Physical Thickness (nm)
▶	Medium	Air	1.00000	0.00000		
	1	Na3AlF6	1.35000	0.00000	0.25000000	94.44
	2	TiO2	2.34867	0.00037	0.25000000	54.29
	3	Na3AlF6	1.35000	0.00000	0.25000000	94.44
	4	TiO2	2.34867	0.00037	0.25000000	54.29
	Substrate	Glass	1.52083	0.00000		
					1.00000000	297.46

Incident Angle (deg) 0.00
Reference Wavelength (nm) 510.00

膜厚為可調參數：

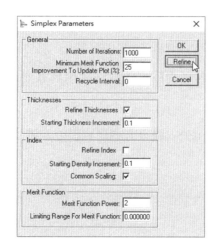

優化結果：編號 2～4 膜層的膜厚接近 0.5λ₀。

	Layer	Material	Refractive Index	Extinction Coefficient	Optical Thickness (FWOT)	Physical Thickness (nm)
▶	Medium	Air	1.00000	0.00000		
	1	Na3AlF6	1.35000	0.00000	0.24069705	90.93
	2	TiO2	2.34867	0.00037	0.47711321	103.60
	3	Na3AlF6	1.35000	0.00000	0.48462549	183.08
	4	TiO2	2.34867	0.00037	0.47650428	103.47
	Substrate	Glass	1.52083	0.00000		
					1.67894002	481.08

由反射率光譜圖可知，全波段反射率呈現不優的抗反射效果。

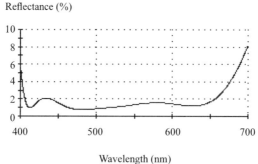

將編號 2〜4 膜層的膜厚全部更改為 $0.125\lambda_0$。

	Layer	Material	Refractive Index	Extinction Coefficient	Optical Thickness (FWOT)	Physical Thickness (nm)
	Medium	Air	1.00000	0.00000		
	1	Na3AlF6	1.35000	0.00000	0.24069705	90.93
	2	TiO2	2.34867	0.00037	0.12500000	27.14
	3	Na3AlF6	1.35000	0.00000	0.12500000	47.22
▶	4	TiO2	2.34867	0.00037	0.12500000	27.14
	Substrate	Glass	1.52083	0.00000		
					0.61569705	192.44

重新執行膜厚優化動作，結果如下所示：

	Layer	Material	Refractive Index	Extinction Coefficient	Optical Thickness (FWOT)	Physical Thickness (nm)
	Medium	Air	1.00000	0.00000		
	1	Na3AlF6	1.35000	0.00000	0.31292525	118.22
	2	TiO2	2.34867	0.00037	0.07467218	16.21
	3	Na3AlF6	1.35000	0.00000	0.13127272	49.59
▶	4	TiO2	2.34867	0.00037	0.05765201	12.52
	Substrate	Glass	1.52083	0.00000		
					0.57652215	196.54

反射率光譜圖

　　由反射率光譜圖及其統計數據可知，全波段反射率小於 0.8%，平均反射率 0.33978%，呈現可接受的抗反射效果。

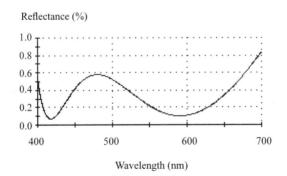

導納軌跡圖

固定膜厚皆非 $0.25\lambda_0$，導納軌跡依膜厚的大小呈現 4 個不同長短的線段，並且最後導納值為 1.13013，可知在參考波長處的反射率不等於 0。

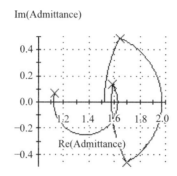

觀察反射率光譜圖可知，大部分波段的反射率小於 0.6%，故以此為標準，重新設定優化目標值為小於 0.6%。

	Wavelength [nm]	Operator	Required Value	Target Tolerance	Type
	400.00	<=	0.600000	1.000000	Reflectance (%)
	425.00	<=	0.600000	1.000000	Reflectance (%)
	450.00	<=	0.600000	1.000000	Reflectance (%)
	475.00	<=	0.600000	1.000000	Reflectance (%)
	500.00	<=	0.600000	1.000000	Reflectance (%)
	525.00	<=	0.600000	1.000000	Reflectance (%)
	550.00	<=	0.600000	1.000000	Reflectance (%)
	575.00	<=	0.600000	1.000000	Reflectance (%)
	600.00	<=	0.600000	1.000000	Reflectance (%)
	625.00	<=	0.600000	1.000000	Reflectance (%)
	650.00	<=	0.600000	1.000000	Reflectance (%)
	675.00	<=	0.600000	1.000000	Reflectance (%)
	700.00	<=	0.600000	1.000000	Reflectance (%)

或者使用連續波長設定方式，滑鼠先點按目標值設定視窗，後選按功能表 **[Edit/Generate...]**。

依序鍵入起始、終止、間距波長數據，按 New 建立。

優化結果：

	Layer	Material	Refractive Index	Extinction Coefficient	Optical Thickness (FWOT)	Physical Thickness (nm)
	Medium	Air	1.00000	0.00000		
	1	Na3AlF6	1.35000	0.00000	0.32082148	121.20
	2	TiO2	2.34867	0.00037	0.06902497	14.99
	3	Na3AlF6	1.35000	0.00000	0.13776084	52.04
▶	4	TiO2	2.34867	0.00037	0.05297504	11.50
	Substrate	Glass	1.52083	0.00000		
					0.58058233	199.73

反射率光譜圖

由反射率光譜圖及其統計數據可知，全波段反射率小於 0.7%，平均反射率 0.3913%，呈現可接受的抗反射效果；基本上，這只是加上全波段反射率小於特定值的限制而已，平均反射率不見得更低。

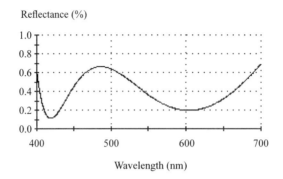

使用公式輸入方式更改膜層安排；回設計視窗，點按 **[Edit/Formula]** ，將高折射率
材料改爲 ZrO_2。

使用上述的優化目標設定值：反射率小於等於 0.6%，以及 Simplex 優化方法。

可得優化膜層安排如下所示：

	Layer	Material	Refractive Index	Extinction Coefficient	Optical Thickness (FWOT)	Physical Thickness (nm)
	Medium	Air	1.00000	0.00000		
	1	Na3AlF6	1.35000	0.00000	0.31141666	117.65
	2	ZrO2	2.06577	0.00004	0.10337644	25.52
	3	Na3AlF6	1.35000	0.00000	0.11844957	44.75
▶	4	ZrO2	2.06577	0.00004	0.08207945	20.26
	Substrate	Glass	1.52083	0.00000		
					0.61532212	208.18

反射率光譜圖

　　由反射率光譜圖及其統計數據可知，全波段反射率小於 0.6%，平均反射率 0.3289%，整體抗反射效果優於上述的設計，顯見使用折射率比較小的高折射率材料，在抗反射膜的設計安排上有其優勢。

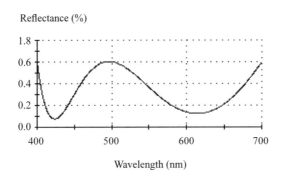

（四）五層抗反射膜

　　Air|L H L H L|Glass，參考波長 0.51μm，入射角 0 度。

膜厚優化

　　依規格安排膜層，使用公式輸入方式建立膜層安排；回設計視窗，點按 **[Edit / Formula]**，其中高折射率材料為 ZrO_2。

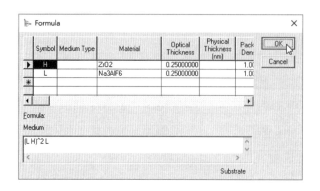

初始膜層安排：

	Layer	Material	Refractive Index	Extinction Coefficient	Optical Thickness (FWOT)	Physical Thickness (nm)
▶	Medium	Air	1.00000	0.00000		
	1	Na3AlF6	1.35000	0.00000	0.25000000	94.44
	2	ZrO2	2.06577	0.00004	0.25000000	61.72
	3	Na3AlF6	1.35000	0.00000	0.25000000	94.44
	4	ZrO2	2.06577	0.00004	0.25000000	61.72
	5	Na3AlF6	1.35000	0.00000	0.25000000	94.44
	Substrate	Glass	1.52083	0.00000		
					1.25000000	406.77

目標值設定：全波段反射率設定為小於等於 0.6%。

ARC5_ZrO2 Na3AlF6: Targets

Standard | Color | Thickness | Script

	Wavelength (nm)	Operator	Required Value	Target Tolerance	Type
▶	400.00	<=	0.600000	1.000000	Reflectance (%)
	425.00	<=	0.600000	1.000000	Reflectance (%)
	450.00	<=	0.600000	1.000000	Reflectance (%)
	475.00	<=	0.600000	1.000000	Reflectance (%)
	500.00	<=	0.600000	1.000000	Reflectance (%)
	525.00	<=	0.600000	1.000000	Reflectance (%)
	550.00	<=	0.600000	1.000000	Reflectance (%)
	575.00	<=	0.600000	1.000000	Reflectance (%)
	600.00	<=	0.600000	1.000000	Reflectance (%)
	625.00	<=	0.600000	1.000000	Reflectance (%)
	650.00	<=	0.600000	1.000000	Reflectance (%)
	675.00	<=	0.600000	1.000000	Reflectance (%)
	700.00	<=	0.600000	1.000000	Reflectance (%)

優化結果：編號 2～4 膜層的膜厚接近 $0.5\lambda_0$，光譜成效亦不佳，雖然全波段反射率皆小於 1.5%。

	Layer	Material	Refractive Index	Extinction Coefficient	Optical Thickness (FWOT)	Physical Thickness (nm)
▶	Medium	Air	1.00000	0.00000		
	1	Na3AlF6	1.35000	0.00000	0.22004804	83.13
	2	ZrO2	2.06577	0.00004	0.47216331	116.57
	3	Na3AlF6	1.35000	0.00000	0.47956550	180.79
	4	ZrO2	2.06577	0.00000	0.48560706	119.89
	5	Na3AlF6	1.35000	0.00000	0.48860461	184.58
	Substrate	Glass	1.52083	0.00000		
					2.14498852	684.96

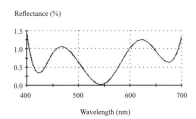

將編號 2~4 膜層的膜厚更改爲 0.125。

	Layer	Material	Refractive Index	Extinction Coefficient	Optical Thickness (FWOT)	Physical Thickness (nm)
	Medium	Air	1.00000	0.00000		
	1	Na3AlF6	1.35000	0.00000	0.22004804	83.13
	2	ZrO2	2.06577	0.00004	0.12500000	30.86
	3	Na3AlF6	1.35000	0.00000	0.12500000	47.22
	4	ZrO2	2.06577	0.00004	0.12500000	30.86
▶	5	Na3AlF6	1.35000	0.00000	0.12500000	47.22
	Substrate	Glass	1.52083	0.00000		
					0.72004804	239.29

這就是所謂減厚的處理，輸入 0.25 的一半，重新優化，結果：光譜成效已符合目標值設定，全波段反射率皆小於 0.6%。

	Layer	Material	Refractive Index	Extinction Coefficient	Optical Thickness (FWOT)	Physical Thickness (nm)
	Medium	Air	1.00000	0.00000		
	1	Na3AlF6	1.35000	0.00000	0.31487407	118.95
	2	ZrO2	2.06577	0.00004	0.09802420	24.20
	3	Na3AlF6	1.35000	0.00000	0.12399119	46.84
	4	ZrO2	2.06577	0.00004	0.08661947	21.38
▶	5	Na3AlF6	1.35000	0.00000	0.03096840	11.70
	Substrate	Glass	1.52083	0.00000		
					0.65447733	223.08

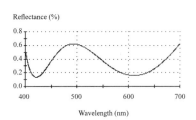

將編號 2 膜層的膜厚更改爲 0.375，輸入 0.25 與 0.5 的平均值，重新優化，結果：編號 2 膜層的膜厚接近半波厚 $0.5\lambda_0$，光譜成效不但符合目標值設定，全波段反射率皆小於 0.6%，並且更優於上述的同一款設計。

	Layer	Material	Refractive Index	Extinction Coefficient	Optical Thickness (FWOT)	Physical Thickness (nm)
	Medium	Air	1.00000	0.00000		
	1	Na3AlF6	1.35000	0.00000	0.24518874	92.63
	2	ZrO2	2.06577	0.00004	0.54768133	135.21
	3	Na3AlF6	1.35000	0.00000	0.10370776	39.18
	4	ZrO2	2.06577	0.00004	0.08428176	20.81
▶	5	Na3AlF6	1.35000	0.00000	0.13343777	50.41
	Substrate	Glass	1.52083	0.00000		
					1.11429737	338.24

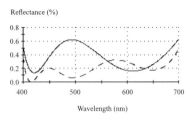

反射率光譜圖

由反射率光譜圖及其統計數據可知，全波段反射率小於 0.48%，平均反射率 0.19652%。

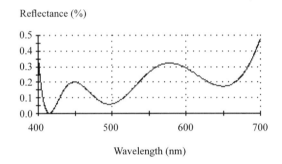

更改目標值的設定，操作數為小於等於，目標值 0.3。

	Wavelength (nm)	Operator	Required Value	Target Tolerance	Type
	400.00	<=	0.300000	1.000000	Reflectance (%)
	425.00	<=	0.300000	1.000000	Reflectance (%)
	450.00	<=	0.300000	1.000000	Reflectance (%)
	475.00	<=	0.300000	1.000000	Reflectance (%)
	500.00	<=	0.300000	1.000000	Reflectance (%)
	525.00	<=	0.300000	1.000000	Reflectance (%)
	550.00	<=	0.300000	1.000000	Reflectance (%)
	575.00	<=	0.300000	1.000000	Reflectance (%)
	600.00	<=	0.300000	1.000000	Reflectance (%)
	625.00	<=	0.300000	1.000000	Reflectance (%)
	650.00	<=	0.300000	1.000000	Reflectance (%)
	675.00	<=	0.300000	1.000000	Reflectance (%)
	700.00	<=	0.300000	1.000000	Reflectance (%)
▶	700.00	<=	0.300000	1.000000	Reflectance (%)
＊					

優化結果：相較於上述設計，5 層膜厚皆有微調。

	Layer	Material	Refractive Index	Extinction Coefficient	Optical Thickness (FWOT)	Physical Thickness (nm)
	Medium	Air	1.00000	0.00000		
	1	Na3AlF6	1.35000	0.00000	0.25003437	94.46
	2	ZrO2	2.06577	0.00004	0.54244252	133.92
	3	Na3AlF6	1.35000	0.00000	0.11077160	41.85
	4	ZrO2	2.06577	0.00004	0.07311987	18.05
▶	5	Na3AlF6	1.35000	0.00000	0.16340416	61.73
	Substrate	Glass	1.52083	0.00000		
					1.13977252	350.01

反射率光譜圖

　　由反射率光譜圖及其統計數據可知，全波段反射率小於 0.3253%，平均反射率 0.17776%。

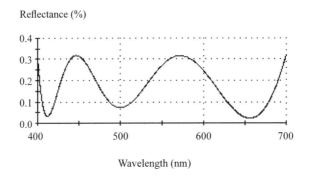

導納軌跡圖

　　導納軌跡依膜厚的大小呈現 5 個不同長短的線段，特色在於具有近似半波厚與 1/4 波厚膜厚的圓圈與半圓圈的軌跡，並且最後導納值為 0.95636，可知在參考波長處的反射率不等於 0。

313

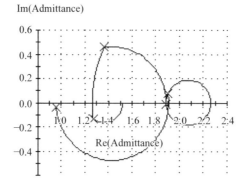

（五）六層抗反射膜

Air|L H L H L H|Glass，參考波長 0.51μm，入射角 0 度。

膜厚優化

依規格安排膜層，使用公式輸入方式建立膜層安排；回設計視窗，點按 **[Edit/ Formula]**，其中高折射率材料為 ZrO_2。目標值設定：目標值等於 0，操作數為小於等於。

	Wavelength [nm]	Operator	Required Value	Target Tolerance	Type
	400.00	<=	0.000000	1.000000	Reflectance (%)
	425.00	<=	0.000000	1.000000	Reflectance (%)
	450.00	<=	0.000000	1.000000	Reflectance (%)
	475.00	<=	0.000000	1.000000	Reflectance (%)
	500.00	<=	0.000000	1.000000	Reflectance (%)
	525.00	<=	0.000000	1.000000	Reflectance (%)
	550.00	<=	0.000000	1.000000	Reflectance (%)
	575.00	<=	0.000000	1.000000	Reflectance (%)
	600.00	<=	0.000000	1.000000	Reflectance (%)
	625.00	<=	0.000000	1.000000	Reflectance (%)
	650.00	<=	0.000000	1.000000	Reflectance (%)
	675.00	<=	0.000000	1.000000	Reflectance (%)
▶	700.00	<=	0.000000	1.000000	Reflectance (%)
✳					

優化結果常常會出現膜厚是半波厚的結果，將膜厚更改為 $0.125\lambda_0$。

	Layer	Material	Refractive Index	Extinction Coefficient	Optical Thickness (FWOT)	Physical Thickness [nm]
	Medium	Air	1.00000	0.00000		
	1	Na3AlF6	1.35000	0.00000	0.28400494	107.29
	2	ZrO2	2.06577	0.00004	0.12500000	30.86
	3	Na3AlF6	1.35000	0.00000	0.12500000	47.22
	4	ZrO2	2.06577	0.00004	0.12500000	30.86
	5	Na3AlF6	1.35000	0.00000	0.12500000	47.22
▶	6	ZrO2	2.06577	0.00004	0.12500000	30.86
	Substrate	Glass	1.52083	0.00000		
					0.90900494	294.32

優化結果：膜層中沒有半波厚的膜層。

	Layer	Material	Refractive Index	Extinction Coefficient	Optical Thickness (FWOT)	Physical Thickness (nm)
	Medium	Air	1.00000	0.00000		
	1	Na3AlF6	1.35000	0.00000	0.26195986	98.96
	2	ZrO2	2.06577	0.00004	0.15463846	38.18
	3	Na3AlF6	1.35000	0.00000	0.02355044	8.90
	4	ZrO2	2.06577	0.00004	0.32926336	81.29
	5	Na3AlF6	1.35000	0.00000	0.06981497	26.37
▶	6	ZrO2	2.06577	0.00004	0.07622642	18.82
	Substrate	Glass	1.52083	0.00000		
					0.91545351	272.52

反射率光譜圖

　　由反射率光譜圖及其統計數據可知，反射率除了接近 700nm 附近外，全波段皆小於 0.2%，平均反射率 0.10832%。

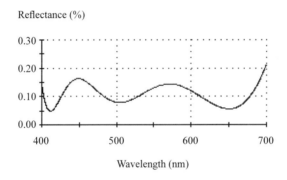

更改目標值的設定，目標值 0.2，優化結果：相較於上述設計，6 層膜厚皆有微調。

	Layer	Material	Refractive Index	Extinction Coefficient	Optical Thickness (FWOT)	Physical Thickness (nm)
	Medium	Air	1.00000	0.00000		
	1	Na3AlF6	1.35000	0.00000	0.26463240	99.97
	2	ZrO2	2.06577	0.00004	0.15596625	38.51
	3	Na3AlF6	1.35000	0.00000	0.02653718	10.03
▶	4	ZrO2	2.06577	0.00004	0.32134008	79.33
	5	Na3AlF6	1.35000	0.00000	0.07014344	26.50
	6	ZrO2	2.06577	0.00004	0.07704977	19.02
	Substrate	Glass	1.52083	0.00000		
					0.91566912	273.36

反射率光譜圖

由反射率光譜圖及其統計數據可知，全波段反射率皆小於 0.16825%，平均反射率 0.11434%。

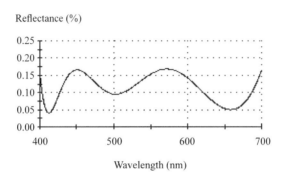

導納軌跡圖

導納軌跡依膜厚的大小呈現 6 個不同長短的線段，其中不具有近似半波厚的圓圈軌跡，並且最後導納值為 1.06359，可知在參考波長處的反射率不等於 0。

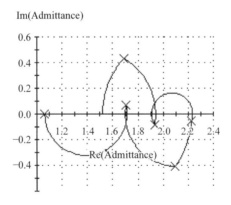

（六）八層抗反射膜

Air|(L H)⁴|Glass，參考波長 0.51μm，入射角 0 度。

膜厚優化

　　依規格安排膜層，使用公式輸入方式建立膜層安排；回設計視窗，點按 **[Edit/ Formula]**，其中高折射率材料為 ZrO_2。

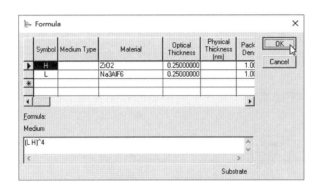

目標值設定：目標值等於 0，操作數為等於。

Wavelength (nm)	Operator	Required Value	Type
400.00	=	0.000000	Reflectance (%)
425.00	=	0.000000	Reflectance (%)
450.00	=	0.000000	Reflectance (%)
475.00	=	0.000000	Reflectance (%)
500.00	=	0.000000	Reflectance (%)
525.00	=	0.000000	Reflectance (%)
550.00	=	0.000000	Reflectance (%)
575.00	=	0.000000	Reflectance (%)
600.00	=	0.000000	Reflectance (%)
625.00	=	0.000000	Reflectance (%)
650.00	=	0.000000	Reflectance (%)
675.00	=	0.000000	Reflectance (%)
700.00	=	0.000000	Reflectance (%)

優化方法：點按 **[Parameters/Refinement/Simplex...]** 或工具列圖示 。

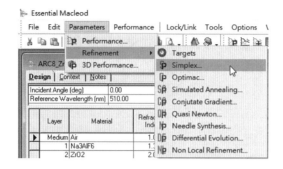

優化結果：膜層中不是接近半波厚，就是等於 0 的膜厚，以致於光譜效果不佳。

	Layer	Material	Refractive Index	Extinction Coefficient	Optical Thickness (FWOT)	Physical Thickness (nm)
▶	Medium	Air	1.00000	0.00000		
	1	Na3AlF6	1.35000	0.00000	0.23371114	88.29
	2	ZrO2	2.06577	0.00004	0.45634506	112.66
	3	Na3AlF6	1.35000	0.00000	0.45174832	170.66
	4	ZrO2	2.06577	0.00004	0.41130148	101.54
	5	Na3AlF6	1.35000	0.00000	0.00000005	0.00
	6	ZrO2	2.06577	0.00004	0.05121774	12.64
	7	Na3AlF6	1.35000	0.00000	0.47230039	178.42
	8	ZrO2	2.06577	0.00004	0.48150757	118.88
	Substrate	Glass	1.52083	0.00000		
					2.55813175	783.10

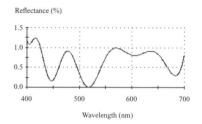

編號 1～8 膜層的膜厚更改為 0.125。

	Layer	Material	Refractive Index	Extinction Coefficient	Optical Thickness (FWOT)	Physical Thickness (nm)
	Medium	Air	1.00000	0.00000		
	1	Na3AlF6	1.35000	0.00000	0.27624603	104.36
	2	ZrO2	2.06577	0.00004	0.18021138	44.49
	3	Na3AlF6	1.35000	0.00000	0.04982413	18.82
	4	ZrO2	2.06577	0.00004	0.23248334	57.40
	5	Na3AlF6	1.35000	0.00000	0.11920310	45.03
	6	ZrO2	2.06577	0.00004	0.08972659	22.15
	7	Na3AlF6	1.35000	0.00000	0.15870512	59.96
	8	ZrO2	2.06577	0.00004	0.02038478	5.03
▶	Substrate	Glass	1.52083	0.00000		
					1.12678448	357.24

優化結果：膜層中出現半波厚的安排，反射率在整個可見光區，除了 700nm 附近外，其餘皆小於 0.1%。

	Layer	Material	Refractive Index	Extinction Coefficient	Optical Thickness (FWOT)	Physical Thickness (nm)
	Medium	Air	1.00000	0.00000		
	1	Na3AlF6	1.35000	0.00000	0.25001028	94.45
	2	ZrO2	2.06577	0.00004	0.52183210	128.83
	3	Na3AlF6	1.35000	0.00000	0.13420175	50.70
	4	ZrO2	2.06577	0.00004	0.04013991	9.91
	5	Na3AlF6	1.35000	0.00000	0.36227543	136.86
	6	ZrO2	2.06577	0.00004	0.05733767	14.16
	7	Na3AlF6	1.35000	0.00000	0.15033182	56.79
▶	8	ZrO2	2.06577	0.00004	0.04936695	12.19
	Substrate	Glass	1.52083	0.00000		
					1.56549592	503.88

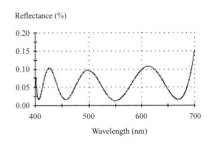

目標值設定：目標值等於 0.1，操作數為小於等於。

	Wavelength (nm)	Operator	Required Value	Target Tolerance	Type
	400.00	<=	0.100000	1.000000	Reflectance (%)
	425.00	<=	0.100000	1.000000	Reflectance (%)
	437.50	<=	0.100000	1.000000	Reflectance (%)
	450.00	<=	0.100000	1.000000	Reflectance (%)
	475.00	<=	0.100000	1.000000	Reflectance (%)
	500.00	<=	0.100000	1.000000	Reflectance (%)
	525.00	<=	0.100000	1.000000	Reflectance (%)
	550.00	<=	0.100000	1.000000	Reflectance (%)
	575.00	<=	0.100000	1.000000	Reflectance (%)
	600.00	<=	0.100000	1.000000	Reflectance (%)
	625.00	<=	0.100000	1.000000	Reflectance (%)
	650.00	=	0.100000	1.000000	Reflectance (%)
	675.00	<=	0.100000	1.000000	Reflectance (%)
▶	700.00	<=	0.100000	1.000000	Reflectance (%)
*					

優化結果：類似上述的膜層的安排，只是各膜層因應目標值設定而微調。

	Layer	Material	Refractive Index	Extinction Coefficient	Optical Thickness (FWOT)	Physical Thickness (nm)
	Medium	Air	1.00000	0.00000		
	1	Na3AlF6	1.35000	0.00000	0.25113632	94.87
	2	ZrO2	2.06577	0.00004	0.52013712	128.41
	3	Na3AlF6	1.35000	0.00000	0.13117147	49.55
	4	ZrO2	2.06577	0.00004	0.03815967	9.42
	5	Na3AlF6	1.35000	0.00000	0.37878452	143.10
▶	6	ZrO2	2.06577	0.00004	0.05847988	14.44
	7	Na3AlF6	1.35000	0.00000	0.14820837	55.99
	8	ZrO2	2.06577	0.00004	0.05149382	12.71
	Substrate	Glass	1.52083	0.00000		
					1.57757117	508.50

反射率光譜圖

　　由反射率光譜圖及其統計數據可知，全波段反射率皆小於 0.12%，平均反射率 0.0615%。

319

Reflectance (%)

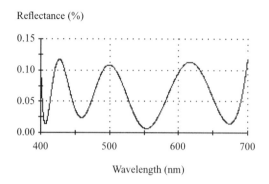

Wavelength (nm)

導納軌跡圖

導納軌跡依膜厚的大小呈現 8 個不同長短的線段，其中具有類似半波厚的圓圈軌跡，並且最後導納值為 1.0594，可知在參考波長處的反射率不等於 0。

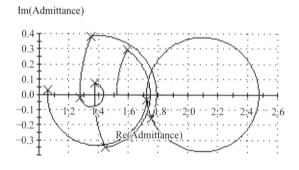

總結：_____。

六、問題與討論

1. 初始設計 **Air|(LH)³ L|Glass**，H 為高折射率材料 TiO_2，L 為低折射率材料 Na_3AlF_6，參考波長 0.51μm，入射角 0 度，使用 Simplex Parameters 法優化膜厚，找出可見光區最佳抗反射效果的膜層安排。

Layer	Packing Density	Material	Refractive Index	Extinction Coefficient	Optical Thickness (FWOT)	Physical Thickness (nm)
Medium		Air	1.00000	0.00000		
1	1.00000	Na3AlF6	1.35000	0.00000	0.28296941	106.90
2	1.00000	TiO2	2.34867	0.00037	0.11861781	25.76
3	1.00000	Na3AlF6	1.35000	0.00000	0.08059812	30.45
4	1.00000	TiO2	2.34867	0.00037	0.17043266	37.01
5	1.00000	Na3AlF6	1.35000	0.00000	0.09694641	36.62
6	1.00000	TiO2	2.34867	0.00037	0.07284372	15.82
7	1.00000	Na3AlF6	1.35000	0.00000	0.02105075	7.95
Substrate		Glass	1.52083	0.00000		
					0.84345888	260.51

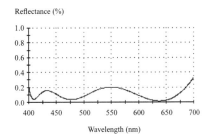

優化過程中，靠近基板端的低折射率膜層會傾向膜厚等於零，這意味著如此 7 層的膜層安排可以由6層膜層安排取代；甚至會產生 1～2 層膜厚等於 0 的現象，此時須重新輸入 $0.125\lambda_0$ 後再啟動模擬優化。上列輸出結果是整個可見光區皆設定目標值等於 0，以小於等於方式設定目標值是否可得更佳光譜效果，留做比較分析。

2. 續第一題，優化折射率，找出可見光區最佳抗反射效果的膜層安排，使用 Optimac Parameters 優化法。

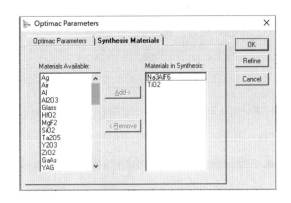

從左邊可供使用材料欄位中，點選欲合成於膜系設計的材料，按 Add -> 新增至右邊欄位；由此模擬動作可知，Optimac Parameters 優化法會增加膜層數。

Layer	Packing Density	Material	Refractive Index	Extinction Coefficient	Optical Thickness (FWOT)	Physical Thickness (nm)
Medium		Air	1.00000	0.00000		
1	1.00000	Na3AlF6	1.35000	0.00000	0.28434973	107.42
2	1.00000	TiO2	2.34867	0.00037	0.12154263	26.39
3	1.00000	Na3AlF6	1.35000	0.00000	0.08093124	30.57
4	1.00000	TiO2	2.34867	0.00037	0.18062195	39.22
5	1.00000	Na3AlF6	1.35000	0.00000	0.11232771	42.43
6	1.00000	TiO2	2.34867	0.00037	0.09318949	20.24
7	1.00000	Na3AlF6	1.35000	0.00000	0.18245183	68.93
8	1.00000	TiO2	2.34867	0.00037	0.04310629	9.36
9	1.00000	Na3AlF6	1.35000	0.00000	0.09957576	37.62
Substrate		Glass	1.52083	0.00000		
					1.19809663	382.18

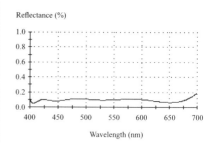

此優化法會依照目標值設定，自行新增膜層數，以符合最佳光譜特性需求；以原始 7 層膜層設計，第一次實施優化即可變更設計為 9 層膜層安排，其光譜效果滿足可見光區全波段反射率皆小於 0.2% 的要求。

3. 續第一題，改用 Simulated Annealing Parameters 優化法。

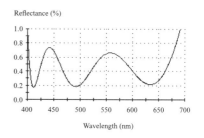

Layer	Packing Density	Material	Refractive Index	Extinction Coefficient	Optical Thickness (FWOT)	Physical Thickness (nm)
Medium		Air	1.00000	0.00000		
1	1.00000	Na3AlF6	1.35000	0.00000	0.34619956	130.79
2	1.00000	TiO2	2.34867	0.00037	0.03888537	8.44
3	1.00000	Na3AlF6	1.35000	0.00000	0.65222901	246.40
4	1.00000	TiO2	2.34867	0.00037	0.05799023	12.59
5	1.00000	Na3AlF6	1.35000	0.00000	0.15167838	57.30
6	1.00000	TiO2	2.34867	0.00037	0.05087757	11.05
Substrate		Glass	1.52083	0.00000		
					1.29786012	466.57

此優化法會依照目標值設定，自行減少膜層數，以符合最佳光譜特性需求；以原始 7 層膜層設計，第三次實施優化後即可變更設計為 6 層膜層安排，其光譜效果滿足可見光區全波段反射率幾乎小於 1% 的要求。

Layer	Packing Density	Material	Refractive Index	Extinction Coefficient	Optical Thickness (FWOT)	Physical Thickness (nm)
Medium		Air	1.00000	0.00000		
1	1.00000	Na3AlF6	1.35000	0.00000	0.28663480	108.28
2	1.00000	TiO2	2.34867	0.00037	0.11180587	24.28
3	1.00000	Na3AlF6	1.35000	0.00000	0.08543691	32.28
4	1.00000	TiO2	2.34867	0.00037	0.15900467	34.53
5	1.00000	Na3AlF6	1.35000	0.00000	0.10088960	38.11
6	1.00000	TiO2	2.34867	0.00037	0.06312828	13.71
Substrate		Glass	1.52083	0.00000		
					0.80690014	251.19

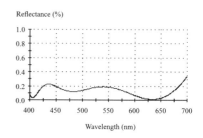

上述 6 層膜層安排之編號 3 的低折射率膜厚大 $0.5\lambda_0$，故須重新輸入 $0.125\lambda_0$ 後再啓動模擬優化；這就是膜層減厚的處理原則，結果輸出爲可見光區全波段反射率幾乎小於 0.3%。

4. 續第一題，改用 Conjugate Gradient Parameters 優化法。

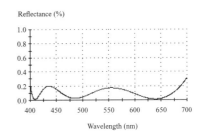

Layer	Packing Density	Material	Refractive Index	Extinction Coefficient	Optical Thickness (FWOT)	Physical Thickness (nm)
Medium		Air	1.00000	0.00000		
1	1.00000	Na3AlF6	1.35000	0.00000	0.28082292	106.09
2	1.00000	TiO2	2.34867	0.00037	0.12208627	26.51
3	1.00000	Na3AlF6	1.35000	0.00000	0.07530465	28.45
4	1.00000	TiO2	2.34867	0.00037	0.18123199	39.35
5	1.00000	Na3AlF6	1.35000	0.00000	0.09299045	35.13
6	1.00000	TiO2	2.34867	0.00037	0.07192117	15.62
7	1.00000	Na3AlF6	1.35000	0.00000	0.00000000	0.00
Substrate		Glass	1.52083	0.00000		
					0.82435744	251.15

原始 7 層膜層設計，此優化法會依照目標值設定，自行減少膜層數爲 6 層膜層安排，其光譜效果滿足可見光區全波段反射率小於 0.3% 的要求。

5. 續第一題，改用 Quasi Newton Parameters 優化法。

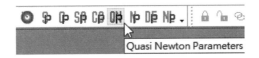

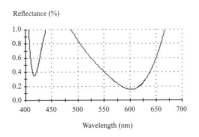

Layer	Packing Density	Material	Refractive Index	Extinction Coefficient	Optical Thickness (FWOT)	Physical Thickness (nm)
Medium		Air	1.00000	0.00000		
1	1.00000	Na3AlF6	1.35000	0.00000	0.24507205	92.58
2	1.00000	TiO2	2.34867	0.00037	0.52028181	112.98
3	1.00000	Na3AlF6	1.35000	0.00000	0.09115437	34.44
4	1.00000	TiO2	2.34867	0.00037	0.06181894	13.42
5	1.00000	Na3AlF6	1.35000	0.00000	0.00000000	0.00
6	1.00000	TiO2	2.34867	0.00037	0.01547788	3.36
7	1.00000	Na3AlF6	1.35000	0.00000	0.13659825	51.60
Substrate		Glass	1.52083	0.00000		
					1.07040331	308.38

依照膜層減厚的處理原則，編號 3 與編號 5 膜層重新輸入 $0.125\lambda_0$ 後再啓動模擬

優化，經過幾次優化動作，結果輸出為可見光區全波段反射率幾乎小於 0.3%。

Layer	Packing Density	Material	Refractive Index	Extinction Coefficient	Optical Thickness (FWOT)	Physical Thickness (nm)
Medium		Air	1.00000	0.00000		
1	1.00000	Na3AlF6	1.35000	0.00000	0.29070390	109.82
2	1.00000	TiO2	2.34867	0.00037	0.11493451	24.96
3	1.00000	Na3AlF6	1.35000	0.00000	0.09263525	35.00
4	1.00000	TiO2	2.34867	0.00037	0.15366886	33.37
5	1.00000	Na3AlF6	1.35000	0.00000	0.11626314	43.92
6	1.00000	TiO2	2.34867	0.00037	0.07437742	16.15
7	1.00000	Na3AlF6	1.35000	0.00000	0.06764807	25.56
Substrate		Glass	1.52083	0.00000		
					0.91023115	288.77

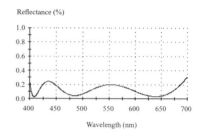

6. 續第一題，改用 Needle Synthesis Parameters 優化法。

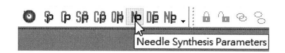

合成週期數更改為 2，並依實際模擬需要增加。

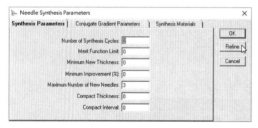
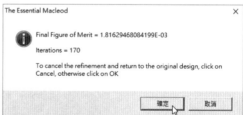

此優化法會依照目標值設定，自行於膜層之間插入如針狀膜厚的測試膜層，合成週期數執行完畢後輸出模擬，結果膜層為 16 層設計，其光譜效果滿足可見光區全波段反射率小於 0.1% 的要求。

Layer	Packing Density	Material	Refractive Index	Extinction Coefficient	Optical Thickness (FWOT)	Physical Thickness (nm)
Medium		Air	1.00000	0.00000		
1	1.00000	Na3AlF6	1.35000	0.00000	0.25751117	97.28
2	1.00000	TiO2	2.34867	0.00037	0.11391023	24.73
3	1.00000	Na3AlF6	1.35000	0.00000	0.03498003	13.21
4	1.00000	TiO2	2.34867	0.00037	0.39464583	85.69
5	1.00000	Na3AlF6	1.35000	0.00000	0.01720933	6.50
6	1.00000	TiO2	2.34867	0.00037	0.59901326	130.07
7	1.00000	Na3AlF6	1.35000	0.00000	0.07617813	28.78
8	1.00000	TiO2	2.34867	0.00037	0.05465245	11.87
9	1.00000	Na3AlF6	1.35000	0.00000	0.41646643	157.33
10	1.00000	TiO2	2.34867	0.00037	0.07887588	17.13
11	1.00000	Na3AlF6	1.35000	0.00000	0.06415785	24.24
12	1.00000	TiO2	2.34867	0.00037	1.05200446	228.44
13	1.00000	Na3AlF6	1.35000	0.00000	0.04610972	17.42
14	1.00000	TiO2	2.34867	0.00037	0.12890641	27.97
15	1.00000	Na3AlF6	1.35000	0.00000	0.10477665	39.58
16	1.00000	TiO2	2.34867	0.00037	0.04626092	10.05
Substrate		Glass	1.52083	0.00000		
					3.48555876	920.30

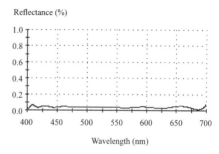

由導納軌跡圖可知，其中有 3 個圓圈或近似圓圈的半波厚膜層。

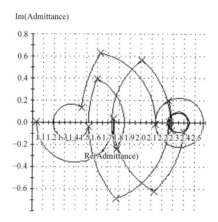

依照膜層減厚的處理原則，將編號 6、9、12 膜層重新輸入 $0.125\lambda_0$ 後再啟動模擬優化，選按 Simplex Parameters 優化法，結果同樣輸出為可見光區全波段反射率小於 0.1%。

Layer	Packing Density	Material	Refractive Index	Extinction Coefficient	Optical Thickness (FWOT)	Physical Thickness (nm)
Medium		Air	1.00000	0.00000		
1	1.00000	Na3AlF6	1.35000	0.00000	0.25429028	96.07
2	1.00000	TiO2	2.34867	0.00037	0.12750149	27.69
3	1.00000	Na3AlF6	1.35000	0.00000	0.03663143	13.84
4	1.00000	TiO2	2.34867	0.00037	0.22903211	49.73
5	1.00000	Na3AlF6	1.35000	0.00000	0.04530137	17.11
6	1.00000	TiO2	2.34867	0.00037	0.08387717	18.21
7	1.00000	Na3AlF6	1.35000	0.00000	0.13028751	49.22
8	1.00000	TiO2	2.34867	0.00037	0.04956489	10.76
9	1.00000	Na3AlF6	1.35000	0.00000	0.15899685	60.07
10	1.00000	TiO2	2.34867	0.00037	0.07495898	16.28
11	1.00000	Na3AlF6	1.35000	0.00000	0.06592299	24.90
12	1.00000	TiO2	2.34867	0.00037	0.18743908	40.70
13	1.00000	Na3AlF6	1.35000	0.00000	0.03020392	11.41
14	1.00000	TiO2	2.34867	0.00037	0.20702638	44.95
15	1.00000	Na3AlF6	1.35000	0.00000	0.08137317	30.74
16	1.00000	TiO2	2.34867	0.00037	0.06852732	14.88
Substrate		Glass	1.52083	0.00000		
					1.83093494	526.57

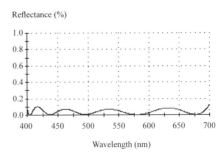

7. 幾乎不反射光的光學薄膜鍍膜，使用高折射率材料為 TiO_2 折射率漸變 3 層，低折射率材料為 Na_3AlF_6 折射率漸變 2 層，其光譜效果為何？[5]

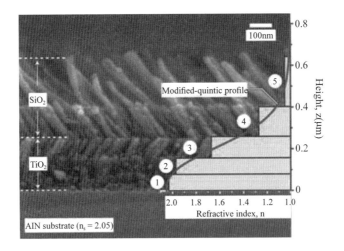

七、關鍵字

1. 評價函數。

2. 膜厚優化。

3. 折射率優化。

4. 折射率漸變膜層。

5. 多層抗反射膜優化設計。

八、學習資源

1. http://sparc.nfu.edu.tw/～reed/camera99/0530.pdf
   光學鏡頭是以電子槍蒸鍍技術實作六層抗反射膜設計。

2. chur.chu.edu.tw/bitstream/987654321/42999/1/100CHPI5442027-001.pdf
   The Performance of Solar Selective Thin Film Prepared by Plasma Sputtering.

3. http://www.jim.org.cn/fileup/PDF/20160405.pdf
   疏水耐環境型 $SiO_2/TiO_2/SiO_2\text{-}TiO_2$ 太陽能寬光譜增透膜的製備及性能。

4. http://handle.ncl.edu.tw/11296/ndltd/64881741295486112810
   抗反射膜和高反射膜的模擬與優化。

5. https://read01.com/Dn6Ozj.html
   關於手機鏡頭光學鍍膜 know how 的應用。

九、參考資料

1. 薄膜光學與鍍膜技術（第 8 版），李正中，藝軒圖書。
2. 薄膜光學概論，葉倍宏，全華圖書。
3. http://www.digitalversus.com/tablet-accessories/ces-2014-glass-maker-corning-shows-off-antireflective-finish-n32648.html。
4. http://www.nitto.com/tw/zht/products/group/optical/structure/008/。
5. http://spie.org/newsroom/0754-thin-film-coatings-that-reflect-virtually-no-light。

實習 9

CHAPTER ▶ ▶ ▶

高反射率鍍膜

一、實習目的

配合使用 Essential Macleod 光學薄膜設計模擬軟體，分析討論高反射率鍍膜 $(HL)^mH$，$(LH)^mL$，$(\frac{L}{2} H \frac{L}{2})^m$，$(\frac{H}{2} L \frac{H}{2})^m$ 膜堆組合的光譜特性。

實習流程：

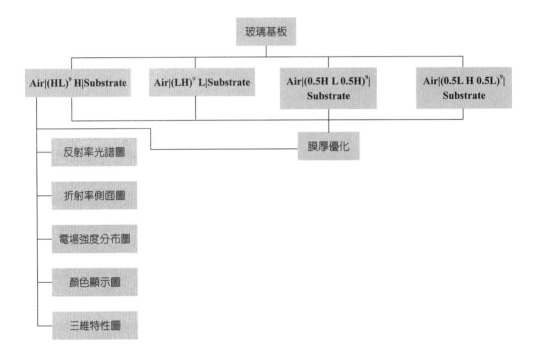

二、實習軟體

Essential Macleod 光學薄膜設計模擬軟體。

三、應用實例

（一）介質高反射率鍍膜：雷射鏡片

OCJ 提供用於 CO_2 激光、YAG 激光、準分子激光，和光纖激光的激光加工的優化濾光片。過濾器顯示高激光損傷閾值，可用於精確和穩定的加工（切割、鑽

孔、雕刻、焊接、標記、消融）[3]。

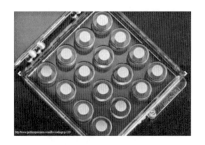

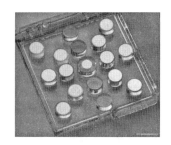

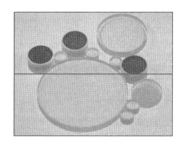

（二）氦氖氣體雷射鏡片

包括綠光（543nm），紅光（633nm）。美國 CVI Melles Griot 公司是世界上最大的氦氖（HeNe）雷射器生產廠商，提供紅光（632.8nm）、綠光（543.5nm）、黃光（594.1nm）、橘光（611.9nm）等多種波長的 HeNe 雷射；氦氖雷射模組功率範圍涵蓋 0.5～35mW，同時提供高穩頻雷射（632.8nm），可達 1MHz 線寬[4]。

雷射模態：TEM00	雷射擴散角：0.79～1.77mrad
線性偏振 or 非線性偏振	功率範圍：0.5～35mW
輸入電壓：100Vac、115Vac、230Vac	

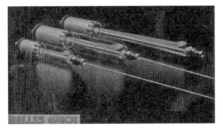

（三）James Webb Space Telescope

　　詹姆斯·韋伯太空望遠鏡是紅外線太空望遠鏡，原規劃於 2011 年發射升空，但因項目超支等原因，故發射時間改期為 2018 年；這是歐洲太空總署和美國國家航空暨太空總署的共用計畫，也是哈伯太空望遠鏡和史匹哲太空望遠鏡的後繼計畫[5]。

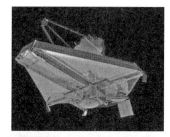

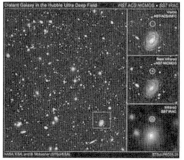

（四）環形雷射陀螺儀（Ring Laser Gyroscope）

使用紅光（633nm）氦氖氣體雷射。傳感陀螺儀用於飛行體運動的自動控制系統中，作為水平、垂直、俯仰、航向和角速度傳感器。指示陀螺儀主要用於飛行狀態的指示，作為駕駛和領航儀表使用。

中國實現高精度雷射陀螺儀量產：中國在雷射陀螺儀研發領域非常相當高的水平，在民用領域已取得相當的技術水平，軍事領域卻在最高端的領域受阻，直到 2014 年，中國才宣布已成為世界上第四個具備研製與製造軍用級雷射陀螺能力的國家，

實際突破的時間可能更早[6]。

目前反射率 R = 99.9923%，損耗 Loss = 67.5ppm 的光學薄膜元件已經成功應用[7]。

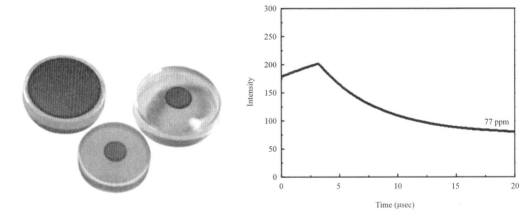

Measured by Cavity Ring Down Method, Loss = 9.5ppm
(Reflectance 99.9923%, Transmittance 67.5 ppm)

（五）太陽眼鏡

根據臺灣檢驗局 CNS15067 的標準，太陽眼鏡濾鏡分類可分為 0～4 類，光學等級有 2 級。

濾鏡分類 0：光照穿透率 80～100%。

濾鏡分類 1：光照穿透率 43～80%。

濾鏡分類 2：光照穿透率 18～43%。

濾鏡分類 3：光照穿透率 8～18%。

濾鏡分類 4：光照穿透率 3～8%。

許多人不知道，戴太陽眼鏡不僅僅是因爲陽光刺眼或防沙塵，更多的因素是爲了阻擋可怕的「紫外線」。眼睛長期暴露於紫外線下，會導致吸收紫外線的角膜灼傷，以及水晶體老化，提早罹患白內障或黃斑部病變。看似危言聳聽，但其實紫外線對人體傷害著實不小，所以才會呼籲大家從事戶外活動，墨鏡不能少 [8]！

現在太陽眼鏡鏡片皆標榜可抗 UV，但如果沒有選對品質，使用不具抗紫外線功能的深色鏡片，會讓眼睛的瞳孔放大，反而容易吸收更多紫外線，造成眼睛灼傷。因此，好的鏡片品質，比起好看卻來路不明的鏡片更重要。

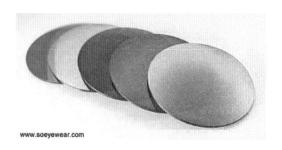

www.soeyewear.com

（六）雪鏡

在漫天大雪烏雲密布的天氣，或是萬里無雲陽光刺眼的天氣，對視線都會造成很大的影響。因此鏡片也設計成許多種顏色用於不同的用途，有的可能跟衣著十分速配，但重要的是每種顏色的鏡片可以過濾掉的光線有所不同，在特定天氣和光線之下給予適當的保護及視野。雪鏡中測量光線可以通過的單位稱做是 VLT（Visible Light Transmission），VLT 分為 0～100% 表達光線通過的程度 [9]。

有些鏡片在低光量時適合配戴，像是在下大雪、起霧時等等，這些鏡片會有較高的 VLT。這類低光量的鏡片顏色通常有黃色、玫瑰紅、藍色等，VLT 約在 60～90% 之間，其他的則在強光時表現較良好。這時候需要讓較少的光線通過，顏色多為暗色系，如：黑色、灰色和金色等，VLT 約在 5～20%。當然 VLT 介於中間的適合各式各樣的狀況，在雪山上一天可能歷經多次天氣變化，都能夠適用。高 VLT 和低 VLT 則是在特殊狀況使用居多。每間製造商都有各式各樣 VLT 的雪鏡設計，選擇也相當的多，當然也有夜間滑行用的鏡片等。

四、基本理論

由 **1/4 波厚高、低折射率交替層**所組成的膜堆，在參考波長 λ_0 附近會顯現高反射特性，這是因爲從各界面反射到前端入射面的光束**同相**，因而造成反射光作建設性組合所致，由此可將**高反射率鍍膜**的基本型式分成下列 4 種：

1. $n_0 \mid (HL)^m \mid n_s$ $Y = \left(\dfrac{n_H}{n_L}\right)^{2m} n_s$	2. $n_0 \mid (HL)^m H \mid n_s$ $Y = \left(\dfrac{n_H}{n_L}\right)^{2m} \dfrac{(n_H)^2}{n_s}$
3. $n_0 \mid (LH)^m \mid n_s$ $Y = \left(\dfrac{n_L}{n_H}\right)^{2m} n_s$	4. $n_0 \mid (LH)^m L \mid n_s$ $Y = \left(\dfrac{n_L}{n_H}\right)^{2m} \dfrac{n_L^2}{n_s}$

其中 H：1/4 波厚高折射率膜層，L：1/4 波厚低折射率膜層，m：HL 或 LH 膜堆的重複次數，Y：導納值。

垂直入射時，由導納值計算反射率：

$$R = \left(\frac{\eta_0 - Y}{\eta_0 + Y}\right)^2$$

可見鍍膜層數越多，不但上述基本型式的反射率越高，而且各反射率值也越接近。不過，對已知層數而言，只有**外層是高折射率層的鍍膜才會有最高反射率**。

（一）基本特性

典型 1/4 波長膜堆的高反射膜，有以下的特性（舉第 2 型鍍膜 $1 \mid (HL)^m H \mid 1.52$ 爲例）：

1. 在參考波長 λ_0 附近的反射率與膜層數成正比，並且膜層數越多，高反射率區域越明顯：選用 $n_H = 2.45$（TiO_2），$n_L = 1.45$（SiO_2），m = 1~4 的高反射鍍膜光譜圖，如下圖所示：

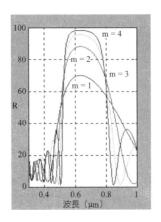

2. 在高反射率區域以外的反射率是振盪函數，其值大小因層數不同而有所增減（參考上圖）。

3. 高反射率區域的寬度主要與**折射率比例** n_H/n_L 有關，比例越大，寬度越寬（以 m = 5 的 11 層鍍膜為例，n_L 分別改成 1.35 和 1.7 的效果），如下圖所示：

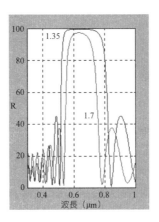

4. 隨著膜層數的增加，高反射區的反射率將逐漸趨近於 1，如下圖所示為 19 層高反射率鍍膜的光譜圖，n_H = 2.35，n_L = 1.38，其膜層設計為 **1|(HL)^{9}H|1.52**。

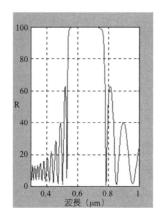

由反射率光譜圖可以清楚看出，高反射區相當明顯且反射率等於 1；然而，高反射區需要反射率 R = 1 並不一定要鍍上 19 層，其實膜層只要超過 15 層，反射率就等於 1 了，不管最後一層是高折射率或低折射率膜層。同理，由下圖顯示的**反射係數圖**，一樣可以了解上述所說明的現象。由圖可以看出，12 層鍍膜以後的係數已經不易分辨。

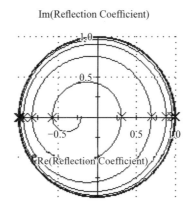

Im(Reflection Coefficient)

Re(Reflection Coefficient)

4. $g = \lambda_0/\lambda = 0$ 與高反射區邊緣的極大值或極小值數目等於 m，例如：

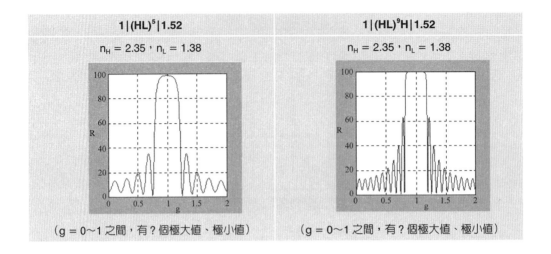

<table>
<tr><td align="center">1｜(HL)⁵｜1.52</td><td align="center">1｜(HL)⁹H｜1.52</td></tr>
</table>

$1｜(HL)^5｜1.52$	$1｜(HL)^9H｜1.52$
$n_H = 2.35$，$n_L = 1.38$	$n_H = 2.35$，$n_L = 1.38$
（g＝0～1之間，有？個極大值、極小值）	（g＝0～1之間，有？個極大值、極小值）

以上所說明的情況，並不能適用於所有型式的高反射率鍍膜，例如，另一型高反射率鍍膜

$$1｜(HL)^m｜1.52$$

其中 m＝5，此鍍膜的極值個數只有（m－1）＝4 個，如下圖所示，即可充分說明這項事實。

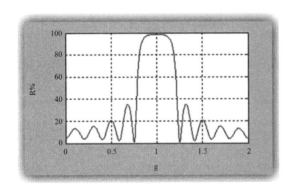

（二）高反射率區寬度

定義高反射率區中心 g＝1 到其邊緣的距離為 Δg，則 Δg 可以表示為

$$\Delta g = \frac{2}{\pi} \sin^{-1} \left| \frac{1 - \dfrac{n_H}{n_L}}{1 + \dfrac{n_H}{n_L}} \right|$$

由於高反射率區對稱於 $g = 1$，因此，高反射率區的寬度等於 $2 \Delta g$（參考下圖）。

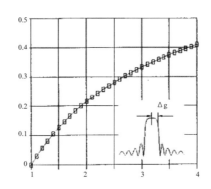

理論上，無限制提高 $n_H : n_L$ 比值即可得到無限寬廣的高反射率區。然而，事實是，在可見光區 $n_H : n_L$ 比值很難超過 2，縱使是使用近紅外光區高折射率的半導體材料，$n_H : n_L$ 比值也頂多是接近 3.65 而已。換言之，高反射率鍍膜的高反射率區寬度是受限的。

（三）對稱膜堆對高反射率區的影響

前述有關高反射率區特性的討論，都是針對 **HL** 膜堆型式的鍍膜，這種型式的膜堆沒有對稱性，很難以簡易的數學表示式來描述它的光學特性。

但是，以**對稱膜堆**而言，例如 **HLH**、$\dfrac{L}{2} H \dfrac{L}{2}$ 或 $\dfrac{H}{2} L \dfrac{H}{2}$ 的膜堆組合，則可假想存在一等效膜層，它的等效折射率與等效相厚度就是膜堆組合所表現出的折射率與相厚度，意即整個膜堆組合的光譜特性只需要一個等效特徵矩陣就可以涵蓋了。這種觀念稱為**赫平定理**（Herpin Theory），此定理對光學濾波器：長波通濾波器、短波通濾波器、帶通濾波器的設計應用特別有用，其相關主題的討論詳如後述，在此只做輸出結果的了解與比較。鍍膜設計為 $1 | (\dfrac{L}{2} H \dfrac{L}{2})^5 | n_s$，基板 n_s 分別

等於 1、1.52，參考波長 $\lambda_0 = 1000nm$，其反射率光譜圖依序如下所示：

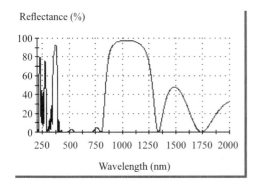

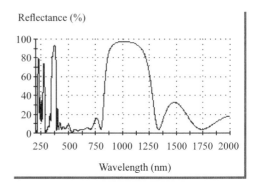

由圖可知，對稱性膜堆組合的鍍膜有類似 $\lambda_0/4$ 膜堆型式鍍膜的特性，只是最主要的不同在高反射率區之間的透射率，尤其是入射介質與基板的折射率相同時，透射帶更是格外的平坦。

五、模擬步驟

高反射率膜層安排 **Air|(HL)^9 H|Glass**，參考波長 510nm，入射角 0 度，高折射率材料 TiO_2，低折射率材料 Na_3AlF_6；滑鼠雙按 圖示，打開 Essential Macleod 模擬軟體，點按功能表 **[File/New/Design]**，產生一個新的設計，或點按工具列圖示 。

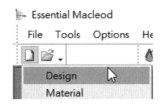

點按功能表 **[Edit/Formula]**，產生一個使用薄膜公式的膜層安排。

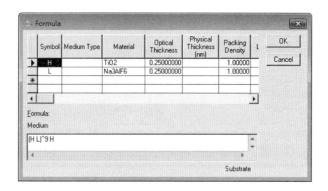

^9 代表 9 個週期，意即 2×9 + 1 為 19 層的鍍膜設計。

	Layer	Material	Refractive Index	Extinction Coefficient	Optical Thickness (FWOT)	Physical Thickness (nm)
Medium		Air	1.00000	0.00000		
	1	TiO2	2.34867	0.00037	0.25000000	54.29
	2	Na3AlF6	1.35000	0.00000	0.25000000	94.44
	3	TiO2	2.34867	0.00037	0.25000000	54.29
	4	Na3AlF6	1.35000	0.00000	0.25000000	94.44
	5	TiO2	2.34867	0.00037	0.25000000	54.29
	6	Na3AlF6	1.35000	0.00000	0.25000000	94.44
	7	TiO2	2.34867	0.00037	0.25000000	54.29
	8	Na3AlF6	1.35000	0.00000	0.25000000	94.44
	9	TiO2	2.34867	0.00037	0.25000000	54.29
	10	Na3AlF6	1.35000	0.00000	0.25000000	94.44
	11	TiO2	2.34867	0.00037	0.25000000	54.29
	12	Na3AlF6	1.35000	0.00000	0.25000000	94.44
	13	TiO2	2.34867	0.00037	0.25000000	54.29
	14	Na3AlF6	1.35000	0.00000	0.25000000	94.44
	15	TiO2	2.34867	0.00037	0.25000000	54.29
	16	Na3AlF6	1.35000	0.00000	0.25000000	94.44
	17	TiO2	2.34867	0.00037	0.25000000	54.29
	18	Na3AlF6	1.35000	0.00000	0.25000000	94.44
	19	TiO2	2.34867	0.00037	0.25000000	54.29
Substrate		Glass	1.52083	0.00000		
					4.75000000	1392.86

光譜特性設定，勾選自動刻度，按 Plot 。

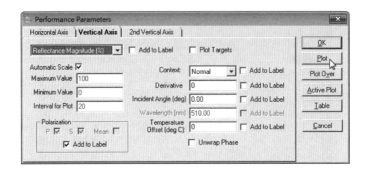

反射率光譜圖

點按 **[Performance/Plot]**，或工具列圖示 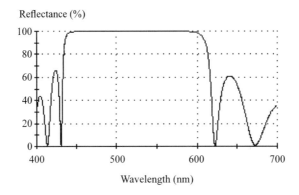 。

由光譜圖得知，以參考波長 510nm 為中心，形成一高反射波段區域，中心點反射率為 99.931%（統計計算數值如下圖所示）。

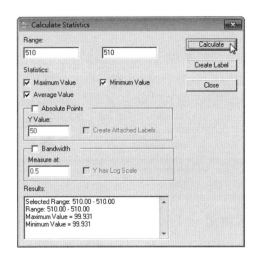

顯示高反射率鍍膜設計的波長、入射角複合圖表,先點按工具列圖示 檢視各設定,再點按圖示 。

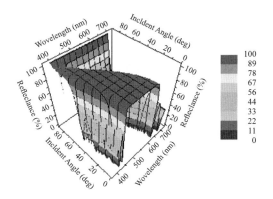

由三維光譜圖得知,以參考波長 510nm 為中心,形成一高反射波段,隨著入射角增加,逐漸往短波長區域移動,並且高反射區域範圍縮小;此三維光譜圖可以轉換為二維輪廓圖,滑鼠於圖表區域中點按右鍵,選按 Contour Plot。

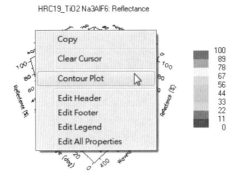

由二維輪廓圖更加容易得知，以參考波長 510nm 為中心所形成的高反射波段區域，將隨著入射角增加，逐漸往短波長區域移動，並且高反射區域範圍縮小。

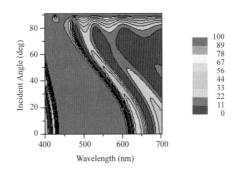

電場強度分布圖

顯示高反射率鍍膜設計的電場強度分布圖，點按功能表 **[Tools/Analysis/Electric Field....]**。

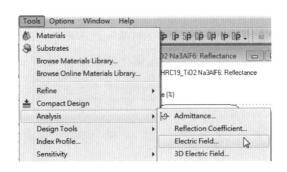

參數設定視窗中，勾選如下所示之選項。

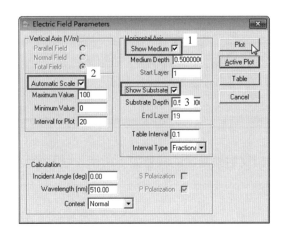

由此特性圖得知，光從左邊的入射介質（空氣）入射，電場強度最大，隨著光入射到膜層中，電場強度逐漸變小，直到第 9 個週期膜層為止，其中電場強度的峰值皆位於高、低折射率膜層之間的界面上。

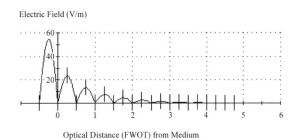

顏色顯示圖

顯示高反射率鍍膜設計的顏色顯示圖，點按工具列圖示 🔘，設定如下圖框線所示：

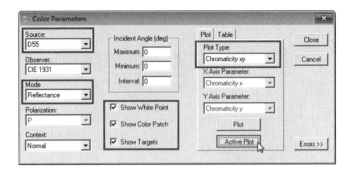

使用 D65 為光源，輸出反射率光譜的顏色如下所示：（模擬後自行檢視顏色）

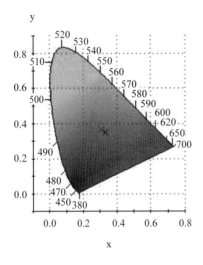

折射率側面圖

點按工能表 **[Tools/Index Profile]**，參數檢視與設定後，點按 Plot 。

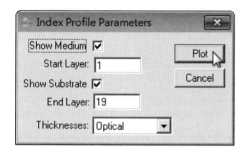

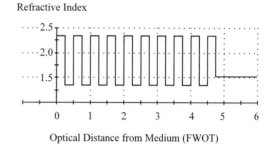

Refractive Index

Optical Distance from Medium (FWOT)

1. 膜厚優化

點按工具列圖示 ⊙，確認預設優化目標值：設定高反射率波段為 450～625nm，運算子為等號（=），需求目標值為 100，型態為反射率，其餘參數維持預設值。

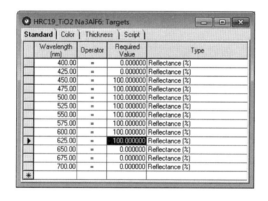

或者使用連續波長設定方式，滑鼠先點按目標值設定視窗，後選按功能表 **[Edit/ Generate...]**。

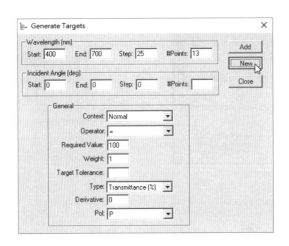

依序鍵入起始、終止、間距波長數據，按 New 建立；回設計視窗，點按功能表
[Tools/Refine/Simplex]，或工具列圖示 ，確認是勾選 Refine Thicknesses 後，按
Refine 。

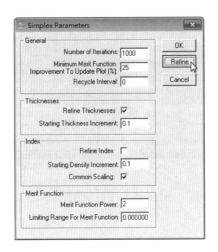

反射率光譜圖

初步優化效果不佳，這是因為目標值設定的間距太大所致。

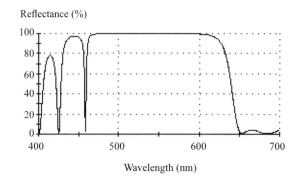

Reflectance (%)

Wavelength (nm)

新增設定目標值：欲在兩波長之間新增一中間值波長，以滑鼠點按前一波長之任一欄位後，按 Enter 方式新增。

	Wavelength [nm]	Operator	Required Value	Type
	400.00	=	0.000000	Reflectance (%)
	412.50	=	0.000000	Reflectance (%)
	425.00	=	0.000000	Reflectance (%)
	437.50	=	0.000000	Reflectance (%)
	450.00	=	100.000000	Reflectance (%)
	462.50	=	100.000000	Reflectance (%)
	468.75	=	100.000000	Reflectance (%)
	475.00	=	100.000000	Reflectance (%)
	500.00	=	100.000000	Reflectance (%)
	525.00	=	100.000000	Reflectance (%)
	550.00	=	100.000000	Reflectance (%)
	575.00	=	100.000000	Reflectance (%)
	600.00	=	100.000000	Reflectance (%)
	625.00	=	100.000000	Reflectance (%)
	650.00	=	0.000000	Reflectance (%)
▶	662.50	=	0.000000	Reflectance (%)
	675.00	=	0.000000	Reflectance (%)
	700.00	=	0.000000	Reflectance (%)
*				

同樣使用 Simplex Parameter 優化法，結果：

Layer	Material	Refractive Index	Extinction Coefficient	Optical Thickness (FWOT)	Physical Thickness (nm)
Medium	Air	1.00000	0.00000		
1	TiO2	2.34867	0.00037	0.39240410	85.21
2	Na3AlF6	1.35000	0.00000	0.09463381	35.77
3	TiO2	2.34867	0.00037	0.27996914	60.79
4	Na3AlF6	1.35000	0.00000	0.27524915	103.98
5	TiO2	2.34867	0.00037	0.25161354	54.64
6	Na3AlF6	1.35000	0.00000	0.27005248	102.02
7	TiO2	2.34867	0.00037	0.24884799	54.04
8	Na3AlF6	1.35000	0.00000	0.26761443	101.10
9	TiO2	2.34867	0.00037	0.24756642	53.76
10	Na3AlF6	1.35000	0.00000	0.26750974	101.06
11	TiO2	2.34867	0.00037	0.24710136	53.66
12	Na3AlF6	1.35000	0.00000	0.26701434	100.87
13	TiO2	2.34867	0.00037	0.24786759	53.82
14	Na3AlF6	1.35000	0.00000	0.26839992	101.40
15	TiO2	2.34867	0.00037	0.24595179	53.41
16	Na3AlF6	1.35000	0.00000	0.32513356	122.83
17	TiO2	2.34867	0.00037	0.07589722	16.48
18	Na3AlF6	1.35000	0.00000	0.45048952	170.18
19	TiO2	2.34867	0.00037	0.08804152	19.12
Substrate	Glass	1.52083	0.00000		
				4.81141761	1444.13

Refractive Index

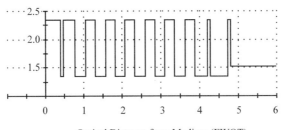

Optical Distance from Medium (FWOT)

反射率光譜圖

由光譜圖可知，高反射率區域左右兩邊的振盪波紋已經明顯平坦化。

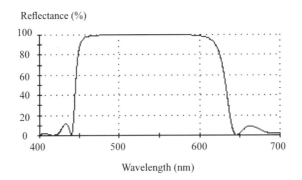

顯示高反射率鍍膜設計的波長、入射角複合圖表，先點按工具列圖示 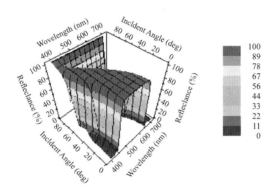 檢視各設定，再點按圖示 .。

由三維光譜圖得知，以參考波長 510nm 為中心，形成一高反射波段區域，隨著入射角增加，逐漸往短波長區域移動，並且高反射區域範圍縮小；以上特性如同上述未優化的設計，差別在於高反射率波段區域左右兩邊的振盪波紋已經平坦化。此三維光譜圖可以轉換為二維輪廓圖，滑鼠於圖表區域中點按右鍵，選按 Contour Plot。

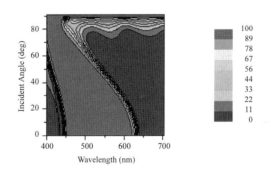

由二維輪廓圖更加容易看到，以參考波長 510nm 為中心所形成的高反射波段區域，將隨著入射角增加，逐漸往短波長區域移動，並且高反射區域範圍縮小，左右兩邊的振盪波紋亦已經平坦化。

電場強度分布圖

由此特性圖得知，電場強度分布特性類似未優化設計，差別在於靠近空氣端的

電場強度峰值不是位於高、低折射率膜層之間的界面上。

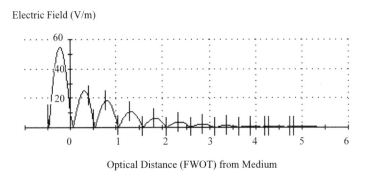

顏色顯示圖

顯示高反射率鍍膜優化設計的顏色顯示圖，點按工具列圖示 ，使用 D65 為光源，輸出反射率光譜的顏色如下所示：（模擬後自行檢視顏色）

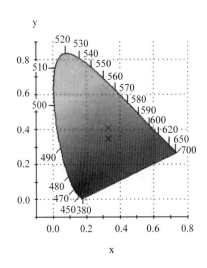

2. 選擇性膜層膜厚優化

恢復原始膜層設計：點按設計視窗→功能表 **[Edit/Formula]** → OK ，鎖定所有優化參數：點按功能表 **[Lock/Link/Lock All]**，或工具列圖示 。

直接點按編號 1～6 與 14～19 膜層之 Lock 欄位，切換為 No 選項，意即不鎖定。

Layer	Material	Refractive Index	Extinction Coefficient	Optical Thickness (FWOT)	Physical Thickness (nm)	Lock
Medium	Air	1.00000	0.00000			
1	TiO2	2.34867	0.00037	0.25000000	54.29	No
2	Na3AlF6	1.35000	0.00000	0.25000000	94.44	No
3	TiO2	2.34867	0.00037	0.25000000	54.29	No
4	Na3AlF6	1.35000	0.00000	0.25000000	94.44	No
5	TiO2	2.34867	0.00037	0.25000000	54.29	No
6	Na3AlF6	1.35000	0.00000	0.25000000	94.44	No
7	TiO2	2.34867	0.00037	0.25000000	54.29	d, n
8	Na3AlF6	1.35000	0.00000	0.25000000	94.44	d, n
9	TiO2	2.34867	0.00037	0.25000000	54.29	d, n
10	Na3AlF6	1.35000	0.00000	0.25000000	94.44	d, n
11	TiO2	2.34867	0.00037	0.25000000	54.29	d, n
12	Na3AlF6	1.35000	0.00000	0.25000000	94.44	d, n
13	TiO2	2.34867	0.00037	0.25000000	54.29	d, n
14	Na3AlF6	1.35000	0.00000	0.25000000	94.44	No
15	TiO2	2.34867	0.00037	0.25000000	54.29	No
16	Na3AlF6	1.35000	0.00000	0.25000000	94.44	No
17	TiO2	2.34867	0.00037	0.25000000	54.29	No
18	Na3AlF6	1.35000	0.00000	0.25000000	94.44	No
19	TiO2	2.34867	0.00037	0.25000000	54.29	No
Substrate	Glass	1.52083	0.00000			
				4.75000000	1392.86	

重複上述之 Simplex Parameter 優化方法，結果：由**反射率**光譜圖可知，高反射率
區域左右兩邊的振盪波紋已經明顯平坦化。

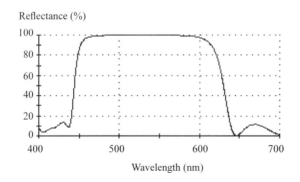

顯示高反射率鍍膜設計的波長、入射角複合圖表，先點按工具列圖示 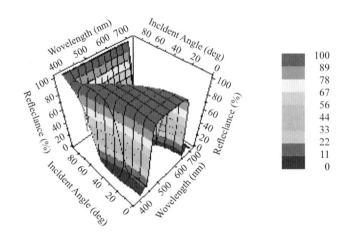 檢視各設定，再點按圖示 ●。

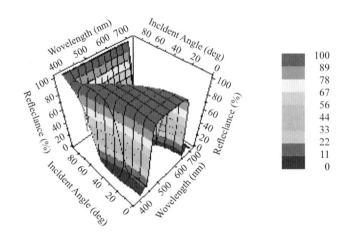

由三維光譜圖得知，以參考波長 510nm 為中心，形成一高反射波段區域，隨著入射角增加，逐漸往短波長區域移動，並且高反射區域範圍縮小；以上特性如同上述全部膜層皆為優化參數的設計，差別在於高反射率波段區域左右兩邊的振盪波紋的平坦化效果略差。此三維光譜圖可以轉換為二維輪廓圖，滑鼠於圖表區域中點按右鍵，選按 Contour Plot。

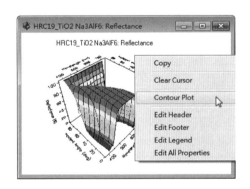

由二維輪廓圖更加容易看到，以參考波長 510nm 為中心所形成的高反射波段區域，將隨著入射角增加，逐漸往短波長區域移動，並且高反射區域範圍縮小，以上

特性類似上述優化設計，但左右兩邊的振盪波紋平坦化效果出現劣化。

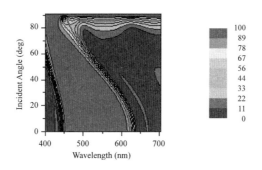

電場強度分布圖

由此特性圖得知，電場強度分布特性類似未優化設計，差別在於靠近空氣端的電場強度峰值不是位於高、低折射率膜層之間的界面上。

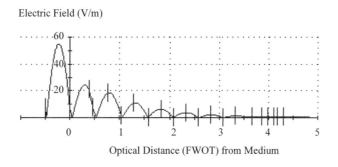

雷射鏡片為高反射率鍍膜，當雷射功率很大時，電場在膜層間也很大，極有可能將雷射鏡片上的薄膜打壞；為了避免不能承受強電場落在膜層或界面上，可以利用導納軌跡法分析出電場在膜層中的分布，而對膜厚略做調整。假設入射光強度為 1，膜層內電場值可表示成

$$E = \frac{27.46\sqrt{1-R}}{\sqrt{n}}$$

上式代表系統之反射率不變，膜層內任一點電場隨著該點之等效折射率 n 開根號成反比。綜上，回顧本範例之優化設計，調變臨近空氣與基板端各 6 層膜層，改變膜厚結果導致改變各界面上的等效折射率，故可調整界面上電場峰值移往膜層內，以提高高反射率鍍膜應用於高功率雷射的損傷閾值。

六、問題與討論

1. 使用 **Air|(LH)ᵐL|Glass** 的設計，膜層數 19，參考波長 510nm，入射角 0 度，高折射率材料 TiO₂，低折射率材料 Na₃AlF₆，與上述的設計比較優劣，並且實施優化設計。

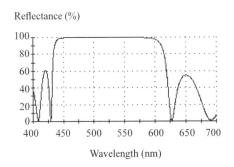
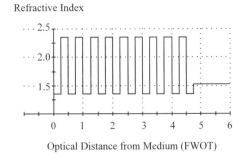

(LH)ᵐL 膜堆組合，反射率光譜特性同樣是旁通帶具有振盪激烈的波紋，其折射率側面圖則呈現規整的週期性排列。

2. 比較 **Air|(LH)ᵐ|Glass** 設計的優劣，並且實施優化設計，膜層數 18，參考波長 510nm，入射角 0 度，高折射率材料 TiO₂，低折射率材料 SiO₂。

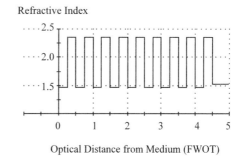

3. 比較 **Air|(HL)^m|Substrate** 設計的優劣，並且實施優化設計，膜層數 18，膜層條件同上。

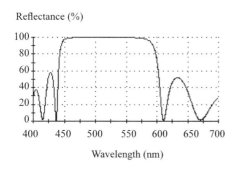

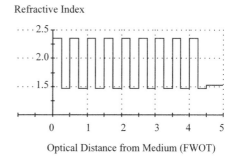

4. 使用 **Air|($\frac{L}{2}$ H $\frac{L}{2}$)^m|Glass** 的設計，膜層數 19，參考波長 1064nm ，膜層條件同上，反射率光譜效果為何？

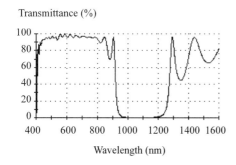

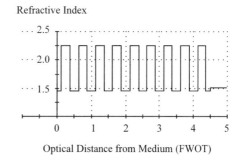

$(0.5L\ H\ 0.5L)^m$ 對稱膜堆組合，透射率光譜特性是短波長區域的旁通帶波紋比長波長區域更加平坦，顯見是短波通濾光片的光譜特性，其折射率側面圖則呈現規整的週期性排列，但靠近入射介質與基板端的膜層為低折射率材料，膜厚為 $\lambda_0/8$。

5. 使用 $\mathbf{Air}|(\dfrac{\mathbf{H}}{\mathbf{2}}\ \mathbf{L}\ \dfrac{\mathbf{H}}{\mathbf{2}})^m|\mathbf{Glass}$ 的設計，膜層數 19，膜層條件同上，反射率光譜效果為何？

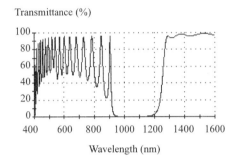

Transmittance (%)
Wavelength (nm)

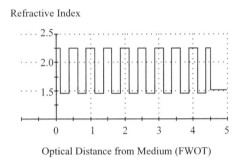

Refractive Index
Optical Distance from Medium (FWOT)

$(0.5H\ L\ 0.5H)^m$ 對稱膜堆組合，透射率光譜特性是長波長區域的旁通帶波紋比短波長區域更加平坦，顯見是長波通濾光片的光譜特性，其折射率側面圖則呈現規整的週期性排列，但靠近入射介質與基板端的膜層為高折射率材料，膜厚為 $\lambda_0/8$。

七、關鍵字

1. 1/4 波厚高、低折射率交替層。
2. 高反射率鍍膜。
3. 反射係數圖。
4. 高反射率區寬度。
5. 對稱膜堆。
6. 赫平定理。

八、學習資源

1. http://scholar.fju.edu.tw/ 課程大綱 /upload/054326/handout/962/G-3261-05850-.pdf

   高反射鏡。

2. http://handle.ncl.edu.tw/11296/ndltd/22307846632661842322

   運用在 LED 藍寶石基板上之高反射率金屬鍍膜光學性質量測之研究。

3. www.fpdisplay.com/common/download.ashx?f = 4425aca3-1cdb

   金屬反射膜材料簡介。

4. https://www.global-optosigma.com/cn/category/opt_d/opt_d03.html

   鍍膜。

5. https://www.edmundoptics.cn/resources/application-notes/optics/metallic-mirror-coatings/

   金屬鏡膜。

6. www.citd.moeaidb.gov.tw/CITDweb/Web/eBookPage/main/pdf/d/d13.pdf

   高反射奈米薄膜牙科口鏡。

7. http://www.teo.com.tw/prodDetail.asp?id = 1750

   低損耗鍍膜雷射高反射鏡 HR。

九、參考資料

1. 薄膜光學與鍍膜技術（第 8 版），李正中，藝軒圖書。

2. 薄膜光學概論，葉倍宏，全華圖書。

3. http://www.ocj.co.jp/japanese/products/laser_m/laser_m.htm。

4. http://www.cvimellesgriot.com/。

5. https://en.wikipedia.org/wiki/James_Webb_Space_Telescope。

6. https://read01.com/kyLQEE.html。

7. http://science.ncu.edu.tw/posts/TFTC。

8. https://www.soeyewear.com/Article/Detail/919。

9. http://www.snowpedia.com.tw/product/goggle-choosing-guide/。

實習

10

寬帶高反射率鍍膜

● ●

一、實習目的

配合使用 Essential Macleod 光學薄膜設計模擬軟體，分析討論。

1. 全介電質寬帶高反射率鍍膜 $(HL)^m$，$(LH)^m$，$(\frac{L}{2} H \frac{L}{2})^m$，$(\frac{H}{2} L \frac{H}{2})^m$ 膜堆組合的光譜特性。

2. 金屬寬帶高反射率鍍膜的光譜特性。

實習流程：

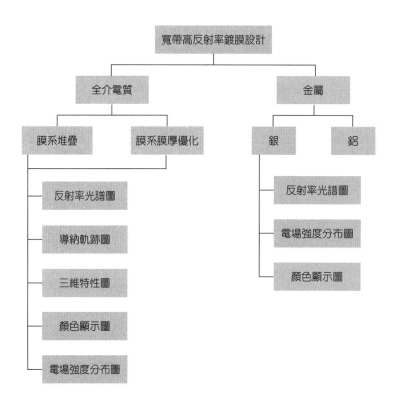

二、實習軟體

Essential Macleod 光學薄膜設計模擬軟體。

三、應用實例

寬帶高反射膜主要用於電信波段，在 1310nm 到 1550nm 範圍內。平均反射率達到 99% [3]。

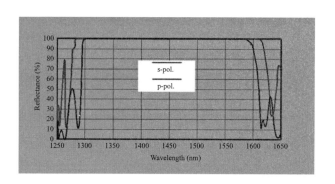

同時覆蓋可見光譜區，紫外和紅外光譜區的超寬帶高反射率的反射鏡。

可以用於包含不可見光的光譜實驗或者黑體輻射光譜的光路，即使在紫外或紅外譜區，也比金屬膜的反射率高；由於使用多層介電質膜，反射鏡面不易損傷，可以清潔，介電質膜幾乎沒有吸收，經時變化也少，可以承受連續的激光照射。

注意：

1. 多層介電質膜，因為入射光束的偏光狀態不同其反射率波長特性會有變化。p 偏振光與 s 偏振光相比較，反射率變低，反射譜區變窄。

2. 技術指標的反射率是用 p 偏振光和 s 偏振光的反射率的平均值來表示。

3. 反射鏡面雖有金屬光澤，但沒有使用金屬材料。請注意不要和金屬膜反射鏡混淆。

四、基本理論

已知由膜堆組合而成的高反射率鍍膜，高、低折射率比值越大，高反射率區越廣。但是，在高、低折射率比值受限的情況下，如何擴展高反射率區範圍，以便提供特殊需要做應用將是很重要的課題。以下所列是 2 種擴展高反射率區範圍的可行方法。

1. 以起始層為 $\lambda_0/4$ 光學厚度，然後再對其他各膜層做有系統的算術或幾何級數式微調。

2. 組合參考波長些許差距的兩組高反射率鍍膜。

使用上述方法的高反射率鍍膜，可以不困難地將高反射率區涵蓋住整個可見光區波段，即使是其他光譜區域或大角度入射也同樣有效。

1/4 波厚膜堆重疊的效果

另一種簡易、有效擴展高反射率區範圍的方法，是重疊不同參考波長 $\lambda_0/4$ 高反射率膜堆設計。例如，假設高反射率鏡片的設計規格是針對可見光區，以 2 組 13 層鍍膜模擬，安排如下圖左所示，其中 λ_0 的選定主要是根據高反射率區組合能夠涵蓋整個可見光區所做的調整。

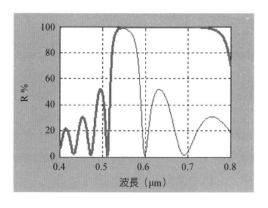 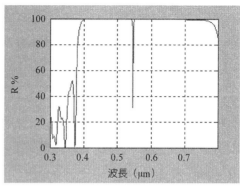

上圖右顯示 2 組 13 層鍍膜，不同 λ_0 的合成光譜效果，除了在波長

$$\lambda = \frac{\lambda_{0A} + \lambda_{0B}}{2} = 0.545\mu m$$

處有明顯凹陷外，其餘整個可見光區的反射率曲線還算是既高且平坦。這種高反射率平坦區出現高透射凹陷的缺點，與監控波長 λ_0 的位置無關，完全是臨界兩膜堆最外層折射率相同所造成的先天特性，因此這樣的組合可以等效爲**法布里－伯羅**（**Fabry-Perot**）**鏡片**。

合成兩組高反射率鍍膜，例如：

	A 膜堆	B 膜堆	Substrate
Air	$(HL)^6H$	$(HL)^6H$	$(n_s = 1.52)$
	λ_{0A}	λ_{0B}	

上列的鍍膜安排，在 $\lambda = \lambda_{0A}$ 時，A 膜堆主控高反射行爲，而在 $\lambda = \lambda_{0B}$ 時，則由 B 膜堆主控，只有當 $\lambda = 0.5$（$\lambda_{0A}+\lambda_{0B}$）時，A、B 兩膜堆無效，意即無法顯示高反射率特性，因爲無效層的作用使整個系統如同未鍍膜一般，所以才會有高透射凹陷的情形發生。

367

面對這種美中不足的缺陷，有何改善措施？茲列舉 2 種方法提供參考：

1. 以偶數層（**HL**）膜堆組合，鍍膜安排為

$$1 \left| \begin{array}{cc} (HL)^7 & (HL)^7 \\ 0.46\mu m & 0.63\mu m \end{array} \right| 1.52$$

其光譜特性如下：

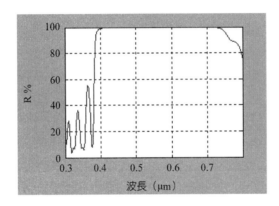

或者在兩膜堆之間安插一低折射率層，使能破壞無效層存在的條件，最後設計為

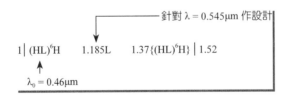

其反射率光譜特性如下：

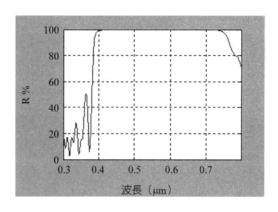

2. 採用**對稱性膜堆**組合：

$$\frac{H}{2} \, L \, \frac{H}{2} \quad \text{或} \quad \frac{L}{2} \, H \, \frac{L}{2}$$

亦可避免高反射區有凹陷的出現。以 $\frac{H}{2} \, L \, \frac{H}{2}$ 膜堆組合爲例，鍍膜設計安排爲

$$1 \left|\begin{array}{cc} (\frac{H}{2}L\frac{H}{2})^6 & (\frac{H}{2}L\frac{H}{2})^6 \\ \lambda_0 = 0.46\mu m & \lambda_0 = 0.63\mu m \end{array}\right| 1.52$$

或者以 $\lambda_0 = 0.46\mu m$ 爲監控波長，鍍膜設計安排亦可表示爲

$$1 \left| (\frac{H}{2}L\frac{H}{2})^6 \quad 1.37 (\frac{H}{2}L\frac{H}{2})^6 \right| 1.52$$

$n_H = 2.45$，$n_L = 1.35$，其單獨與總光譜特性依序如下所示：

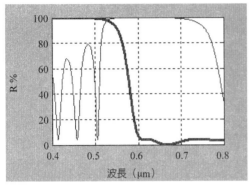 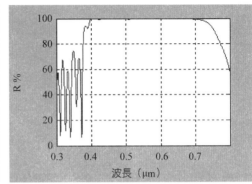

五、模擬步驟

　　寬帶高反射率鍍膜設計：Air|(HL)^{7}H(HL)^{7}H|Glass，前膜堆參考波長 λ_0 = 0.46μm，後膜堆參考波長 λ_0 = 0.63μm，入射角 0 度，高折射率材料 TiO_2，低折射率材料 Na_3AlF_6；以 460nm 為參考波長，因此將第二膜堆的膜厚比例更改為 0.63/0.46 = 1.37；點按功能表**[Edit/Formula]**，產生一個使用薄膜公式的膜層安排。

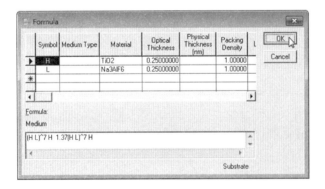

初始設計之膜層安排。

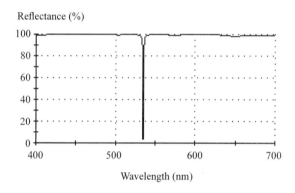

	Layer	Material	Refractive Index	Extinction Coefficient	Optical Thickness (FWOT)	Physical Thickness (nm)	
	24	Na3AlF6	1.35000	0.00000	0.34250000	116.70	
	25	TiO2	2.40695	0.00076	0.34250000	65.46	
	26	Na3AlF6	1.35000	0.00000	0.34250000	116.70	
	27	TiO2	2.40695	0.00076	0.34250000	65.46	
	28	Na3AlF6	1.35000	0.00000	0.34250000	116.70	
	29	TiO2	2.40695	0.00076	0.25000000	47.78	
▶	Substrate	Glass	1.52443	0.00000			
					8.79500000	2301.42	

初始設計之反射率光譜圖，其高反射波段區域中有一高透射的凹陷。

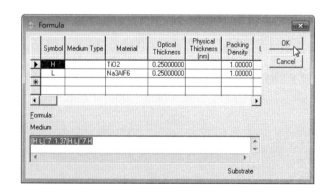

回公式設定視窗：點按功能表 **[Edit/Formula]**，將膜層公式中前一膜堆之最後一層 H 刪除。

371

此時寬帶高反射率鍍膜設計：**1|(HL)^7 1.37(HL)^{7}H|Glass**，其反射率光譜圖如下所示；由此特性圖可知，整個可見光區呈現高反射率特性。

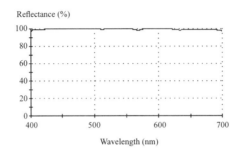

顯示高反射率鍍膜設計的波長、入射角複合圖表，先點按工具列圖示 檢視各設定，再點按圖示 。

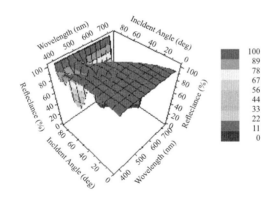

由三維光譜圖得知整個可見光區呈現高反射率特性，隨著入射角增加，高反射率區域逐漸往短波長區域移動，並且高反射區域範圍縮小；此三維光譜圖可以轉換為二維輪廓圖，滑鼠於圖表區域中點按右鍵，選按 Contour Plot。

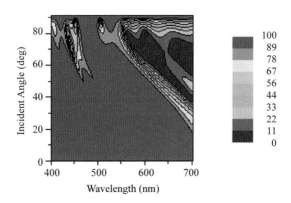

由二維輪廓圖可以更加容易看到，整個可見光區所形成的高反射波段區域，將隨著入射角增加，逐漸往短波長區域移動，並且高反射區域範圍縮小。

導納軌跡圖

隨著高、低折射率膜層交替鍍在基板上，其導納值越來越大，形成順時針圓圈的軌跡。

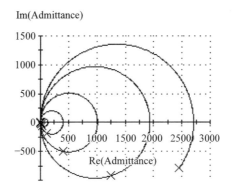

電場強度分布圖

由此特性圖得知，電場強度分布特性類似單一膜堆設計，靠近空氣端的電場強度的峰值皆位於高、低折射率膜層之間的界面上，並且電場強度隨著光入射到膜層內，其強度大小逐漸衰減至零。

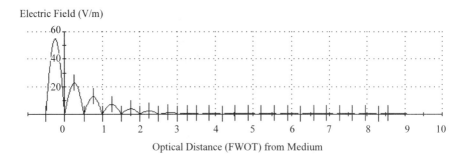

Electric Field (V/m)

Optical Distance (FWOT) from Medium

顏色顯示圖

顯示高反射率鍍膜優化設計的顏色顯示圖，點按工具列圖示，使用 D65 為光源，輸出反射率光譜的顏色如下所示：（模擬後自行檢視顏色）

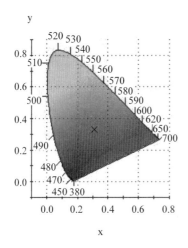

膜厚優化

恢復原始膜層設計：點按設計視窗→功能表 **[Edit/Formula]**，重新安排膜層如下所示，按 OK。

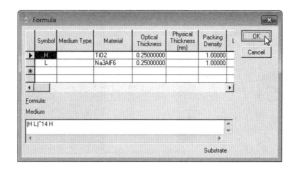

膜層共計 29 層，更改參考波長為 510nm。

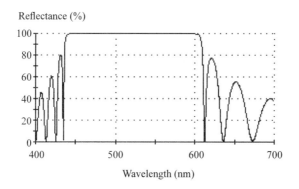

目前膜層安排的反射率光譜圖。

Reflectance (%)

由三維與二維光譜圖得知，以參考波長 510nm 為中心，形成一高反射波段區域，隨著入射角增加，逐漸往短波長區域移動，並且高反射區域範圍縮小。

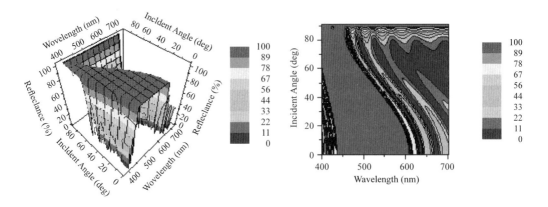

點按工具列圖示 ，確認預設優化目標值：設定高反射率波段為 400～700nm，
每隔 5nm 一個取樣點，運算子為等號（＝），需求目標值為 100，型態為反射率。

	Wavelength [nm]	Operator	Required Value	Target Tolerance	Type
	670.00	=	100.000000	1.000000	Reflectance [%]
	675.00	=	100.000000	1.000000	Reflectance [%]
	680.00	=	100.000000	1.000000	Reflectance [%]
	685.00	=	100.000000	1.000000	Reflectance [%]
	690.00	=	100.000000	1.000000	Reflectance [%]
	695.00	=	100.000000	1.000000	Reflectance [%]
▶	700.00	=	100.000000	1.000000	Reflectance [%]
✳					

HRC29_TiO2 Na3AlF6: Targets — Standard | Color | Thickness | Script

回設計視窗，點按功能表 **[Tools/Refine/Simplex]**，或工具列圖示，確認是勾選
Refine Thicknesses 後，按 Refine 。

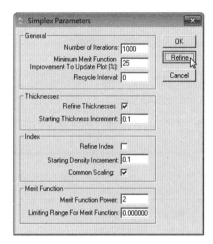

可以使用簡併設計來刪除膜厚太薄的膜層：點按 **[Tools/Compact Design]**。

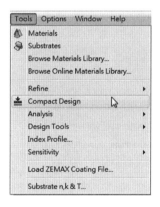

優化結果：最終設計為 27 層。

	Layer	Material	Refractive Index	Extinction Coefficient	Optical Thickness (FWOT)	Physical Thickness (nm)
	24	Na3AlF6	1.35000	0.00000	0.30508302	115.25
	25	TiO2	2.34867	0.00037	0.35674481	77.46
	26	Na3AlF6	1.35000	0.00000	0.28833592	108.93
	27	TiO2	2.34867	0.00037	0.34814281	75.60
	Substrate	Glass	1.52083	0.00000		
					7.19208282	2118.78

反射率光譜圖

由光譜圖可知，整個可見光區呈現高反射特性。

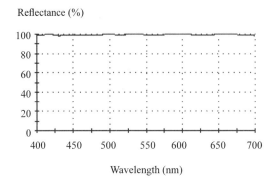

統計數據顯示，可見光區內最大反射率 99.834%，最小反射率 98.372%，平均反射率 99.395%。

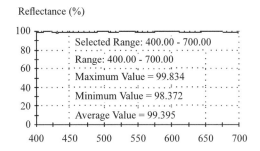

由三維與二維光譜圖可以明顯看到，整個可見光區所形成的高反射特性，隨著入射角增加，高反射區域逐漸往短波長區域移動，並且範圍縮小。

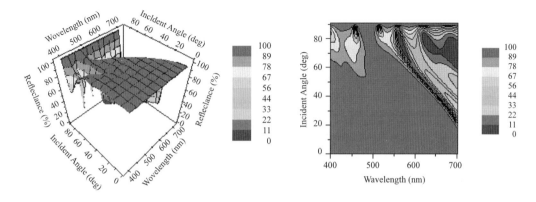

電場強度分布圖

　　由此特性圖得知，電場強度分布特性類似未優化設計，差別在於電場強度峰值並不是位於高、低折射率膜層之間的界面上，並且靠近基板處仍有微小的電場強度分布，可知在參考波長處的反射率只是接近 100% 而已。

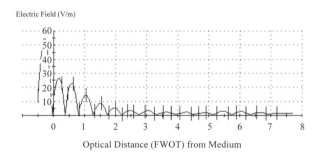

金屬寬帶高反射率鍍膜

　　恢復原始膜層設計：點按設計視窗→功能表 **[Edit/Formula]**，重新安排金屬膜層如下所示，其中物理厚度（Physical Thickness）為 30nm，按 OK 。

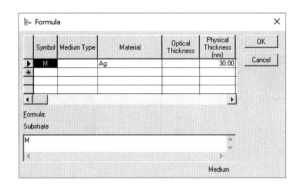

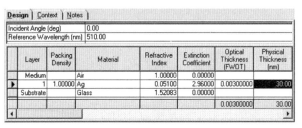

回設計視窗，點按功能表 **[Parameters/Performance]**，或工具列圖示，設定水平軸（Horizontal Axis）參數如下所示，並確認垂直軸（Vertical Axis）選項是反射率大小。

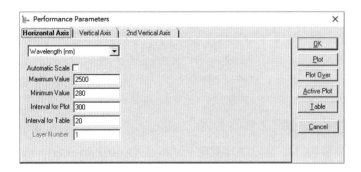

反射率光譜圖

　　點按工具列圖示 Plot，由光譜圖可知，除了紫外光區外，其餘光區——包括可見光區與紅外光區皆呈現高反射率的特性。

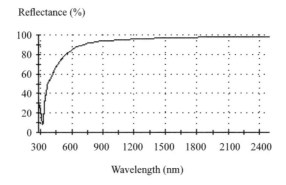

光譜圖表之 y 軸名稱可以變換顯示位置與方向，例如滑鼠點按圖表 y 軸任意位置，將旋轉選項更改為 90 度。

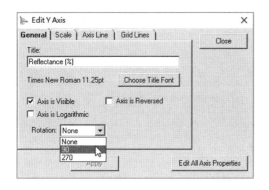

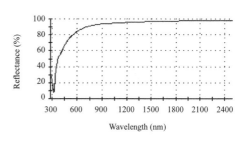

若是旋轉 270 度，圖表 y 軸顯示效果如下所示：

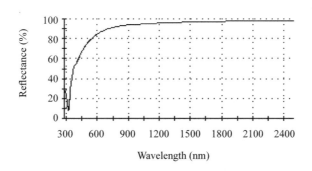

膜厚分別更改爲 50nm、100nm，點工具列圖示 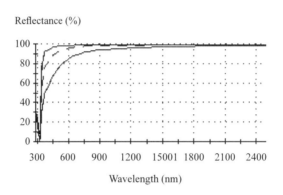 Plot Over，同時呈現與比較不同膜厚的效應；由光譜圖可知，隨著膜厚增加至 100nm，波長大於 316nm 的所有光區——包括紫外光區、可見光區與紅外光區的反射率呈現增加的趨勢。若是膜厚大於 100 nm，光譜特性幾乎不再改變。

Reflectance (%)

Wavelength (nm)

電場強度分布圖

參考波長處的最大電場強度靠近空氣端，內部膜層的電場強度快速衰減至 0。

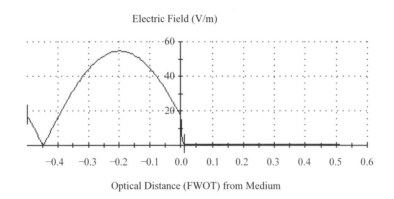

Electric Field (V/m)

Optical Distance (FWOT) from Medium

顏色顯示圖

顏色參數設定如下所示。

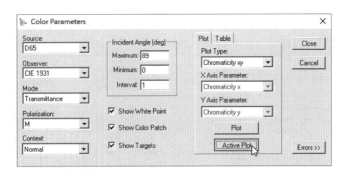

點按 $\boxed{\text{Active Plot}}$，由顏色顯示結果得知，膜厚 100 nm 的銀膜層，反射光顏色不隨角度變化，顏色呈現銀灰色。

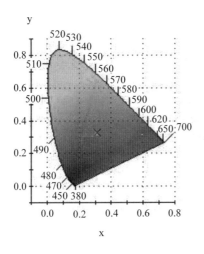

六、問題與討論

1. 使用 **Air|(HL)^6 H (HL)^6 H|Glass** 的設計，前膜堆參考波長 $\lambda_0 = 0.46\mu m$，後膜堆參考波長 $\lambda_0 = 0.63\mu m$，比較上述設計的優劣。

2. 上述 1. 的設計，若寬帶中有出現嚴重的凹陷現象，如何改善？

3. 使用 **Air|($\frac{L}{2}$ H $\frac{L}{2}$)^7 ($\frac{L}{2}$ H $\frac{L}{2}$)^7|Glass** 的設計，前膜堆參考波長 $\lambda_0 = 0.46\mu m$，後

膜堆參考波長 $\lambda_0 = 0.63\mu m$，高折射率材料 TiO_2，低折射率材料 SiO_2，反射率光譜效果爲何？

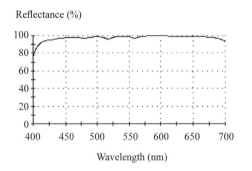

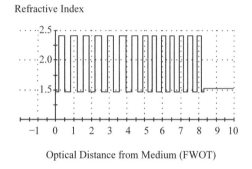

4. 使用 $Air|(\frac{H}{2} L \frac{H}{2})^7(\frac{H}{2} L \frac{H}{2})^7|Glass$ 的設計，反射率光譜效果爲何？

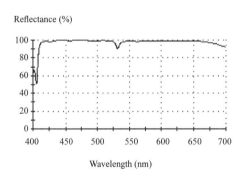

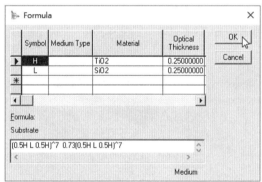

5. 使用 Air|Al|Glass 的設計，膜厚爲可調，比較不同膜厚的反射率光譜效果。

七、關鍵字

1. 寬帶高反射膜。

2. 法布里—伯羅（Fabry-Perot）鏡片。

3. 1/4 波厚膜堆。

4. 對稱性膜堆。

八、學習資源

1. http://www.opticscn.cn/opticalelement/cn2415.html
   超寬帶電介質膜反射鏡。

2. http://www.fingqi.com/page271?product_id = 538&brd = 1
   超寬帶介質反射鏡。

3. http://www.transoptics.com.cn/cn/index_cn.php/product/coating3.html
   介質高反膜。

4. http://html.rhhz.net/ZGGX/html/gx20160202.htm
   大口徑反射鏡高反射膜研究進展。

九、參考資料

1. 薄膜光學與鍍膜技術（第 8 版），李正中，藝軒圖書。
2. 薄膜光學概論，葉倍宏，全華圖書。
3. http://www.transoptics.com.cn/cn/index_cn.php/product/coating3.html。
4. https://www.global-optosigma.com/cn/Catalogs/pno/?from = page&pnoname = TFMS&ccode = W3007&dcode = 。

實習

11

中性分光鏡

一、實習目的

配合使用 Essential Macleod 光學薄膜設計模擬軟體，使用 Simplex Parameters 優化方法，分析討論各類型中性分光鏡的光譜特性。

1. 反射率 50% 中性分光鏡。

2. 平板式中性分光鏡。

3. 立方體中性分光鏡。

4. 金屬中性分光鏡。

實習流程：

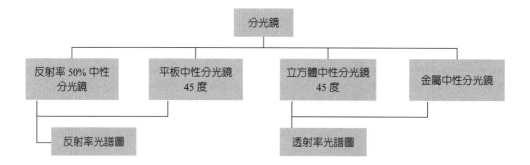

二、實習軟體

Essential Macleod 光學薄膜設計模擬軟體。

三、應用實例

（一）非偏振立方體分光鏡（**NPB**）

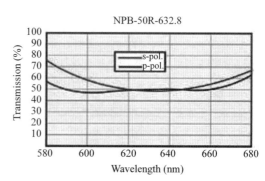

1. 單一雷射光。

2. 在 4 個鏡面有抗反射膜。

3. 低功率應用。

這些非偏振立方體分光鏡具有鍍膜層，可以將 s 和 p 偏振的反射率在特定波長一致。這意味著將不會改變入射光的偏振狀態。此元件在四個外部鏡面上有抗反射鍍膜，並且無法使用於高功率用途，因為兩個稜鏡之間的黏膠 [3]。

（二）寬波段非偏振立方體分光鏡（BNPB）

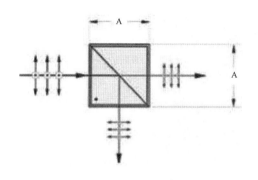

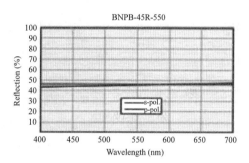

1. 混合鍍膜——非偏振性。

2. 混合鍍膜小於 10% 吸收。

混合鍍膜為金屬及介電質膜的組合鍍膜，在指定的波長範圍內，s 和 p 偏振的光譜特性一致，意即對偏振特性不敏感，並且 R/T 比例可以選擇是 30/60 或 45/45。

（三）中性寬波段非偏振立方體分光鏡（NBCB）

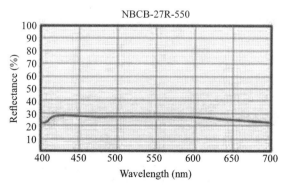

1. 全金屬鍍膜。

2. 具有超寬波段單層 MgF_2 抗反射膜。

3. 光譜範圍：300～2100nm。

這些全金屬鍍膜會吸收與反射入射光輻射。在可見光和近紅外區範圍內，這些分光鏡具有高吸收和高中性特性，其反射率 R 和透射率 T 大約是 27%，吸收率為 45%。

（四）分光鏡

1. 寬波段多層介電質鍍膜。

2. 適用角度從 0 度到 45 度。

（五）寬波段 50：50 平板型分光鏡（BDPB）

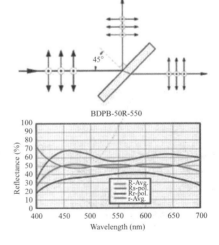

1. 在寬波段範圍內展現平整的光譜特性。

2. 透射率與反射率 50：50 的等量分光。

平板型介電質鍍膜分光鏡使用於寬波段和多光譜信號源。此元件具有等量控制分光比的功能，使得 s 和 p 偏振分量最高達 30%，並在組合偏振分量後提供的平均透射率和反射率接近 50%，其中吸收和反射的損失最小。

（六）寬波段中性平板型分光鏡（BNEB）

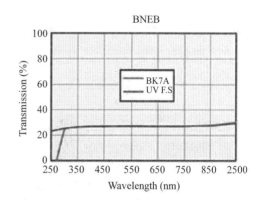

1. 在可見光區內光譜特性非常平整。

2. 低功率應用。

這些低功率分光鏡具有前表面上的鉻鎳鐵合金膜層，在背面則有一寬波段抗反射鍍膜。分光鏡橫跨可見光區和近紅外光區頻譜平坦的特性，使其在寬波段的應用上非常有用。

（七）雷射光平板型分光鏡

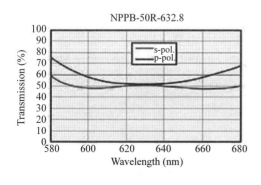

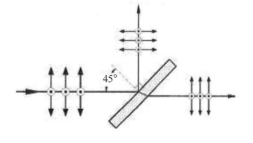

1. 單一波長，非偏振平板型分光鏡。

2. 低功率應用。

3. 高功率適用於 UV Excimer 與 Nd: YAG。

這些非偏振分光鏡鍍膜，使 s 和 p 偏振分量的反射率在特定的波長一致，這意味著將不會改變入射光束的偏振狀態；在元件背面，具備相同的特定波長的抗反射鍍膜。

（八）ND Filters/ 中性密度光學濾光片

中性密度光學濾光片（簡稱 **ND 濾光片**，或 **ND 減光鏡片**）可以大量減少進光量，並控制景深、強調主題，因此適合大口徑的鏡頭使用。當背景呈現模糊效果時，主題就會清楚的顯現。它廣泛的被使用於拍攝時強調動態的流水、瀑布等等 [4]。

▲フィルター未使用　　　▲ DHG ライトコントロール 8使用

（九）中性密度光學濾光片

耐司在攝影濾鏡領域憑藉豐富的設計製造經驗和精益品質，推出方形濾鏡系統，隨時隨處拍攝令人屏息的畫面。濾鏡選用優質的中性密度光學玻璃原材料，曲線更加平坦，雙面鍍膜，有意壓低中性玻璃部分透過率稍高區域，確保可見光平衡透過，減輕偏色現象。雙面鍍防水防眩光超寬帶減反射膜（BBAR，綠色），有效消除眩光和鬼影。水鍍膜可方便擦拭髒汙、水跡、油跡和增加防劃傷功能。精密研磨拋光，以達到完美的平行度，畫質銳度無損，特有的防漏光墊片設計，可以避免因長曝雜光的進入。鏡片表面字體激光蝕刻，永不脫落 [5]。

四、基本理論

依據光譜特性來區分，**分光鏡**可以是**中性分光**與**雙色分光**，前者將光分成兩道光譜成份相同的光，後者則將光譜中某部分反射而其他部分透射，或者依照偏振特性，將光分成一道 s 偏振光與 p 偏振光，此種分光鏡稱為**偏振分光鏡**。

理想的中性分光鏡必須具備下列特性：

1. 色散小。

2. 反射率與透射率的角依效應小。

3. 偏振性小。

4. 吸收小。

許多光學儀器需要將光分成兩道不同方向的透射光與反射光，這種分光裝置就是所謂的**中性分光鏡**。通常它有以下 2 種結構：

平板型中性分光鏡

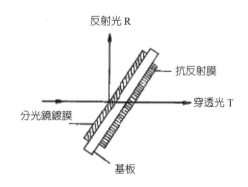

立方體型中性分光鏡

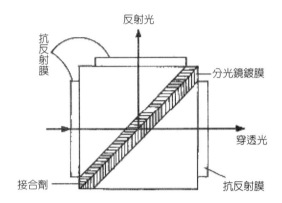

其中比較簡易式的平板型中性分光鏡鍍膜是暴露在空氣中，不受保護，而且在基板的另一面必須加鍍抗反射膜，以減少透射損耗。

對介電質膜分光鏡而言，**TR 乘積值**最好等於 0.25，典型的應用如邁克森干涉儀，期能符合 TR = 0.25 的條件才會產生最大的強度效果，此類型分光鏡，吸收損耗小，分光效率高，但是，缺點是色散比較大，偏振效應也大；如果是金屬分光鏡，則 TR 乘積值大約爲 0.08 或 0.1，因爲金屬膜有吸收損耗問題。

有關中性分光鏡的設計，若顧及品質，最適當也最簡易的安排就是使用單層 1/4 波厚的高折射率介質膜。當光垂直入射時，其反射率爲

$$R = \left(\frac{n_0 - n_1{}^2/n_s}{n_0 + n_1{}^2/n_s}\right)^2$$

若是斜向入射時，則反射率更改爲

$$R = \left(\frac{\eta_0 - \eta_1{}^2/\eta_s}{\eta_0 + \eta_1{}^2/\eta_s}\right)^2$$

以上符號意義，如前所述。舉分光鏡常用的鍍料 ZnS（n = 2.35）爲例，假設基板折射率 n_s = 1.52，入射角 θ_0 = 45°，計算 TR 乘積值爲

$$TR = (0.46)(0.54) = 0.248 \qquad \cdots\cdots s \text{ 偏振光}$$
$$TR = (0.185)(0.815) = 0.151 \qquad \cdots\cdots p \text{ 偏振光}$$

由此求其 TR 乘積平均值為

$$(TR)_{平均值} = \frac{(TR)_S + (TR)_P}{2} = 0.2$$

設計中性分光鏡的第二步驟是半波長無效層的安排，使設計波長 λ_0 兩旁的反射率區得以維持。續前例，有 4 種安排可能，以垂直入射狀況說明：

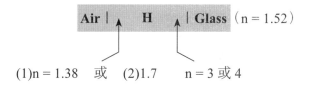

Air | **H** | **Glass**（n = 1.52）

(1)n = 1.38　或　(2)1.7　　　n = 3 或 4

其導納軌跡圖如下所示。在這 4 種安排設計中，只有低折射率無效層才會有表現較佳的拓寬效果，尤其是選用折射率 n = 1.38 的鍍料。

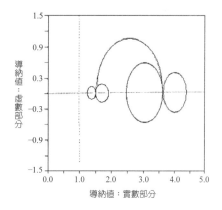

下圖顯示簡易中性分光鏡設計 **1|H2L|1.52** 的光譜效果，其中編號 (1) 的 $n_L = 1.38$，編號 (2) 的 $n_L = 1.7$，$n_H = 2.35$。

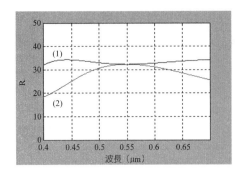

以反射率 50% 的分光鏡爲例，最適合的選擇是

1|LHLH|1.52

接著加鍍無效層，若爲低折射率膜層，有 2 種可能設計

1|LHLH(2L)|1.52   （參考下圖左編號 (2)）

及

1|LH(2L)LH|1.52   （參考下圖左編號 (3)）

以上設計的反射率光譜圖特性與原先設計比較，如下圖左所示，而下圖右則爲另外
2 種高折射率膜層的結果。

1|LHL(2H')H|1.52   （參考下圖右編號 (4)）

1|L(2H')HLH|1.52   （參考下圖右編號 (5)）

由輸出圖可知，編號 (2) 的設計有最佳的拓寬效果，正如前述單層分光鏡設計的結
論。

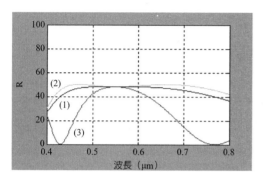

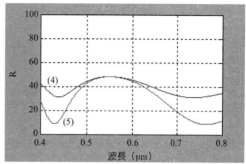

最後，根據分光鏡的使用角度，分析在不同偏振光下的 TR 乘積值和光譜特性。至此，結果若能符合規格需求，則設計大功告成，不然，只好以電腦模擬優化步驟求解，直到輸出結果滿意為止。

五、模擬步驟

反射率 50% 中性分光鏡的鍍膜設計：**Air|LHLH(2L)|Glass** 或 **Air|LHLHL|Glass** ，參考波長 $\lambda_0 = 0.51\mu m$ ，入射角 0 度，高折射率材料 TiO_2，低折射率材料 Na_3AlF_6；滑鼠雙按 🐾 圖示，打開 Essential Macleod 模擬軟體，點按功能表 **[File/New/Design]** ，產生一個新的設計，或點按工具列圖示 ⬜ ，點按功能表 **[Edit/Formula]** ，產生一個使用薄膜公式的膜層安排。

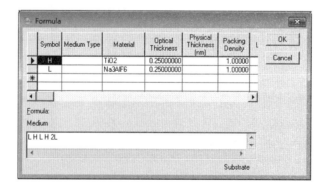

按 OK 產生初始膜層設計。

	Layer	Material	Refractive Index	Extinction Coefficient	Optical Thickness (FWOT)	Physical Thickness (nm)
▶	Medium	Air	1.00000	0.00000		
	1	Na3AlF6	1.35000	0.00000	0.25000000	94.44
	2	TiO2	2.34867	0.00037	0.25000000	54.29
	3	Na3AlF6	1.35000	0.00000	0.25000000	94.44
	4	TiO2	2.34867	0.00037	0.25000000	54.29
	5	Na3AlF6	1.35000	0.00000	0.50000000	188.89
	Substrate	Glass	1.52083	0.00000		
					1.50000000	486.35

Incident Angle (deg): 0.00
Reference Wavelength (nm): 510.00

初始膜層設計的反射率光譜圖：

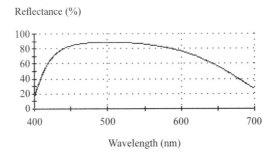

點按工具列圖示 ◉，設定優化目標值為反射率 50%，初始畫面如下所示：

Wavelength (nm)	Operator	Required Value	Type
400.00	=	50.000000	Reflectance (%)
425.00	=	50.000000	Reflectance (%)
450.00	=	50.000000	Reflectance (%)
475.00	=	50.000000	Reflectance (%)
500.00	=	50.000000	Reflectance (%)
525.00	=	50.000000	Reflectance (%)
550.00	=	50.000000	Reflectance (%)
575.00	=	50.000000	Reflectance (%)
600.00	=	50.000000	Reflectance (%)
625.00	=	50.000000	Reflectance (%)
650.00	=	50.000000	Reflectance (%)
675.00	=	50.000000	Reflectance (%)
700.00	=	50.000000	Reflectance (%)

或者使用連續波長設定方式，滑鼠先點按目標值設定視窗，後選按功能表 **[Edit/ Generate...]**。

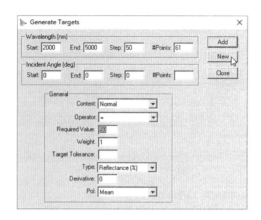

依序鍵入起始、終止、間距波長數據，General 欄位中之需求目標值為 50，型態為反射率，偏振屬性為平均，按 New 建立。

回設計視窗，點按功能表 **[Tools/Refine/Simplex]**，或工具列圖示 𝗚𝗽。

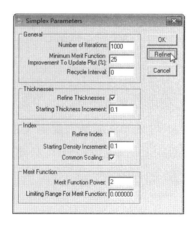

原則上，保留預設值，其中膜厚（Thicknesses）為調變參數，按 Refine 執行優化，結果：

Layer	Material	Refractive Index	Extinction Coefficient	Optical Thickness (FWOT)	Physical Thickness (nm)
Medium	Air	1.00000	0.00000		
1	Na3AlF6	1.35000	0.00000	0.22237639	84.01
2	TiO2	2.34867	0.00037	0.26228678	56.95
3	Na3AlF6	1.35000	0.00000	0.26440829	99.89
4	TiO2	2.34867	0.00037	0.21625757	46.96
5	Na3AlF6	1.35000	0.00000	0.50257889	189.86
Substrate	Glass	1.52083	0.00000		
				1.46790792	477.67

反射率光譜圖

點按 **[Performance/Plot]**，或工具列圖示 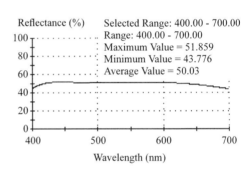。

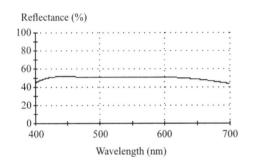

Selected Range: 400.00 - 700.00
Range: 400.00 - 700.00
Maximum Value = 51.859
Minimum Value = 43.776
Average Value = 50.03

由光譜圖與統計數據得知，在可見光區範圍內的平均反射率為 50.03%，顯示達到目標值的優化要求，不過，可見光區的最大反射率為 51.859%，最小反射率為 43.776%，最大與最小反射率的上下差距太大，有必要進一步優化降低。重新安排膜層為 **Air| LHLHLH |Glass**，如下所示：

Layer	Material	Refractive Index	Extinction Coefficient	Optical Thickness (FWOT)	Physical Thickness (nm)
Medium	Air	1.00000	0.00000		
1	Na3AlF6	1.35000	0.00000	0.22162178	83.72
2	TiO2	2.34867	0.00037	0.40467950	87.87
3	Na3AlF6	1.35000	0.00000	0.38528447	145.55
4	TiO2	2.34867	0.00037	0.22982262	49.90
5	Na3AlF6	1.35000	0.00000	0.24860206	93.92
6	TiO2	2.34867	0.00037	0.14073421	30.56
Substrate	Glass	1.52083	0.00000		
				1.63074464	491.53

同樣使用 Simplex Parameters 優化方法，結果：由光譜圖與統計數據得知，在可見

光區範圍內的平均反射率為 50.096%，顯示達到目標值的優化要求，並且最大與最小反射率的上下差距已經改善縮小。

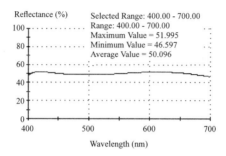

（一）平板式中性分光鏡：入射角 45 度

通常，中性分光鏡的入射角度為 45 度，因此可以使用匹配角度的方法，將原始的膜層安排，點按功能表 **[Edit/Match Angle]**。

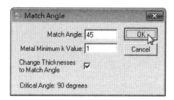

Match Angle 欄位輸入 45，按 OK，此時膜厚已經被修正。

	Layer	Material	Refractive Index	Extinction Coefficient	Optical Thickness (FWOT)	Physical Thickness (nm)
	Medium	Air	1.00000	0.00000		
▶	1	Na3AlF6	1.35000	0.00000	0.26015819	98.28
	2	TiO2	2.34867	0.00037	0.42436794	92.15
	3	Na3AlF6	1.35000	0.00000	0.45231095	170.87
	4	TiO2	2.34867	0.00037	0.24095109	52.32
	5	Na3AlF6	1.35000	0.00000	0.29189667	110.27
	6	TiO2	2.34867	0.00037	0.14756903	32.04
	Substrate	Glass	1.52083	0.00000		
					1.81725386	555.94

點按工具列圖示 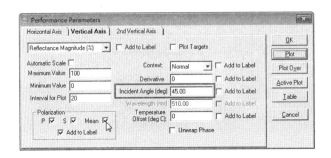 p：特性參數設定視窗之垂直軸，選按反射率（Reflectance Magnitude（%）），取消自動刻度，設定最大值爲 100，最小值爲 0，間距爲 20，偏振（Polarization）欄位檢視是否全部勾選，按 Plot 繪製反射率光譜圖。

反射率光譜圖

由光譜圖與統計數據得知，在可見光區範圍內，p 偏振光的平均反射率爲 37.7%，s 偏振光的平均反射率爲 61.8%，顯示全波段 s 偏振光的平均反射率皆大於 p 偏振光。

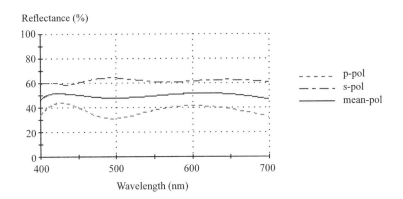

總結

1. 上述中性分光鏡的設計，係針對全區域光譜範圍 400～700nm；若是針對單一波長，則須注意此一入射波長附近的 TR 值。

2. 膜層數越多，代表可調變的參數也越多，理論上應該可以得到更佳的優化效果；相同層數的條件下，不同的最適化設計顯現極為不同的優化效果。

（二）MacNeille 中性分光鏡：入射角 45 度

立方體中性分光鏡鍍膜設計為 7 層，奇數層為低折射率材料 Na_3AlF_6，偶數層為高折射率材料 TiO_2，膜厚皆為 $0.25\lambda_0$，中心（參考）波長 510nm，入射角 45 度，入射介質更改為玻璃（Glass）。

	Layer	Packing Density	Material	Refractive Index	Extinction Coefficient	Optical Thickness (FWOT)	Physical Thickness (nm)
▶	Medium		Glass	1.52083	0.00000		
	1	1.00000	Na3AlF6	1.35000	0.00000	0.25000000	94.44
	2	1.00000	TiO2	2.34867	0.00037	0.25000000	54.29
	3	1.00000	Na3AlF6	1.35000	0.00000	0.25000000	94.44
	4	1.00000	TiO2	2.34867	0.00037	0.25000000	54.29
	5	1.00000	Na3AlF6	1.35000	0.00000	0.25000000	94.44
	6	1.00000	TiO2	2.34867	0.00037	0.25000000	54.29
	7	1.00000	Na3AlF6	1.35000	0.00000	0.25000000	94.44
	Substrate		Glass	1.52083	0.00000		
						1.75000000	540.64

Incident Angle (deg): 45.00
Reference Wavelength (nm): 510.00

點按工具列圖示 ⊙，設定優化目標值為入射角 45 度，要求數值 50%，種類（Type）為透射率，偏振（Pol）為平均值，初始畫面如下所示：

Wavelength (nm)	Incident Angle	Operator	Required Value	Weight	Target Tolerance	Type	Pol
400.00	45.00	=	50.000000	1.0	1.000000	Transmittance (%)	Mean
412.50	45.00	=	50.000000	1.0	1.000000	Transmittance (%)	Mean
425.00	45.00	=	50.000000	1.0	1.000000	Transmittance (%)	Mean
437.50	45.00	=	50.000000	1.0	1.000000	Transmittance (%)	Mean
450.00	45.00	=	50.000000	1.0	1.000000	Transmittance (%)	Mean
475.00	45.00	=	50.000000	1.0	1.000000	Transmittance (%)	Mean
500.00	45.00	=	50.000000	1.0	1.000000	Transmittance (%)	Mean

使用 Simplex Parameters 優化方法，結果：

Incident Angle (deg): 45.00
Reference Wavelength (nm): 510.00

	Layer	Packing Density	Material	Refractive Index	Extinction Coefficient	Optical Thickness (FWOT)	Physical Thickness (nm)
	Medium		Glass	1.52083	0.00000		
	1	1.00000	Na3AlF6	1.35000	0.00000	0.95512591	360.83
	2	1.00000	TiO2	2.34867	0.00037	0.48620101	105.58
▶	3	1.00000	Na3AlF6	1.35000	0.00000	0.61382642	231.89
	4	1.00000	TiO2	2.34867	0.00037	0.28026963	60.86
	5	1.00000	Na3AlF6	1.35000	0.00000	0.89538712	338.26
	6	1.00000	TiO2	2.34867	0.00037	0.67998720	147.66
	7	1.00000	Na3AlF6	1.35000	0.00000	0.04326970	16.35
	Substrate		Glass	1.52083	0.00000		
						3.95406699	1261.41

透射率光譜圖

由光譜圖與統計數據得知,在可見光區範圍內,p 偏振光的平均透射率為 90.97%,s 偏振光的平均透射率為 8.83%,顯示全波段 s 偏振光的平均透射率皆小於 p 偏振光,並且在可見光區範圍內的平均透射率為 49.9%,顯示達到目標值的優化要求。

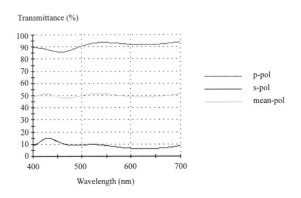

(三)金屬膜中性分光鏡

透射率 **50%** 金屬膜中性分光鏡的鍍膜設計:**Air|M|Glass** ,或 **Air|HMH| Glass** ,參考波長 λ_0 = 510nm ,入射角 45 度,金屬材料銀,高折射率材料 TiO_2;銀金屬膜的消光係數與折射率比 k/n 最大,在可見光區的吸收最小,故為分光鏡金屬膜;但其中性特性較差,反射光略黃,並且機械強度與化學穩定性皆不佳。

比照前述方式優化,可得銀金屬膜分光鏡設計與透射率光譜圖如下:

Design	Context	Notes					
Incident Angle (deg)		45.00					
Reference Wavelength (nm)		510.00					

	Layer	Packing Density	Material	Refractive Index	Extinction Coefficient	Optical Thickness (FWOT)	Physical Thickness (nm)
	Medium		Air	1.00000	0.00000		
▶	1	1.00000	Ag	0.05100	2.96000	0.00145319	14.53
	Substrate		Glass	1.52083	0.00000		
						0.00145319	14.53

銀金屬的優化膜厚為 14.53nm，在可見光區的平均透射率，p 偏振光為 61.12%，s 偏振光為 41.75%，整體平均值為 51.44%；由上述數據得知，雖然平均值接近 50%，但是可見光區最大透射率是 69.37%，最小透射率是 35.46%，上下差距太大，顯見單一銀金屬膜分光鏡的中性特性不佳。

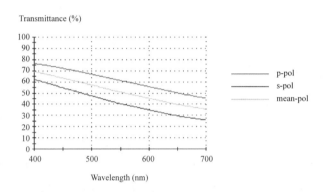

改善單一銀金屬膜分光鏡的光譜特性缺點，最簡單的方法就是增加介電質膜層，例如使用對稱膜堆 **Air|HMH|Glass**；比照前述方式優化，可得銀金屬—介電質膜分光鏡設計與透射率光譜圖如下：

	Layer	Material	Refractive Index	Extinction Coefficient	Optical Thickness (FWOT)	Physical Thickness (nm)
	Medium	Air	1.00000	0.00000		
	1	TiO2	2.34867	0.00037	0.37804968	82.09
	2	Ag	0.05100	2.96000	0.00173263	17.33
▶	3	TiO2	2.34867	0.00037	0.15049448	32.68
	Substrate	Glass	1.52083	0.00000		
					0.53027679	132.10

Incident Angle (deg) 45.00
Reference Wavelength (nm) 510.00

膜層安排為 **TiO$_2$(82.09nm)/Ag(17.33nm)/TiO$_2$(32.68nm)**，在可見光區的平均透射率，p 偏振光為 58.11%，s 偏振光為 41.76%，整體平均值為 49.94%；由上述數據得知，平均值非常接近 50%，其最大透射率是 51.86%，最小透射率是 49.34%，上下差距不大，可見此款銀金屬—介電質膜分光鏡的中性特性已經明顯

改善。

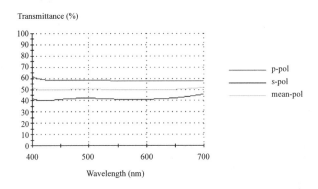

六、問題與討論

1. 比照上述步驟,設計反射率為 50% 的銀金屬—介電質膜中性分光鏡,鍍膜設計安排 **Air|LML|Glass**,參考波長 $\lambda_0 = 510nm$,入射角 45 度,金屬材料銀,低折射率材料 Na_3AlF_6。

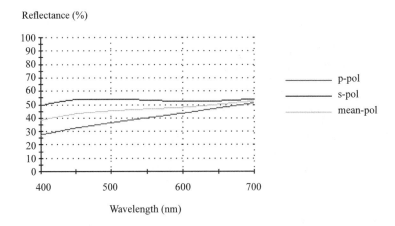

2. 續上一題,新增高折射率材料 TiO_2 膜層,鍍膜設計安排 **Air|HLMLH|Glass**,或 **Air|LHMHL|Glass**。

3. 續上一題，鍍膜設計安排 **Air|LHMHL|Glass**。

4. 續上一題，鍍膜設計安排 **Glass|LHM|Glass**，或 **Glass|HLM|Glass**。

七、關鍵字

1. 分光鏡。

2. 中性分光鏡。

3. 雙色分光鏡。

4. 偏振分光鏡。

5. TR 乘積值。

八、學習資源

1. http://optolong.com/zh/chanpin/guangxuelvguangpian/2016-09-20-08-08-35
   中性密度鏡。

2. http://www.google.fr/patents/CN1834694A?cl = zh
   分光鏡的膜層結構。

3. https://www.global-optosigma.com/cn/page_pdf/VND.pdf
   透過率連續變化型反射中性濾光濾光片固定輪。

4. https://www.edmundoptics.com.tw/optics/beamsplitters/plate-beamsplitters/
   infrared-ir-plate-beamsplitters/
   紅外線（IR）平板分光鏡。

九、參考資料

1. 薄膜光學與鍍膜技術（第 8 版），李正中，藝軒圖書。

2. 薄膜光學概論，葉倍宏，全華圖書。

3. http://www.lambda.cc/category/beamsplitters/。

4. http://www.fuji.com.tw/shownews.asp?RecordNo = 1893。

5. http://www.skd.com.tw/product-955.html。

偏振分光鏡

一、實習目的

配合使用 Essential Macleod 光學薄膜設計模擬軟體，分析討論 $(HL)^m$，$(\frac{L}{2} H \frac{L}{2})^m$，$(\frac{H}{2} L \frac{H}{2})^m$ 膜堆型態的偏振分光鏡設計，以及偏振率與電場強度分布的特性。

實習流程：

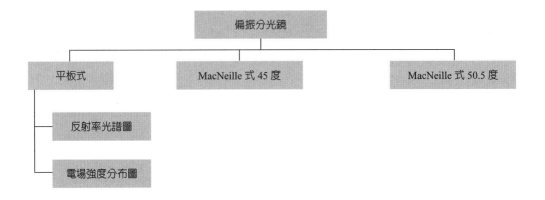

二、實習軟體

Essential Macleod 光學薄膜設計模擬軟體。

三、應用實例

（一）高功率薄膜平板型偏振片（HPPB）

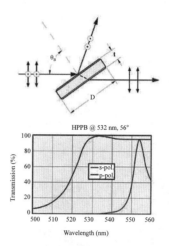

HPPB @ 532 nm, 56°

1. 布魯斯特角偏振片。

2. 200：1 消光比（Extinction Ratio）。

3. 高功率應用。

布魯斯特角度的自然偏振化將透過鍍膜方式，來增強分離 s 和 p 偏振光的透射率峰值[3]。

（二）雷射光偏振立方體分光鏡（PB）

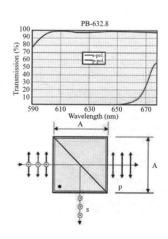

PB-632.8

411

1. 特定波長。

2. 低功率應用——黏著劑。

偏振立方體分光鏡提供雷射單一波長操作使用。元件有鍍膜以實現 s 和 p 偏振分量之間的高消光比,結構是由 BK7 稜鏡製造膠合,並提供了 1000:1 的消光比。

(三)高功率雷射光偏振立方體分光鏡(HPB)

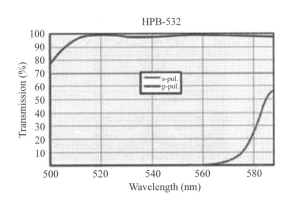

1. 特定波長。

2. 高功率應用——光學接觸。

偏振立方體分光鏡提供高功率雷射單一波長操作使用。元件有鍍膜以實現 s 和 p 偏振分量之間的高消光比,結構是由 BK7 或 UV Fused Silica 稜鏡製造,並從中光學接觸與提供了 200:1 的消光比。

(四)高消光比寬波段光偏振立方體分光鏡(BPB)

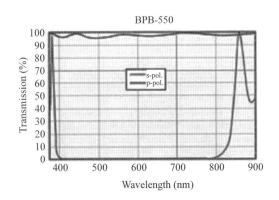

1. 可見光區寬波段使用。

2. 低功率應用。

高偏振度的偏振立方體分光鏡提供在可見光區寬波段操作使用，是由膠合稜鏡，使得不適用於高功率雷射。此元件使用 SF2 稜鏡，提供至少 500：1 高消光比。

（五）中等消光比寬波段光偏振立方體分光鏡（BPBM）

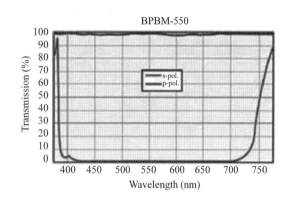

1. 可見光區寬波段使用（440～680nm）。

2. 低功率應用，膠合立方體。

3. 中等消光比。

高偏振度的偏振立方體分光鏡提供在可見光區寬波段操作使用，是由膠合稜鏡，使得不適用於高功率雷射。此元件使用 BK7 稜鏡，提供至少 100：1 中等消光比。

（六）3M Polarizing Light 創新濾光篩

眩光可分為直接眩光與反射眩光，一般而言，刺眼眩光在 30 秒至 60 秒內，即會對眼睛視力的健康產生明顯傷害。反射眩光即一般俗稱的反光，會使影像模糊化，容易造成眼睛疲勞、閱讀吃力，甚至進一步造成眼睛酸痛及頭痛的問題。一般防眩檯燈無法有效去除眩光，唯有 3M 專利研發濾光篩可有效篩選眩光，除眩效果居所有市售品牌之冠 [4]。

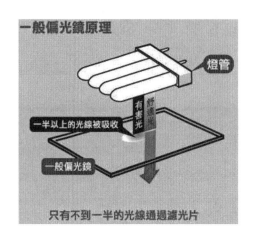

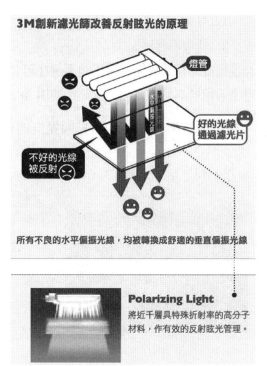

（七）偏振轉換器（PS Converter）

　　LCD 投影系統中的偏振轉換器（PS Converter），其工作原理圖示如下：光 45 度入射，偏振分光鏡（PBS）讓 s 偏振光 100% 反射向上，經由反射面反射向右行進；另外 p 偏振光則 100% 透射向右，離開偏振轉換器後，透過 1/2 波片（Half-wave Plate，全名 λ/2 波片，簡稱半波片），將 p 偏振光轉換為 s 偏振光。

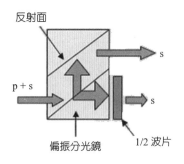

λ/2 波片與 λ/4 波片（Quarter-wave Plate）同屬於相位延遲器（Phase Retarder）的元件，能夠使振動方向相互垂直的兩束光波彼此之間產生一定的相位差，在偏振器系統中是很重要的組成部分。λ/4 波片可以產生 90 度的相位延遲，將線偏振光轉換成圓偏振光或橢圓偏振光，或將橢圓偏振光轉換成線偏振光；λ/2 波片可以產生 180 度的相位延遲，將線偏振光的偏振面旋轉。上述的常規相位延遲器一般是由雙折射材料製成，但由於材料的雙折射率與波長密切相關，使其產生的相位延遲量也隨波長具有嚴格的對應關係，因而常規相位延遲器大多使用於單一波長，讓此元件在使用上有諸多不便。

改用光學薄膜方式來製備相位延遲器，可以改善常規相位延遲器只能使用於單一波長的缺點，此類相位延遲器稱爲薄膜式相位延遲器；因其優化設計比較複雜，暫且歸類爲進階課題，不擬於本節內容中討論。

四、基本理論

（一）窄通偏振片

光垂直入射於光學表面，s 與 p 偏振是相同的，唯入射角 $\theta_0 \neq 0°$ 才有反射的 s 偏振量 R_S 與 p 偏振量 R_P，而且都是 $R_S > R_P$，（或透射量 T_S 小於 T_P），其中，當入射角等於**布魯斯特角** θ_B 時

$$\theta_0 = \theta_B = \tan^{-1}(n_s) = \tan^{-1}（基板折射率）$$

p 偏振光將全部透射，即 $R_P = 0$。例如，光入射於玻璃基板 $n_s = 1.52$，其布魯斯特角爲

$$\theta_B = \tan^{-1}(1.52) = 56.66°$$

換言之，光以 $\theta_0 = 56.66°$ 入射於玻璃基板，結果 $T_P = 100\%$，如下圖所示。由圖可以明顯看出 $\theta_0 = \theta_B$ 時，$R_S < 20\%$，故知偏振透射比 $P \equiv T_P/T_S$ 並不高，使得應用受限。

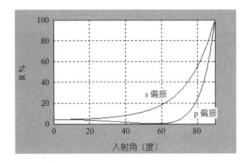

為了改善偏振透射比 P，可以在基板上加鍍膜堆，例如 20 層膜層設計為

$$1|(HL)^{10}|1.52$$

其中 $\lambda_0 = 633nm$，H 為高折射率材料 TiO_2，L 為低折射率材料 MgF_2，其 $R-\theta_0$ 光譜圖如下所示。觀察輸出圖可知，$\theta_B = 59.2°$，在此角度 $T_P = 100\%$，$T_S = 0\%$，因此偏振透射比 P 值相當高。

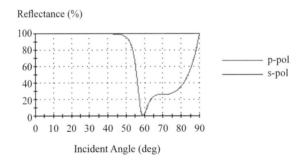

　　關於窄通偏振片的特性，再補充兩點：

1. **膜層數會影響偏振角度**：例如下圖為 30 層鍍膜設計的反射率—入射角關係圖，其鍍膜參數

416

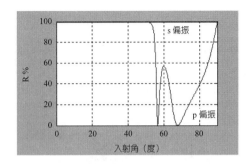

其中顯示有 2 個布魯斯特角 θ_B 可供設計使用，但都不是理想的選擇，因為不是角度範圍太小，就是角度過大。

2. **膜層電場強度分布圖可以了解 p 偏振穿透，s 偏振反射的現象：**以 20 層窄通偏振片為例，由圖可知 s 偏振的膜層內電場強度分布，猶如 $\lambda_0/4$ 膜堆反射鏡一般呈現連續分布，並且電場峰值都位於高折射率膜層內。此外，p 偏振的膜層內電場強度分布則強烈顯現貫穿整個鍍膜系統與在各膜層界面不連續的特性。

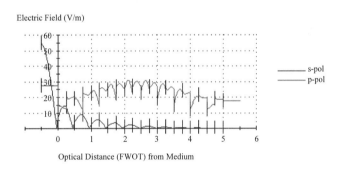

（二）MacNeille 型偏振分光鏡

前述的窄通偏振片，只有在高入射角的情況下才能發揮既有的功能，使其對 s 偏振光有增反射而對 p 偏振光有抗反射的效果，然而，在高入射角操作條件，即代表應用上的不方便，因此，為了改善這項缺點與維持高偏振效率，有必要考慮另一類型的偏振分光鏡。

下圖為此類所謂**立方偏振分光鏡**的示意圖，其構造包括兩塊由玻璃或石英或其

他適當固態材料所製成的稜鏡，其中一塊的底部鍍上滿足特定關係的高、低折射率交替層，然後再以折射率接近稜鏡的透明光學接合劑接合另一塊稜鏡，因而構成立方體的外觀形狀。

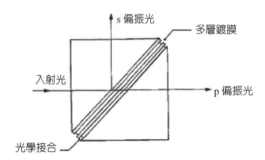

稜鏡與多層膜必須符合 Snell's Law，即

$$n_p\sin\theta_p = n_H\sin\theta_H = n_L\sin\theta_L$$

其中 n_p 為稜鏡折射率，θ_P、θ_H、θ_L 為各物質的折射率。同時，鍍膜必須滿足布魯斯特定律

$$\frac{n_H}{\cos\theta_H} = \frac{n_L}{\cos\theta_L}$$

化簡上列 2 式，得

$$\sin^2\theta_H = \frac{n_L^2}{n_H^2 + n_L^2} = \frac{n_p^2\sin^2\theta_p}{n_H^2}$$

代入 MacNeille 偏振片的入射條件 $\theta_p = 45°$，結果

$$n_p^2 = \frac{2n_L^2 n_H^2}{n_H^2 + n_L^2}$$

上式中三種折射率的關係，如下圖所示。由圖可知三者的彼此關係，例如，$n_H =$

2.05，$n_L = 1.38$，對應稜鏡的折射率，亦即光學接合劑折射率爲

$$n_p = \frac{\sqrt{2}\,(1.38)\,(2.05)}{(1.38^2 + 2.05^2)^{0.5}} = 1.62$$

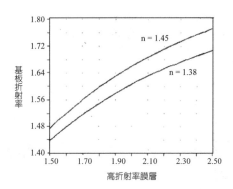

由於現存可供使用的光學接合劑極爲有限，其折射率若無法匹配兩塊稜鏡，將會在接合劑與稜鏡界面之間產生干涉條紋，致光學效果降低，因此選用光學接合劑必須注意折射率是否和稜鏡匹配的問題。

另外還有多層膜結構需決定。基本上，只要滿足 s 偏振高反射即可，例如 **(HL)^m** 膜堆設計就是最簡單的安排，雖然其角依效果並不好。下圖說明三種膜堆設計（$n_H = 2.05$，$n_L = 1.38$，$\theta_d = 45°$，$\lambda_0 = 0.5145\mu m$）。

a. $\mathbf{1.62|(\frac{L}{2}\ H\ \frac{L}{2})^5|1.62}$。

b. $\mathbf{1.62|(HL)^5|1.62}$。

c. $\mathbf{1.62|(\frac{H}{2}\ L\ \frac{H}{2})^5|1.62}$。

其 p 偏振角依效果，可見 a 類 $\mathbf{(\frac{L}{2}\ H\ \frac{L}{2})^5}$ 膜堆設計是製作立方體偏振分光鏡的最佳選擇。

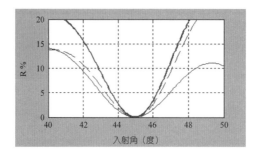

舉全 $\lambda_0/4$ 膜堆，MacNeille 型偏振分光鏡設計為例，**1.62|(HL)⁵|1.62**，$n_H = 2.05$，$n_L = 1.38$，$\theta_d = 45°$，$\lambda_0 = 0.5145\mu m$，其光譜輸出：

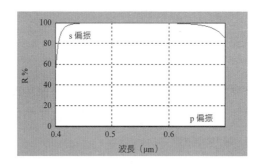

膜層電場強度分布情形：s 偏振光的電場強度猶如 $\lambda_0/4$ 膜堆反射鏡，呈現連續分布，並且電場峰值都位於高、低折射率膜層的界面上，電場強度亦隨著光深入膜層程度而逐漸變小；p 偏振光的膜層內電場強度分布則呈現貫穿整個鍍膜層，以及在各膜層界面上不連續的特性。綜上，可知所有關係圖在在顯示偏振效果不錯。

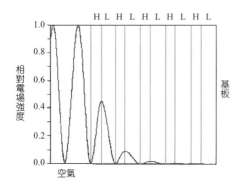

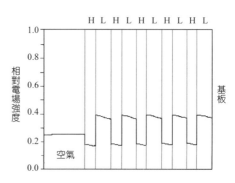

五、模擬步驟

入射光波長 532nm ，基板爲玻璃，折射率 1.52，**平板式偏振分光鏡**膜堆設計 **Air|H(LH)**[10]**|Glass** ，高折射率材料 TiO_2，低折射率材料 MgF_2；模擬步驟與結果：使用公式建立膜層安排，滑鼠點按功能表 **[Edit/Formula]** ，設定如下：

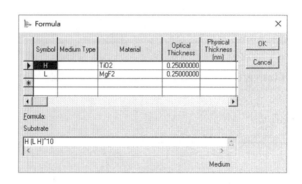

點按 **[Parameters/Performance]** ，水平軸選項爲入射角（Incident Angle）。

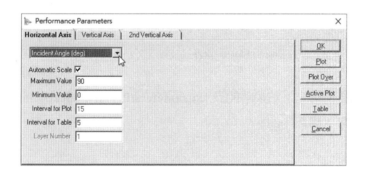

垂直軸選項爲反射率大小（Reflectance Magnitude（%）），偏振欄位中，不勾選平均值（Mean），點按 OK 。

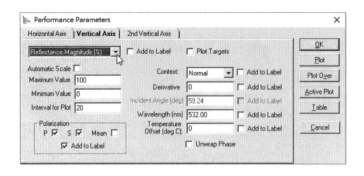

點按功能表 **[Performance/Plot]**，檢視反射率與入射角的關係。

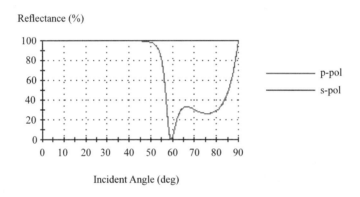

由數據確認布魯斯特角：點按功能表 **[Parameters/Performance]**，Interval for Table
欄位更改為 0.01，點按 Table 。

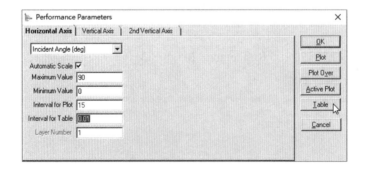

顯示所有相關數據，由數據表可知布魯斯特角為 59.35 度。

Design	Design1
Reference Wavelength (nm)	532.00
Calculation Wavelength (nm)	532.00

Incident Angle (deg)	P-Reflectance (%)	P-Transmittance (%)	S-Reflectance (%)	S-Transmittance (%)
59.33	0.005066	98.733668	99.954605	0.001527
59.34	0.002228	98.738589	99.954609	0.001527
59.35	0.000910	98.741999	99.954612	0.001528
59.36	0.001102	98.743912	99.954616	0.001528
59.37	0.002790	98.744339	99.954620	0.001529
59.38	0.005961	98.743292	99.954623	0.001529
59.39	0.010605	98.740784	99.954627	0.001529

點按功能表 **[Parameters/Performance]**，水平軸選項為波長（Wavelength），點按 OK，於設計視窗中更改設定入射角為 59.35 度。

Incident Angle (deg)	59.35
Reference Wavelength (nm)	532.00

點按功能表 **[Performance/Plot]**，檢視反射率與波長的關係；由圖可知，p 偏振光反射率 0% 的波段中，s 偏振光反射率 100% 的波長有 3 處，其中之一為 532nm。

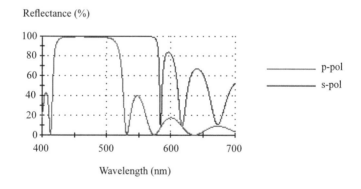

點按功能表 **[Tools/Analysis/Electric Field]**，各參數設定如下所示，點按 Active Plot。

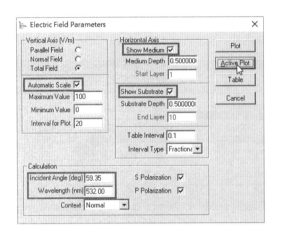

膜層電場強度分布情形：電場強度呈現連續分布，並且亦隨著光深入膜層程度而逐漸變小，係屬於 s 偏振光的特性；p 偏振光的膜層內電場強度分布則呈現貫穿整個鍍膜層，在各膜層界面上不連續的特性，以及所有電場強度幾乎全部大於 s 偏振光。

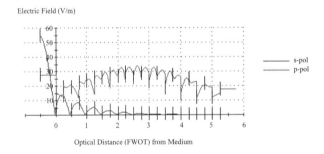

（一）MacNeille 偏振分光鏡

入射光波長 514.5nm，入射角 45 度，膜堆設計 **Air|H(LH)^8|Substrate**，高折射率材料 ZrO_2，n_H = 2.05，低折射率材料 MgF_2，n_L = 1.38，基板折射率為 1.62。

模擬步驟與結果：使用公式建立膜層安排，滑鼠點按功能表 **[Edit/Formula]**，設定如下：

設計視窗的設定：入射介質更改為折射率 1.62 的基板，參考波長為 514.5nm。

點按 **[Parameters/Performance]**，水平軸選項為波長（Wavelength），垂直軸選項為反射率大小（Reflectance Magnitude），偏振欄位中不勾選平均值（Mean），點按 OK 。點按功能表 **[Performance/Plot]**，檢視反射率與波長的關係；由圖可知，p 偏振光反射率 0% 的波段中，s 偏振光反射率 100% 的波段已接近整個可見光區，可知膠合稜鏡偏振分光鏡所涵蓋的波段比平板式偏振分光鏡寬廣。

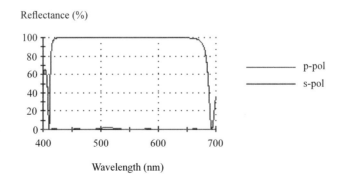

425

點按功能表 **[Tools/Analysis/Electric Field]** ，各參數設定如下所示，點按 Active Plot 。

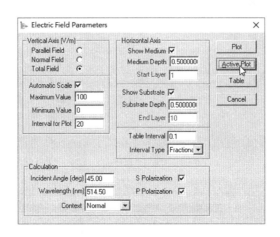

膜層電場強度分布情形：s 偏振光電場強度呈現連續分布，靠近入射介質端的電場強度最大，並且電場強度亦隨著光深入膜層程度而逐漸變小的特性；p 偏振光的膜層內電場強度分布則呈現對稱方式貫穿整個鍍膜層，在各膜層界面上不連續的特性，以及所有電場強度除了靠近入射介質端的第一個電場強度峰值外，其餘幾乎全部大於 s 偏振光。

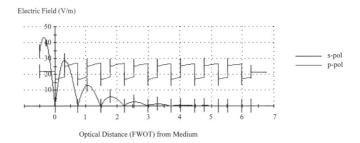

（二）MacNeille 偏振分光鏡

入射光波長 514.5nm，入射角 50.5 度，膜堆設計 **Glass(BK7)|H(LH)^8|Glass (BK7)**，高折射率材料 TiO$_2$，n_H = 2.35，低折射率材料 Na$_3$AlF$_6$，n_L = 1.35，基板折

射率爲 1.517。

　　模擬步驟與結果：使用公式建立膜層安排，滑鼠點按功能表 **[Edit/Formula]**，
設定如下：

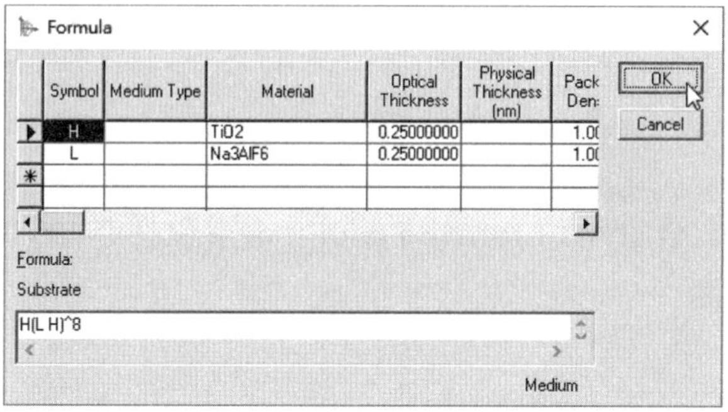

設計視窗的設定：入射介質更改爲折射率 1.517 的基板，參考波長爲 514.5nm，入
射角 50.5 度。

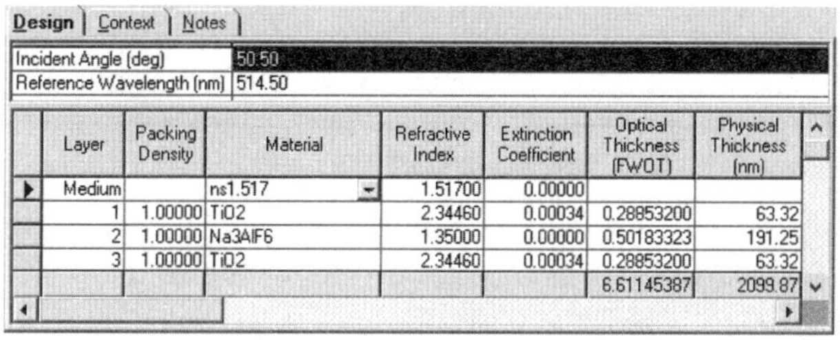

點按 **[Parameters/Performance]**，水平軸選項爲波長（Wavelength），垂直軸選項
爲反射率大小（Reflectance Magnitude），偏振欄位中不勾選平均值（Mean），點按
OK。點按功能表 **[Performance/Plot]**，檢視反射率與波長的關係；由圖可知，整
個可見光區中 p 偏振光反射率 0%，s 偏振光反射率 100%，可知膠合稜鏡偏振分光
鏡的設計可以使用玻璃稜鏡當做稜鏡材料，在此條件下，使用入射角度爲 50.5 度，
其偏振效果比平板式偏振分光鏡更優。

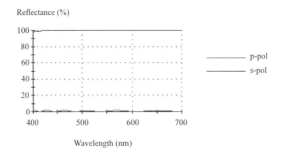

點按功能表 **[Tools/Analysis/Electric Field]** ，各參數設定如下所示，點按 Active
Plot 。

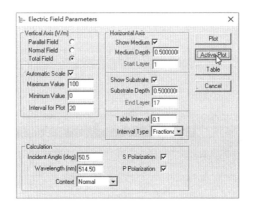

膜層電場強度分布情形：s 偏振光電場強度呈現連續分布，靠近入射介質端的電場
強度最大，並且電場強度亦隨著光深入膜層程度而逐漸變小的特性；p 偏振光的膜
層內電場強度分布則呈現對稱方式貫穿整個鍍膜層，在各膜層界面上不連續的特
性，以及所有電場強度除了靠近入射介質端的第一個電場強度峰值外，其餘幾乎全
部大於 s 偏振光。

Electric Field (V/m)

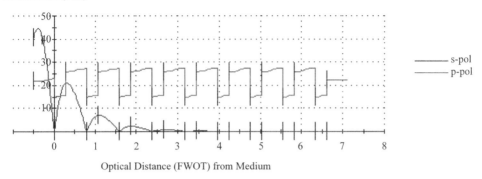

Optical Distance (FWOT) from Medium

六、問題與討論

1. 設計平板式偏振分光鏡，入射光波長 1064nm ，入射角 45 度，膜堆設計 **Air|H(LH)¹³|Glass** ，高折射率材料 TiO_2，低折射率材料 SiO_2，基板為玻璃，折射率 1.52 。

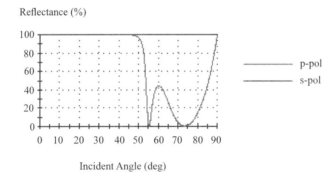

Incident Angle (deg)

2. 入射角 45 度之 MacNeille 偏振分光鏡：入射光波長 514.5nm，膜堆設計 **Substrate |H(LH)⁸|Substrate** ，高折射率材料 ZnS ，$n_H = 2.35$，低折射率材料 Na_3AlF_6，$n_L = 1.35$，基板折射率為 1.66 。

429

Reflectance (%)

Wavelength (nm)

3. 非入射角 45 度之 MacNeille 偏振分光鏡：入射光波長 514.5nm，入射角 53.8 度，膜堆設計 **Glass|H(LH)^8|Glass**，高折射率材料 TiO$_2$，n$_H$ = 2.3，低折射率材料 SiO$_2$，n$_L$ = 1.45，基板折射率為 1.52。

4. 續第 3 題，改用膜堆 $(\frac{L}{2}$ H $\frac{L}{2})^9$，比較反射率光譜圖與電場強度分布圖有何不同？

5. 續第 3 題，改用膜堆 $(\frac{H}{2}$ H $\frac{H}{2})^9$，比較反射率光譜圖與電場強度分布圖有何不同？

七、關鍵字

1. 窄通偏振片。

2. 布魯斯特角。

3. 平板式偏振分光鏡。

4. MacNeille 型偏振分光鏡。

5. 寬波段光偏振立方體分光鏡。

6. 偏振轉換器（PS Converter）。

八、學習資源

1. http://www.mt-optics.com/Polarization-Cube-Beamsplitter-PBS.html
   偏振分光稜鏡（PBS）。

2. https://zh.wikipedia.org/wiki/ 分光鏡

分光鏡。

3. https://wenku.baidu.com/view/2d4d4633a32d7375a4178077.html

薄膜偏振分光鏡的研究。

4. http://handle.ncl.edu.tw/11296/ndltd/60746851812661090304

光子晶體偏振分光鏡之設計與製作。

5. http://www.oplink.sh.cn/cn/products_detail.asp?ID = 6

可見光寬帶偏振分光鏡。

九、參考資料

1. 薄膜光學與鍍膜技術（第 8 版），李正中，藝軒圖書。

2. 薄膜光學概論，葉倍宏，全華圖書。

3. LAMBDA，http://www.lambda.cc/high-power-thin-film-plate-polarizers-hppb/。

4. 3M，http://solutions.3m.com.tw/wps/portal/3M/zh_TW/cob/home/consumer/58problem/。

短波通濾光片

一、實習目的

配合使用 Essential Macleod 光學薄膜設計模擬軟體，分析、討論短波通濾光片的光譜特性。

1. $(\dfrac{L}{2} H \dfrac{L}{2})^m$ 膜堆型態。

2. $(\dfrac{H}{2} L \dfrac{H}{2})^m$ 膜堆型態。

實習流程：

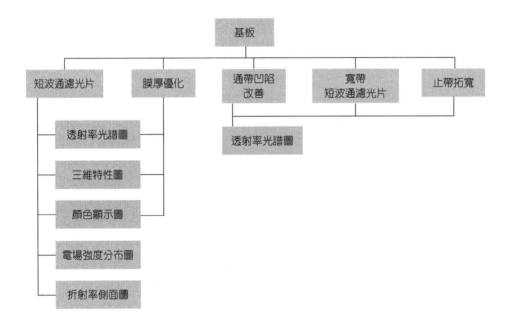

二、實習軟體

Essential Macleod 光學薄膜設計模擬軟體。

三、應用實例

（一）Low E glass

正達光電 Sunergy Low-E 低輻射節能玻璃因應當代建築設計的所有難題及挑戰而生。Sunergy 擁有低反射、中性的自然原色表現，且設計彈性、容易安裝，因此

深受全球建築業者喜愛。可使用於各種複雜的結構設計，包括創新弧形外觀、可使用加熱強化製程、可用於建築正面外觀、可單片或複層安裝使用，也可使用網印。Sunergy 具備高水準熱能控制以及隔熱功能，提供清透、綠色、冰藍、深藍及灰色 5 種顏色選擇[3]。

　　特色：卓越的視覺外觀，高透光率、低反射率；顏色自然與玻璃原色無異；可單片或複層使用，達到完美的隔熱及恆溫效果，創造舒適的室內環境；易於加工處理；可適用於任何建案規劃，讓建築設計不受限制。

　　低輻射玻璃係台玻引進美國 Applied Films 集團及德國 Von Ardenne 公司最先進的真空濺射鍍膜設備及技術，在臺灣所生產的高性能低輻射玻璃。以真空濺射方式，將玻璃表面濺鍍多層不同材質鍍膜。其中鍍銀層對紅外線光具高反射功能，即高熱阻絕；鍍銀層下之底層鍍膜為二氧化錫（SnO_2）抗反射鍍膜，用以增加透光率；鍍銀層上鍍膜為鎳鉻合金（NiCr）金屬隔離鍍膜，用以保護鍍銀層功能，最頂層鍍膜為二氧化錫（SnO_2）抗反射鍍膜，主要功用是保護整體鍍膜層，藉以達到現代建築玻璃所注重的高透光率、低反射率、高熱阻絕與環保節能的要求[4]。

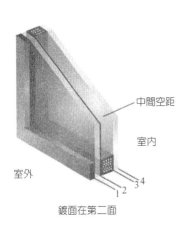

中間空距

室內

室外

鍍面在第二面

1 2 3 4

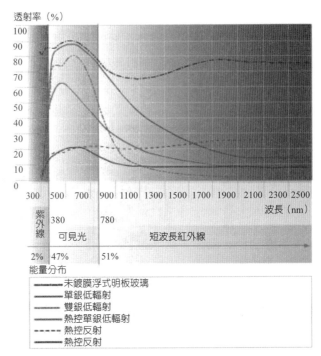

透射率（%）

波長（nm）

紫外線
可見光
短波長紅外線

380 780

2% | 47% | 51%

能量分布

————— 未鍍膜浮式明板玻璃
————— 單銀低輻射
————— 雙銀低輻射
————— 熱控單銀低輻射
- - - - - 熱控反射
————— 熱控反射

（二）逆向思考：移除 IR-CUT

www.digital.idv.tw

為什麼不乾脆把 IR-CUT 整合進 CCD 之中呢？其實，對於 IR-CUT 究竟要不要存在，數位相機業界曾有不小的爭論。少數精銳數位機身，例如：Kodak DCS 760Pro 就可以讓使用者直接將 CCD 前安裝的 IR-CUT 移除，更換不同的 Filter。SONY 也曾於旗下 F 系列數位相機產品之中直接設計引用 IR 的訊號，增強夜晚拍攝的能力，以及讓一些紅外線攝影愛好者可以享用此一便利的科技。[5]

黑色衣服較偏紅

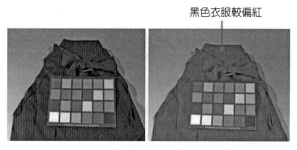

Canon 彩虹公司提供比較照片

　　不過，少數不肖攝影師發現紅外線可以穿透尼龍之人造纖維布料，引聳動的標題號召「透視」能力！侵犯他人隱私權，甚至造成社會輿論的撻伐。此外，將CCD IR-CUT 取下後，感應光波長得到伸展，原先照片黑色的部分會偏紅，產生色偏的情形。所以，大多數的數位相機仍維持 IR-CUT。

　　OLPF 全名是 Optical Low-pass Filter，可以說是數位相機中相當昂貴且神秘的光濾片組件！因為 OLPF 牽涉了相當多還在專利保護階段的技術，相關資料珍貴且稀少。OLPF 的好壞等於直接決定了數位相機畫質的生死，許多生產廠商莫不將此一資訊列為機密嚴格控管。Low-pass Filter 的主要工作是用來過濾輸入光線中不同頻率波長的光訊號，以傳送至 CCD，並且避免不同頻率訊號干擾到 CCD 對色彩的判讀。

有 OLPF　　　　　　　　　　　無 OLPF

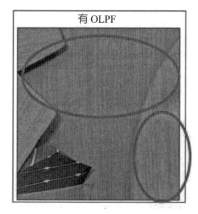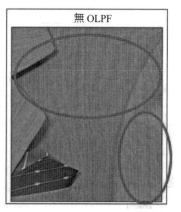

Canon 彩虹公司提供比較照片

437

　　OLPF 對於假色（False Colors）的控制上有顯著的影響，假色的產生主要來自於密接條紋、柵欄或是同心圓等主體影像，色彩相近卻不相同，當光線穿過鏡頭抵達 CCD 時，由於分色馬賽克濾片僅能分辨 25% 的紅與藍色以及 50% 的綠色，再經由色彩處理引擎運用數據插值運算整合為完整的影像。因為先天上色彩資料短缺，CCD 根本無法判斷密接條紋相鄰色彩的參數，終於導致引擎判斷錯誤輸出錯誤的顏色（見上圖）。

（三）熱鏡／紅外截止片（IR Cut Filters）

　　種類有日夜兩用型濾片，功能：將紅外光反射，維持可見光穿透，以真空光學多層鍍膜來達到濾波的功能。在可見光高穿透的同時高反射紅外光，可修正 CMOS 及 CCD 的色偏現象，減少紅外線的干擾；用途：視訊鏡頭濾片、監視鏡頭濾片、紅外感應器 [6]。

紅外截止片：光學特性與光譜特性圖，如下圖所示。

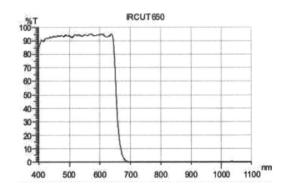

光學特性：
T50%=650 +/- 10nm
Tave>88% @ 420-620nm
Tave<3% @ 720-1050nm
可供應材質、厚度及尺寸：
青板：0.4, 0.55, 0.7, 1.1mm
方形：3*3 - 160*160mm
圓形：Dia2 - 150mm
最高安全溫度：
青板，B270：150℃

紫外 / 紅外截止片：光學特性與光譜特性圖，如下圖所示。

光學特性:
T50%=710 +/- 15nm
Tave>88% @ 430-660nm
Tave<3% @ 780-1050nm
可供應材質、厚度及尺寸:
D263T: 0.3, 0.55mm
耐熱玻璃: 1.1mm
方形: 3*3 - 160*160mm
圓形: Dia2 - 150mm
最高安全溫度:
青板, B270：150℃
耐熱玻璃: 450℃

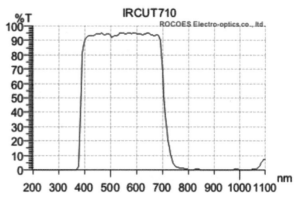

四、基本理論

觀察下圖中介於 $g = 1$ 與 $g = 3$ 之間的透射區域，得知 $\dfrac{L}{2} H \dfrac{L}{2}$ 膜堆組合可以用來製作效果還不錯的**短波通濾光片**；同此觀察動作，在 $g < 1$ 的透射區域，也不難了解爲什麼 $\dfrac{H}{2} L \dfrac{H}{2}$ 膜堆組合是**長波通濾光片**的組成單元。

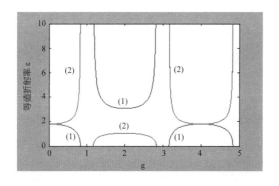

換言之，**短波通濾光片**的設計爲

$$\left(\frac{L}{2} H \frac{L}{2}\right)\left(\frac{L}{2} H \frac{L}{2}\right)\left(\frac{L}{2} H \frac{L}{2}\right) \cdots \left(\frac{L}{2} H \frac{L}{2}\right)$$

或改寫為

$$0.5L \ HLHLHL \cdots LH \ 0.5L$$

或簡寫為

$$\left(\frac{L}{2} H \frac{L}{2}\right)^m \qquad （m：重複次數）$$

實例說明，15 層**短波通濾光片**與長波通濾光片的設計如下：

$$一：1|\left(\frac{L}{2}H\frac{L}{2}\right)^7|1.52 \qquad \lambda_0 = 0.75\mu m$$

$$□：1|\left(\frac{H}{2}L\frac{H}{2}\right)^7|1.52 \qquad \lambda_0 = 0.45\mu m$$

$n_L = 1.38$，$n_H = 2.35$。透射率光譜圖顯示如下，圖中很容易可以看出，**短波通濾光片**的高透射率區域有比較嚴重的凹陷，顯見長波通濾光片的高透射率區域效果，確實比**短波通濾光片**好。

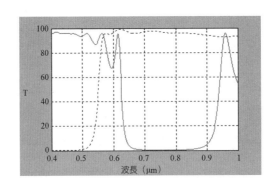

通帶凹陷的改進

　　截止濾光片的通帶凹陷的改進，最常使用的方法是在對稱組合膜堆與空氣、基板之間加上抗反射匹配層，即

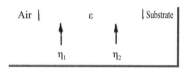

$$\eta_1 = \sqrt{\eta_0 \varepsilon}$$
$$\eta_2 = \sqrt{\eta_s \varepsilon}$$

當然，計算出的 η_1、η_2 折射率並不一定存在，影響所及導致改善仍然不好，因此，先固定匹配層的折射率，再尋求最佳效果的膜厚，似乎是可行的變通辦法。以上概念，示意如下：a、b 為常數，η_1、η_2 已知

$$\text{Air} \mid a\eta_1 \quad \varepsilon \quad b\eta_2 \mid \text{Substrate}$$

舉例說明：設計安排

一：$1|(\dfrac{L}{2} \ H \ \dfrac{L}{2})^7|1.52$

二：$1|(\dfrac{L}{2} \ H \ \dfrac{L}{2})^7 \ 0.8L|1.52$　　　（改良設計）

$n_L = 1.38$，$n_H = 2.35$，$\lambda_0 = 1.5\mu m$。透射率光譜圖顯示如下，圖中可見改善的程度，以及 λ_0、$\lambda_0/3$ 處是高反射率區域的現象。

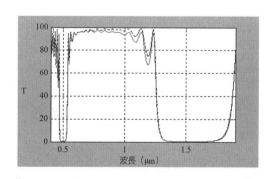

另一設計安排：

$$1|1.1\,(\frac{L}{2}\,H\,\frac{L}{2})\,(\frac{L}{2}\,H\,\frac{L}{2})^5\,1.125(\frac{L}{2}\,H\,\frac{L}{2})|1.52$$

其透射率光譜圖顯示如下。兩相比較，可知在波長 0.7～1.3μm 之間凹陷問題已見改善，但是在波長 0.55～0.7μm 之間則效果變差。

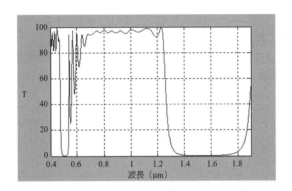

五、模擬步驟

　　短波通濾光片的鍍膜設計：**Air|(0.5L H 0.5L)^7|Glass**，參考波長 $\lambda_0 = 1.5$μm，入射角 0 度，H 為膜厚 1/4 波厚的高折射率材料 TiO_2，L 為膜厚 1/4 波厚的低折射率材料 Na_3AlF_6；滑鼠雙按 圖示，打開 Essential Macleod 模擬軟體，點按功能表 **[File/New/Design]**，產生一個新的設計，或點按工具列圖示 ，點按功能表 **[Edit/Formula]**，產生一個使用薄膜公式的膜層安排。

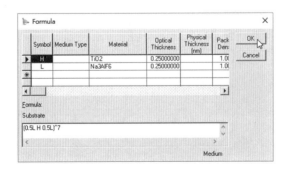

^7 代表 7 個週期，意即 2×7+1 為 15 層鍍膜設計，按 OK 產生初始膜層設計。

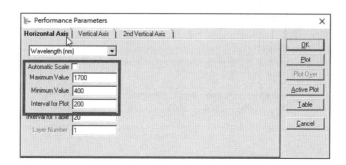

光譜特性設定：水平軸選項中取消勾選自動刻度，其餘數值更改如下所示。

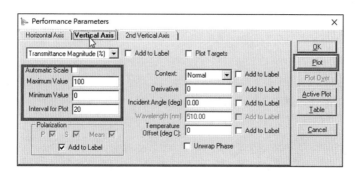

垂直軸選項中取消勾選自動刻度，其餘數值更改如下所示，按 Plot 。

出現警示對話框，按 Yes 。

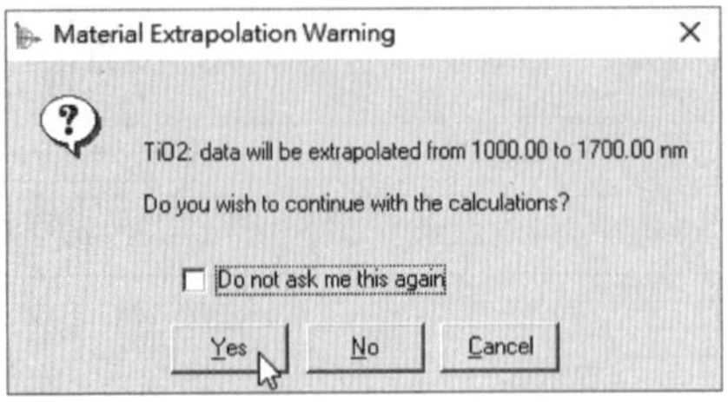

透射率光譜圖

由光譜圖得知，以參考波長 1500nm 為中心，形成一高反射波段區域，中心點的左邊短波長區域 545～1320nm 即為高透射波段，故稱為短波通濾光片。

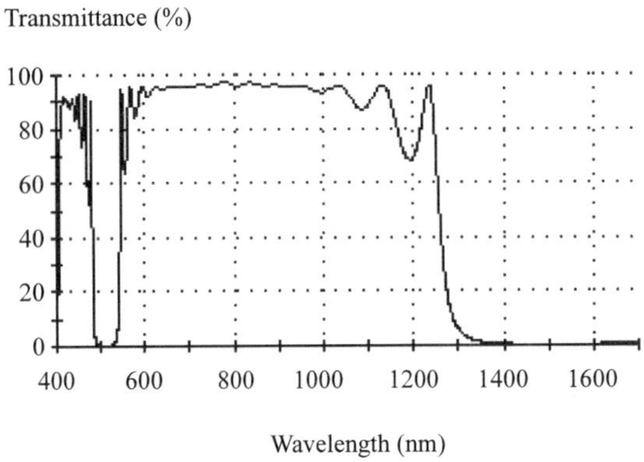

顯示高反射率鍍膜設計的波長、入射角複合圖表，先點按工具列圖示 檢視各設定，再點按圖示 。

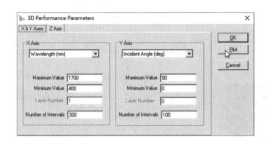

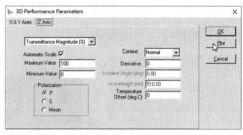

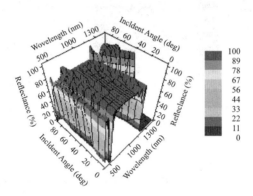

由三維光譜圖得知，以參考波長 1500nm 為中心，形成一高反射波段，隨著入射角增加，高透射波段逐漸往短波長區域移動，高透射區域範圍沒有明顯縮小，但光譜特性有劣化現象；此三維光譜圖可以轉換為二維輪廓圖，滑鼠於圖表區域中點按右鍵，選按 Contour Plot。

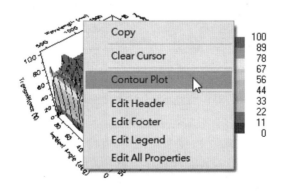

由二維輪廓圖更加容易得知，以參考波長 1500nm 為中心所形成的高反射波段，將

隨著入射角增加,逐漸往短波長區域移動,並且高反射區域範圍縮小,而短波長波段則有光譜特性劣化現象。

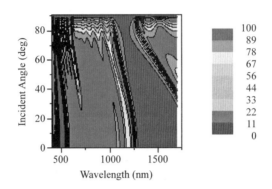

電場強度分布圖

顯示波長 λ = 1500nm 的電場強度分布圖,點按功能表 **[Tools/Analysis/Electric Field...]**,參數設定視窗中,勾選所有可供勾選之選項。

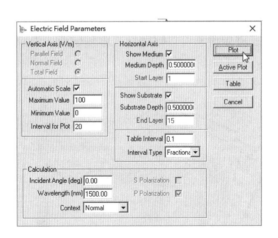

由此特性圖得知,光從左邊的入射介質(空氣)入射,電場強度最大,隨著光入射到膜層中,電場強度逐漸變小,直到第 9 個週期膜層為止,其中電場強度的峰值皆位於高、低折射率膜層之間的界面上;由此可知,這是屬於高反射的特性表現。

Electric Field (V/m)

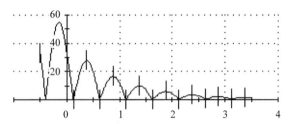

Optical Distance (FWOT) from Medium

顯示三維電場強度分布圖，點按功能表 **[Tools/Analysis/3D Electric Field...]** ，參數
設定視窗中，勾選所有可供勾選之選項，其中 X&Y Axes 頁籤選項視窗：

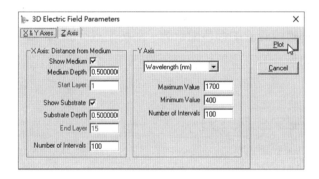

Z Axis 頁籤選項視窗：

447

由二維輪廓圖更加容易得知，以參考波長 1500nm 為中心所形成的高反射波段，範圍 1300～1700nm，以及 545～1320nm 短波長波段高透射的特性。

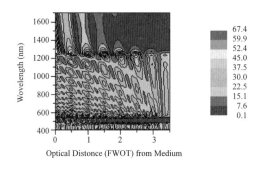

Optical Distance (FWOT) from Medium

顏色顯示圖

顯示高反射率鍍膜設計的顏色顯示圖，點按工具列圖示 ，設定如下圖框線所示。

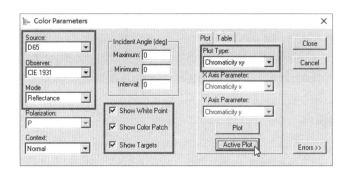

使用人工白晝光 D65 為光源，輸出反射率光譜的顏色如下所示：（模擬後自行檢視顏色）

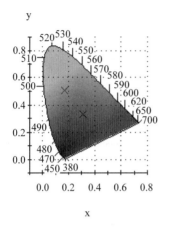

折射率側面圖

點按工能表 **[Tools/Index Profile]**，參數檢視與設定後，點按 Plot 。

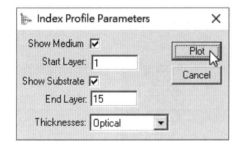

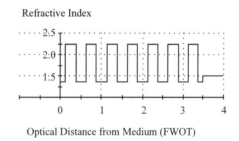

（一）膜厚優化

短波通濾光片的鍍膜設計：**Air|(0.5L H 0.5L)⁷|Glass**，參考波長 $\lambda_0 = 0.85\mu m =$ 850nm，入射角 0 度，H 為膜厚 1/4 波厚的高折射率材料 TiO_2，L 為膜厚 1/4 波厚的低折射率材料 Na_3AlF_6。

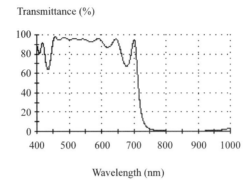

點按工具列圖示 ⚙ ，確認預設優化目標值：設定高透射率波段為 400～700nm，運算子為等號（=），需求目標值為 100，型態為透射率，其餘參數維持低透射率，運算子為等號（=），需求目標值為 0，所有目標值間距預設為 25nm，此間距亦可依實際模擬情況新增插入值。

或者使用連續波長設定方式，滑鼠先點按目標值設定視窗，後選按功能表 **[Edit/Generate...]**。

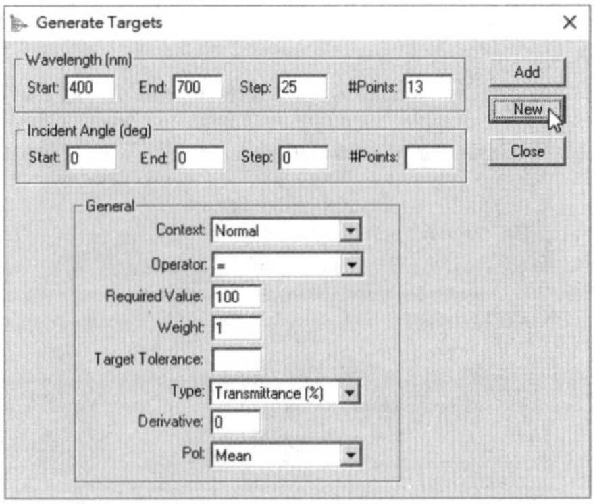

依序鍵入起始、終止、間距波長數據，目標值間距預設爲 25nm ，General 欄位中之需求目標值爲 100，型態爲透射率，偏振屬性爲平均，按 New 建立；700～1000nm 波段維持低透射率，運算子爲等號（=），目標值間距不變，需求目標值爲 0，按 Add 新增。

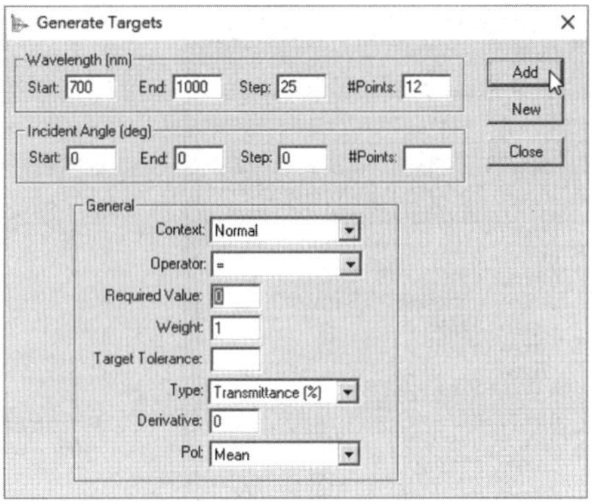

回設計視窗，點按功能表 **[Tools/Refine/Simplex]** ，或工具列圖示 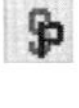，確認是勾選 Refine Thicknesses 後，按 Refine 。

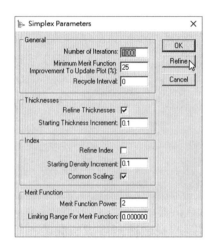

透射率光譜圖

初步優化效果不佳，這是因為目標值設定的間距太大所致。

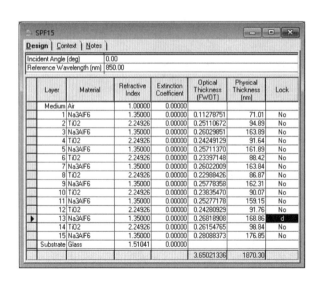

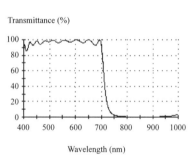

新增設定目標值：欲在兩波長之間新增一中間值波長，以滑鼠點按前一波長之任一欄位後，按 Enter 方式新增，同樣使用 Simplex Parameter 優化法，結果：由光譜圖可知，高透射率區域的振盪波紋已經明顯平坦化，其透射率皆大於 91.72%，平均

透射率為 97.05%。

	Layer	Material	Refractive Index	Extinction Coefficient	Optical Thickness (FWOT)	Physical Thickness (nm)	Lock
	Medium	Air	1.00000	0.00000			
	1	Na3AlF6	1.35000	0.00000	0.12781725	80.48	No
	2	TiO2	2.24926	0.00000	0.24566470	92.84	No
	3	Na3AlF6	1.35000	0.00000	0.26672098	167.94	No
	4	TiO2	2.24926	0.00000	0.24229239	91.56	No
	5	Na3AlF6	1.35000	0.00000	0.25766121	162.23	No
	6	TiO2	2.24926	0.00000	0.23394689	88.41	No
	7	Na3AlF6	1.35000	0.00000	0.25812125	162.52	No
	8	TiO2	2.24926	0.00000	0.23408595	88.46	No
	9	Na3AlF6	1.35000	0.00000	0.25222445	158.81	No
	10	TiO2	2.24926	0.00000	0.23861356	90.17	No
	11	Na3AlF6	1.35000	0.00000	0.25816985	162.55	No
	12	TiO2	2.24926	0.00000	0.24081637	91.00	No
▶	13	Na3AlF6	1.35000	0.00000	0.26818908	168.86	No
	14	TiO2	2.24926	0.00000	0.25698031	97.11	No
	15	Na3AlF6	1.35000	0.00000	0.27213066	171.34	No
	Substrate	Glass	1.51041	0.00000			
					3.65343491	1874.29	

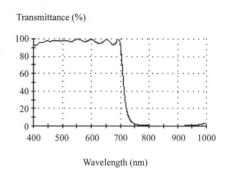

顯示高反射率鍍膜設計的波長、入射角複合圖表，先點按工具列圖示 ⊕ 檢視各設定，再點按圖示 ⬢。

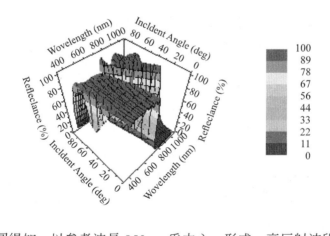

由三維光譜圖得知，以參考波長 850nm 為中心，形成一高反射波段區域，隨著入射角增加，逐漸往短波長區域移動，並且高反射區域範圍縮小；以上特性如同上述未優化的設計，差別在於高透射率波段區域振盪波紋已經平坦化。此三維光譜圖可以轉換為二維輪廓圖，滑鼠於圖表區域中點按右鍵，選按 Contour Plot。

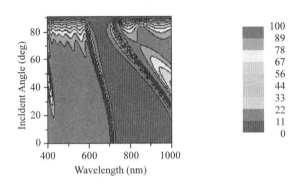

由二維輪廓圖更加容易看到，以參考波長 850nm 為中心所形成的高反射波段區域，將隨著入射角增加，逐漸往短波長區域移動，並且高反射區域範圍縮小；高透射波段區域，在入射角範圍 0～20 度，以及 20～60 度內，除了近 400nm 外，透射率皆介於 89～100% 之間。

顏色顯示圖

顯示短波通濾光片鍍膜優化設計的顏色顯示圖，點按工具列圖示 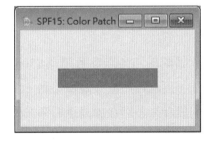，使用 D65 為光源，輸出反射率光譜的顏色如下所示：（模擬後自行檢視顏色）

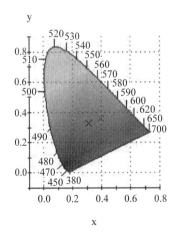

（二）通帶回陷改善

　　恢復原始 15 層短波通濾光片對稱膜堆設計，新增第 16 層，低折射率材料，膜厚 $0.25\lambda_0$，即初始膜層設計安排為

Air|(0.5L H 0.5L)^7 L|Substrate

上式中 H 為膜厚 1/4 波厚的高折射率材料 TiO_2，L 為膜厚 1/4 波厚的低折射率材料 Na_3AlF_6，基板（Substrate）為玻璃，$\lambda_0 = 850$ nm。點按設計視窗→功能表 **[Edit/Formula]** → OK ，鎖定所有優化參數 d、n：點按功能表 **[Lock/Link/Lock All]**，或工具列圖示 🔒 ；直接點按編號 16 膜層之 Lock 欄位，切換為 No 選項，意即不鎖定。

	Layer	Material	Refractive Index	Extinction Coefficient	Optical Thickness (FWOT)	Physical Thickness (nm)	Lock
	Medium	Air	1.00000	0.00000			
	1	Na3AlF6	1.35000	0.00000	0.13614296	85.72	d, n
	2	TiO2	2.24926	0.00000	0.25172728	95.13	d, n
	3	Na3AlF6	1.35000	0.00000	0.27089050	170.55	d, n
	4	TiO2	2.24926	0.00000	0.23414413	88.48	d, n
	5	Na3AlF6	1.35000	0.00000	0.24619962	155.01	d, n
	6	TiO2	2.24926	0.00000	0.25000000	94.48	d, n
	7	Na3AlF6	1.35000	0.00000	0.25000000	157.41	d, n
	8	TiO2	2.24926	0.00000	0.25000000	94.48	d, n
	9	Na3AlF6	1.35000	0.00000	0.25000000	157.41	d, n
	10	TiO2	2.24926	0.00000	0.25000000	94.48	d, n
	11	Na3AlF6	1.35000	0.00000	0.23991721	151.06	d, n
	12	TiO2	2.24926	0.00000	0.23083838	87.23	d, n
	13	Na3AlF6	1.35000	0.00000	0.28422842	178.96	d, n
	14	TiO2	2.24926	0.00000	0.25915044	97.93	d, n
	15	Na3AlF6	1.35000	0.00000	0.27694248	174.37	d, n
▶	16	Na3AlF6	1.35000	0.00000	0.25000000	157.41	No
	Substrate	Glass	1.51041	0.00000			
					3.93017143	2040.10	

　　重複上述之 Simplex Parameter 優化方法，結果：由透射率光譜圖可知，高透射率區域的振盪波紋已經有部分改善，但因優化調變只有一層，致使通帶平坦化效果不佳。

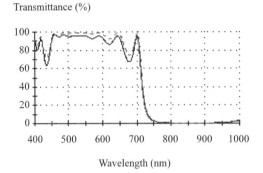

另一種 15 層短波通濾光片膜層優化設計：

$$\text{Air}|a(0.5L\ H\ 0.5L)^1\ (0.5L\ H\ 0.5L)^5\ b(0.5L\ H\ 0.5L)^1|\text{Substrate}$$

上式中 a、b 為調變參數，分別同步控制靠近空氣與基板的前後 3 層，如此設定，可調變膜層數形同兩膜堆層，優化效果將可預期不佳，故有必要各膜層各自調變。

　　點按設計視窗→功能表 **[Edit/Formula]** → OK ，鎖定所有優化參數 d、n：點按功能表 **[Lock/Link/Lock All]**，或工具列圖示 🔒；直接點按編號 1、2、3 與 15、16、17 膜層之 Lock 欄位，切換為 No 選項，意即不鎖定。

Layer	Material	Refractive Index	Extinction Coefficient	Optical Thickness (FWOT)	Physical Thickness (nm)	Lock
Medium	Air	1.00000	0.00000			
1	Na3AlF6	1.35000	0.00000	0.12500000	78.70	No
2	TiO2	2.24926	0.00000	0.25000000	94.48	No
3	Na3AlF6	1.35000	0.00000	0.12500000	78.70	No
4	Na3AlF6	1.35000	0.00000	0.12500000	78.70	d, n
5	TiO2	2.24926	0.00000	0.25000000	94.48	d, n
6	Na3AlF6	1.35000	0.00000	0.25000000	157.41	d, n
7	TiO2	2.24926	0.00000	0.25000000	94.48	d, n
8	Na3AlF6	1.35000	0.00000	0.25000000	157.41	d, n
9	TiO2	2.24926	0.00000	0.25000000	94.48	d, n
10	Na3AlF6	1.35000	0.00000	0.25000000	157.41	d, n
11	TiO2	2.24926	0.00000	0.25000000	94.48	d, n
12	Na3AlF6	1.35000	0.00000	0.25000000	157.41	d, n
13	TiO2	2.24926	0.00000	0.25000000	94.48	d, n
14	Na3AlF6	1.35000	0.00000	0.12500000	78.70	d, n
15	Na3AlF6	1.35000	0.00000	0.12500000	78.70	No
16	TiO2	2.24926	0.00000	0.25000000	94.48	No
17	Na3AlF6	1.35000	0.00000	0.12500000	78.70	No
Substrate	Glass	1.51041	0.00000			
				3.50000000	1763.18	

重複上述之 Simplex Parameter 優化方法，結果：由透射率光譜圖可知，高透射率

區域的振盪波紋已經獲得明顯改善，顯見優化調變六層的通帶平坦化效果遠優於前述一層的調變。

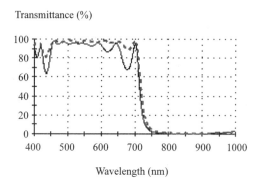

（三）寬帶短波通濾光片

增加對稱膜堆的層數，可以達到拓寬通過帶的目的。例如，5 層鍍組合 ABCBA，各層膜厚為 $\lambda_0/10$，選定折射率為 $n_A = 1.46$（SiO_2），$n_B = 1.94$（HfO_2），$n_C = 2.35$（TiO_2），$\lambda_0 = 1500$ nm：

$$\text{Air}|(\text{ABCBA})^{10}|\text{Substrate}$$

相比較於以前的設計效果，高反射率區域在 λ_0 及 $\lambda_0/4$ 附近，亦即高透射率區域在 375nm 和 1500nm 之間，顯見高透射率區域已經拓寬至 1300nm，完全涵蓋整個可見光區。

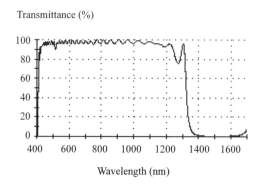

如欲繼續擴展高透射率區域，膜堆的鍍膜狀況必須符合 $n_A d_A = n_B d_B = n_C d_C = \lambda_0/12$，$n_B = (n_A n_C)^{0.5}$，以實例來看，設定 $n_A = 1.38$（MgF$_2$），$n_B = 1.8$（Y$_2$O$_3$），$n_C = 2.35$（TiO$_2$），$\lambda_0 = 1500$ nm：

$$\text{Air}|(\text{AB2CBA})^{10}|\text{Substrate}$$

高反射率區域在 λ_0 及 $\lambda_0/5$ 附近，透射率光譜效果如下所示。圖中高透射率區域確實有擴展，但靠近高反射率波段仍有很深的凹陷存在，需要進行優化設計加以改進。

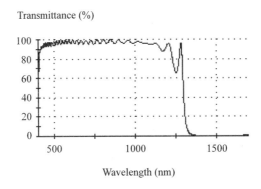

更寬廣通帶的設計安排，鍍膜狀況必須符合 $n_A d_A = n_B d_B = n_C d_C = n_D d_D = \lambda_0/16$，$n_A = 1.46$（SiO$_2$），$n_B = 1.68$（Al$_2O_3$），$n_C = 2.04$（ZrO$_2$），$n_D = 2.35$（TiO$_2$），$\lambda_0 = 2600$ nm：

$$\text{Air}|(\text{ABC2DCBA})^{8}|\text{Substrate}$$

若將此基本膜堆重複 8 次鍍在玻璃上，可得透射率光譜圖如下所示。從圖中看出，高透射率平坦區域自 400nm 至 2200nm，通帶相當寬廣，但仍然有凹陷的問題存在。

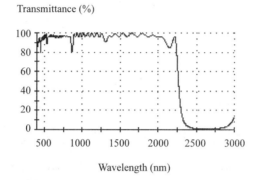

（四）止帶拓寬

增加對稱膜堆的組合數目，但使用不同的設計波長，可以達到拓寬止帶波段光譜寬度的目的。例如使用原始 15 層短波通濾光片對稱膜堆設計 **Air|(0.5L H 0.5L)^7|Substrate**，$\lambda_0 = 850$ nm，上式中 H 為膜厚 1/4 波厚的高折射率材料 TiO_2，L 為膜厚 1/4 波厚的低折射率材料 Na_3AlF_6，基板（Substrate）為玻璃，其透射率光譜圖如下所示：

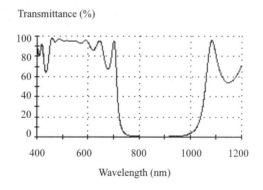

新增加疊第二組 15 層短波通濾光片對稱膜堆，構成初始膜層設計安排為

Air|1.23(0.5L H 0.5L)^7 (0.5L H 0.5L)^7|Substrate

459

其透射率光譜圖如下所示：

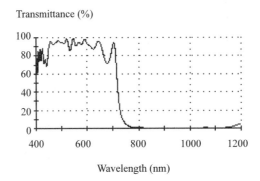

點按工具列圖示 ，確認預設優化目標值：設定高透射率波段為 400～700nm，運算子為等號（＝），需求目標值為 100，型態為透射率，其餘波段～1200nm，參數維持低透射率，運算子為等號（＝），需求目標值為 0，目標值間距為 25nm 或 12.5nm。

	Wavelength [nm]	Operator	Required Value	Target Tolerance	Type
	662.50	=	100.000000	1.000000	Transmittance (%)
	675.00	=	100.000000	1.000000	Transmittance (%)
	687.50	=	100.000000	1.000000	Transmittance (%)
	700.00	=	100.000000	1.000000	Transmittance (%)
	725.00	=	0.000000	1.000000	Transmittance (%)
	750.00	=	0.000000	1.000000	Transmittance (%)

透射率光譜圖

使用 Simplex Parameter 優化法，可得如下所示的透射率光譜圖，相比較於上述的設計效果，顯見整個可見光區的高透射率特性已經改善，並且止帶低透射率區域拓寬涵蓋 750nm 至 1200nm。

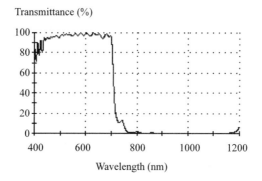

六、問題與討論

1. 驗證短波通濾光片鍍膜設計 **Air|(0.5L H 0.5L)⁷|Glass**，當中間層膜厚 1/4 波厚，外層膜厚 1/8 波厚時截止帶最寬，參考波長 $\lambda_0 = 850nm$，H 為膜厚 1/4 波厚的高折射率材料 TiO_2，L 為膜厚 1/4 波厚的低折射率材料 Na_3AlF_6。

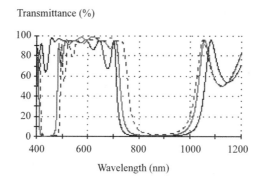

光譜圖中顯示 3 條曲線，依照截止帶寬窄排序，外層膜厚與中間層膜厚比值分別為 1：2、1：4、1：6。

2. 比較短波通濾光片鍍膜設計 **Air|(0.5L H 0.5L)⁷|Glass** 與 **Air|(L 2H L)⁷|Glass**，參考波長 $\lambda_0 = 850nm$，膜層材料與膜厚設定同前。

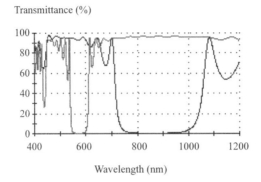

3. 比較並優化短波通濾光片鍍膜設計 **Air|(0.5L H 0.5L)^7|Glass**，參考波長 $\lambda_0 =$ 850nm，其光譜效果如下實線曲線所示，虛線曲線為 **Air|(0.5H L 0.5H)^7|Glass** 鍍膜設計，膜層材料與膜厚設定同前。

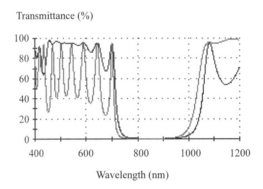

4. 由三種對稱膜堆疊而成的熱鏡，膜系初始設計為 **Glass|0.55(0.5L H 0.5L)^7 0.75(0.4L 0.4M 0.4H 0.4M 0.4L)^8 (0.33L 0.33J 0.66H 0.33J 0.33L)^8|Air**，參考波長 $\lambda_0 = 1700$ nm，H 為膜厚 1/4 波厚的高折射率材料 TiO_2，L 為膜厚 1/4 波厚的低折射率材料 Na_3AlF_6，M 為膜厚 1/4 波厚的中折射率材料 HfO_2，J 為膜厚 1/4 波厚的中折射率材料 Y_2O_3，其光譜效果如下所示：

Transmittance (%)

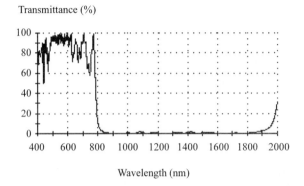

Wavelength (nm)

優化可見光區的透射率,設定方式如下,a、b為常數。

$$a(0.5L\ H\ 0.5L)\ 0.55(0.5L\ H\ 0.5L)^5\ b(0.5L\ H\ 0.5L)$$

或靠近基板端新增一層低折射率材料 L。

七、關鍵字

1. Low E glass。
2. 短波通濾光片。
3. 通帶凹陷。
4. 熱鏡。
5. 紅外截止片(IR Cut Filters)。

八、學習資源

1. https://kknews.cc/zh-tw/news/play2.html
   如何選擇光學濾光片增強圖像對比度。

2. https://read01.com/JPRyO7.html
   濾光片的分類方式、類型。

3. http://www.etafilm.com.tw/ir.html
   IR Cut Filter 紅外線截止濾光片。

4. http://www.gxoptics.com/847.html

   什麼是紅外截止濾光片。

5. http://nfuba.nfu.edu.tw/ezfiles/31/1031/img/90/205462225.pdf

   具節能隔熱之透明玻璃窗。

九、參考資料

1. 薄膜光學與鍍膜技術（第 8 版），李正中，藝軒圖書。

2. 薄膜光學概論，葉倍宏，全華圖書。

3. http://www.gtoc.com.tw/webc/html/product2/show.aspx?kind = 1&num = 3#b2 。

4. http://www.taiwanglass.com/tc/products/flatglass/processed/leg.html 。

5. http://163.20.173.56/tch/digiphoto/Digital_t/dt09.htm 。

6. http://rocoes.com.tw/2008c/optical/ircut.htm 。

實習

14

CHAPTER ▶▶ ▶

長波通濾光片

一、實習目的

配合使用 Essential Macleod 光學薄膜設計模擬軟體，分析、討論長波通濾光片的光譜特性。

1. $(\frac{H}{2} L \frac{H}{2})^m$ 膜堆型態。

2. $(\frac{L}{2} H \frac{L}{2})^m$ 膜堆型態。

3. 堆疊（Stack）的設定。

實習流程：

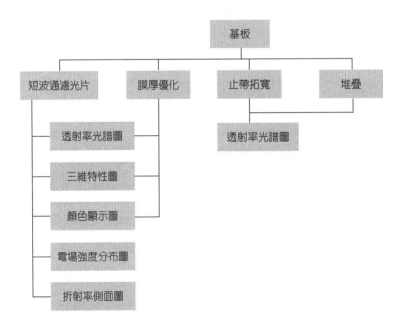

二、實習軟體

Essential Macleod 光學薄膜設計模擬軟體。

三、應用實例

（一）IR 紅外光濾光片（濾鏡）

　　IR 紅外光濾光片的功用在於阻絕可見光，但讓紅外光通過；ICF 濾光片（IR Cut Filter）的功用則相反，即在於通過可見光，但阻絕紅外光，以避免進入感光元件，影響正常畫面的呈現。CPL 攝影器材指圓偏光鏡，或稱圓偏振鏡（Circular-Polarizing Filters），偏光鏡的概念用來可以濾掉一些從不同方向漫射進來的光線，降低影像的反光而讓畫面更清晰，這樣拍照的影像會更清楚 [3]。

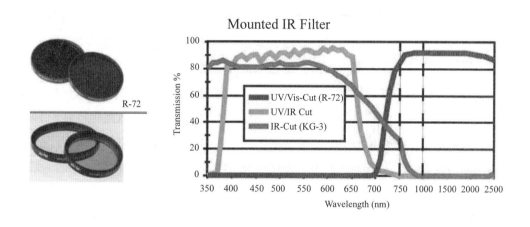

ICF 濾鏡常常被用來當作熱吸收濾光片，而讓可見光譜範圍通過，超過 780nm 以上全部擋住；IR 濾鏡則是常常用來保護 IR 感應器或用在照明系統。UV/IRCut Filters 是多層鍍膜干涉濾光片，可以完全擋住不要的 UV 紫外光與 IR 紅外光輻射光譜，特別建議使用在數位影像感應器應用。

　　對於紅外光影像結合了可見光和紅外光，建議使用 R-72 紅外光濾鏡（讓 720nm 以上光譜通過）；鏡頭通常針對可見光譜設計，所以在紅外光調整上需要獲得清晰的影像，雖然 CCD 或 CMOS 因本身具備紅外光接受能力（感應近紅外光 700 ～ 1200nm），而能使紅外光攝影變得容易，但也因為紅外光會對正常影像色彩與清晰度造成影響，所以多數相機廠商都會在感光元件前方加裝一組低通透濾鏡（Infrared Cut Filter, ICF）加以阻隔，以避免紅外光影響正常畫面的呈現，但比較

有趣的是，該片濾鏡僅能保證可見光可順利通過，卻無法 100% 攔截紅外光。

一般來說，數位相機若要進行紅外光攝影，主要有兩種管道，分別為加裝與改裝兩種模式。加裝就是在鏡頭前方外掛一組紅外光濾鏡，雖然目前款式眾多，但主要還是以 B+W 092、B+W 093 及 HOYA R72 等三種紅外光濾鏡最為熱門，而三者成像效果也各有特色。若是喜愛拍攝彩色 IR 影像的玩家，建議使用 B+W 092 或者 HOYA R72 為佳；若是喜愛 IR 黑白的獨特韻味，則建議使用 B+W 093 即可。但不管採用何種濾鏡拍攝，由於紅外光濾鏡和 ND 減光鏡差不多，鏡面幾乎不透光，所以拍攝時除了需長時間曝光外，腳架更是不可或缺，兩者相搭配下，才能拍出紅外光影像後製的初步素材。值得一提的是，利用這種方式拍攝，由於數位相機內部的低通濾光鏡並未拔除，再加上長時間曝光等因素影響，影像畫質普遍都會有層次不佳甚至模糊等問題，此結果與改裝拍攝效果會有極大的差異。

不管是 DC 或 DSLR 機種都會在感光元件前方加裝一組低通濾光鏡（ICF，如下頁左圖中上方之綠色濾鏡所示）加以阻絕紅外光，這樣就能有效避免紅外光進入而影響成像品質。目前依照改裝濾鏡類別不同，大致可分為高速 IR（採用容許部分可見光穿透之 IR 濾鏡改裝）、全 IR（採用可見光無法穿透之長波通濾鏡改裝）及彩色 IR（採用容許可見光和 IR 同時穿透的全波長濾鏡改裝）等三型機種。由於三者所能感應的波長範圍不太相同，所拍攝出來的影像色調也極具個別特色，但以目前來說，以快速 IR 應用最為普及。

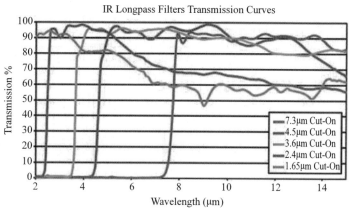

Infrared (IR) Longpass Filters

（二）B+W 092、B+W 093

數位相機使用需有紅外光攝影功能，或傳統相機使用紅外光感光底片才可使用，裝上這濾鏡後曝光時間需要比較長；有許多數位相機或數位單眼，為了減少不可見光對影像的影響，大多會在感應器鍍上多層鍍膜，不過這會影響對紅外光的感應。測試相機會不會濾掉紅外光的方法，可以拿家裡的紅外光遙控器，將前端 LED/IR 發射訊號處對準相機鏡頭，然後拍一張照片或看看觀景窗是否有一點白光，如果有代表相機可以正常使用這個濾鏡；如果沒有就不能使用 [4]。

B+W 092 與 093 濾鏡差別：下圖左邊黑色為 093 鏡片（可說是全紅外光鏡片），下圖右邊深紅色為 092 鏡片（可說是半紅外光鏡片）；B+W 092 或 093 濾鏡，兩者之差別為 B+W 092 除掉 650nm 以下光線，可通過波長 700nm 以上含部分可見光及紅外光，相機觀景窗中上尚可看到景象，利於構圖。

而 B+W 093 則為除掉 750nm 以下光線，通過 880nm 以上純紅外光濾鏡，相機觀景窗上看不到任何影像，拍攝前必須先構圖後再裝上濾鏡拍攝。

469

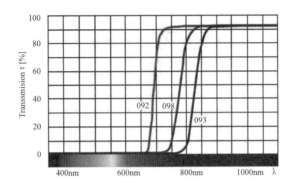

（三）冷光鏡

冷光鏡通常使用於將可見光反射、近紅外線穿透的應用上，應用有醫療照明、監視攝影機、反射罩、掃描器。光學規格：400～700nm，Tavg < 0.5%，T50% = 740+/-10nm，780～2500nm Tavg > 88%，整體光譜特性如下圖所示[5]。

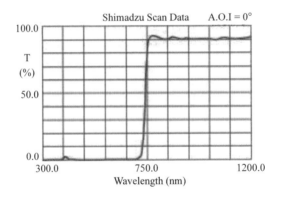

醫療照明：適合牙科照明技術燈所用各種形狀和尺寸的燈杯；所生產的燈杯都經過仔細測算以能夠最大使用光通量，並且使光照區域的光線亮度和色彩均勻分布。使用冷光鏡鍍膜技術，可確保牙科醫生和病人都不會因光線照射感覺過熱。此外鍍膜還可以將鹵鎢燈光線的色溫從 3000 K 轉換到客戶所需的 4000～6000K 範圍內的任意色溫。鍍膜的顯色指數超過 90，可確保對每顆牙齒顏色的最佳評估[6]。

四、基本理論

觀察下圖中介於 g = 1 與 g = 3 之間的透射區域，得知 $\dfrac{L}{2} H \dfrac{L}{2}$ 膜堆組合可以用來製作效果還不錯的**短波通濾光片**；同此觀察動作，在 g < 1 的透射區域，也不難了解為什麼 $\dfrac{H}{2} L \dfrac{H}{2}$ 膜堆組合是**長波通濾光片**的組成單元。

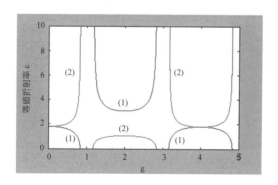

換言之，**長波通濾光片**的設計為

$$(\dfrac{H}{2} L \dfrac{H}{2})(\dfrac{H}{2} L \dfrac{H}{2})(\dfrac{H}{2} L \dfrac{H}{2}) ... (\dfrac{H}{2} L \dfrac{H}{2})$$

或改寫為

0.5H LHLHLH ... HL 0.5H

或簡寫為

471

$$\left(\frac{H}{2} L \frac{H}{2}\right)^m \qquad\qquad （m：重複次數）$$

實例說明，15 層短波通濾光片與**長波通濾光片**的設計如下：

$$
\begin{aligned}
&-： 1|\left(\frac{L}{2}H\frac{L}{2}\right)^7|1.52 \qquad && \lambda_0 = 0.75\mu m \\[2mm]
&\square： 1|\left(\frac{H}{2}L\frac{H}{2}\right)^7|1.52 \qquad && \lambda_0 = 0.45\mu m
\end{aligned}
$$

$n_L = 1.38$，$n_H = 2.35$。透射率光譜圖顯示如下，圖中很容易可以看出，短波通濾光片的高透射率區域有比較嚴重的凹陷，顯見**長波通濾光片**的高透射率區域效果，確實比短波通濾光片好。

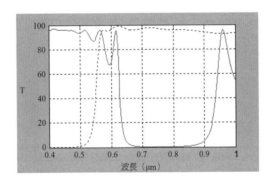

通帶凹陷的改進

截止濾光片的通帶凹陷的改進，最常使用的方法是在對稱組合膜堆與空氣、基板之間加上抗反射匹配層，即

$$\eta_1 = \sqrt{\eta_0 \varepsilon}$$
$$\eta_2 = \sqrt{\eta_s \varepsilon}$$

當然，計算出的 η_1、η_2 折射率並不一定存在，影響所及導致改善效果仍然不好，因此，先固定匹配層的折射率，再尋求最佳效果的膜厚，似乎是可行的變通辦法。以上概念，示意如下：（a、b 為常數，η_1、η_2 已知）

Air｜ aη_1　ε　bη_2 ｜Substrate

舉例說明：設計安排為

$$1|(\frac{H}{2} L \frac{H}{2})^5 \ 0.9294(\frac{H}{2} L \frac{H}{2})^2|1.52$$

（□標籤）

兩折射率值同前，但 $\lambda_0 = 0.45\mu m$，其光譜效果如下所示。事實上，**長波通濾光片**的通帶凹陷問題並不嚴重，反倒是較長波長區的透射效果不好，有待優化改進。

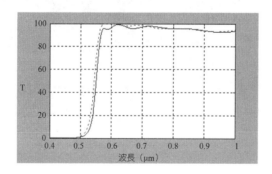

五、模擬步驟

　　長波通濾光片的鍍膜設計：**Air|(0.5H L 0.5H)^7|Glass**，參考波長 $\lambda_0 = 0.46\mu m$，入射角 0 度，H 為膜厚 1/4 波厚的高折射率材料 TiO_2，L 為膜厚 1/4 波厚的低折射

率材料 Na$_3$AlF$_6$；滑鼠雙按 🐾 圖示，打開 Essential Macleod 模擬軟體，點按功能表 **[File/New/Design]**，產生一個新的設計，或點按工具列圖示 🗋，點按功能表 **[Edit/Formula]**，產生一個使用薄膜公式的膜層安排。

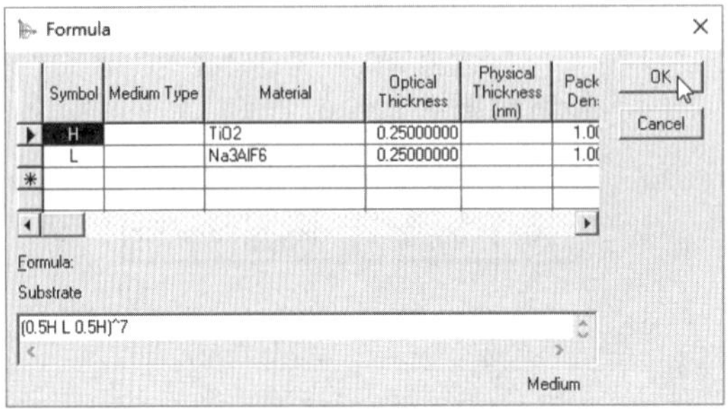

^7 代表 7 個週期，意即 2×7+1 為 15 層鍍膜設計，按 OK 產生初始膜層設計。

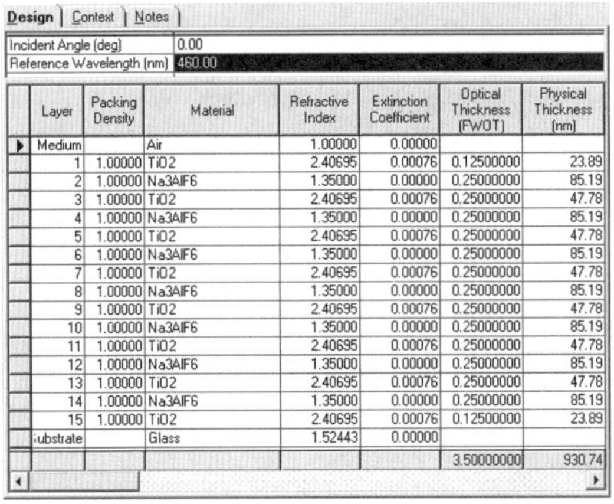

光譜特性設定：水平軸選項為波長（Wavelength），取消勾選自動刻度，波長範圍 380～780nm；垂直軸選項為透射率（Transmittance Magnitude（%）），取消勾選自動刻度，透射率範圍 0～100，按 Plot。

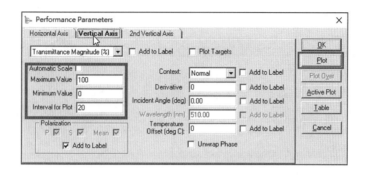

透射率光譜圖

　　由光譜圖得知，以參考波長 460nm 爲中心，形成一高反射波段區域，中心點的左邊短波長區域 570～780nm 即爲高透射波段，故稱爲長波通濾光片。

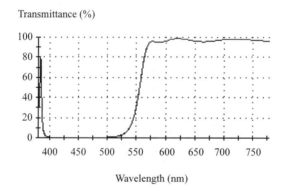

顯示高反射率鍍膜設計的波長、入射角複合圖表，先點按工具列圖示 ![icon] 檢視各設定，再點按圖示 ![icon]。

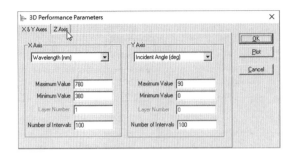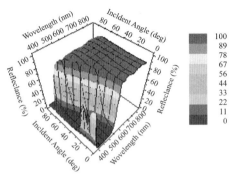

由三維光譜圖得知，以參考波長 460nm 為中心，形成一高反射波段，隨著入射角增加，高透射波段逐漸往短波長區域移動，並且光譜特性有劣化現象；此三維光譜圖可以轉換為二維輪廓圖，滑鼠於圖表區域中點按右鍵，選按 Contour Plot。由二維輪廓圖更加容易得知，以參考波長 460nm 為中心所形成的高反射波段，將隨著入射角增加，逐漸往短波長區域移動，並且高反射區域範圍縮小。

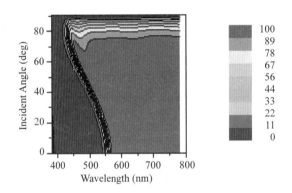

電場強度分布圖

顯示波長 λ = 460nm 的電場強度分布圖，點按功能表 **[Tools/Analysis/Electric Field...]**，參數設定視窗中，勾選所有可供勾選之選項。

Electric Field Parameters

Vertical Axis (V/m)
Parallel Field
Normal Field
Total Field
Automatic Scale ☑
Maximum Value 100
Minimum Value 0
Interval for Plot 20

Horizontal Axis
Show Medium ☑
Medium Depth 0.500000
Start Layer 1
Show Substrate ☑
Substrate Depth 0.500000
End Layer 15
Table Interval 0.1
Interval Type Fractiona ▼

Plot
Active Plot
Table
Cancel

Calculation
Incident Angle (deg) 0.00   S Polarization ☐
Wavelength (nm) 460.00   P Polarization ☑
Context Normal ▼

由此特性圖得知，光從左邊的入射介質（空氣）入射，電場強度最大，隨著光入射
到膜層中，電場強度逐漸變小，直到第 6 個週期膜層為止，其中電場強度的峰值皆
位於高、低折射率膜層之間的界面上；由此可知，這是屬於高反射的特性表現。

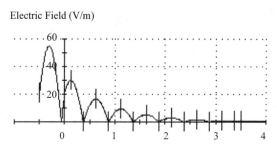

Electric Field (V/m)

Optical Distance (FWOT) from Medium

顯示三維電場強度分布圖，點按功能表 **[Tools/Analysis/3D Electric Field...]**，參數
設定視窗中，勾選所有可供勾選之選項，其中 X&Y Axes 頁籤選項視窗：

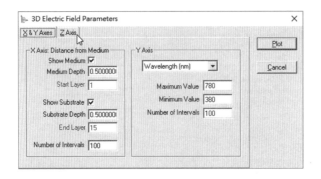

Z Axis 頁籤選項視窗：

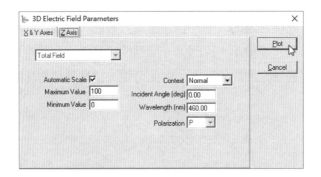

由二維輪廓圖更加容易得知，以參考波長 460nm 為中心所形成的高反射波段，範圍 380～550nm，其餘波段呈現電場貫穿膜層的現象，強度範圍 10～40，顯示高透射的特性。

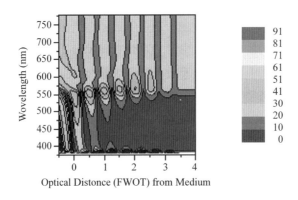

顏色顯示圖

顯示高反射率鍍膜設計的顏色顯示圖，點按工具列圖示 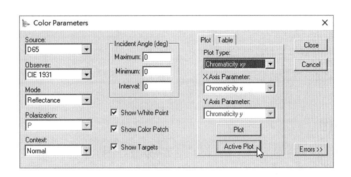，設定如下圖所示。

使用人工白晝光 D65 為光源，輸出反射率光譜的顏色如下所示：（模擬後自行檢視顏色）

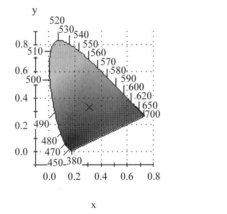

折射率側面圖

點按工能表 **[Tools/Index Profile]**，參數檢視與設定後，點按 Plot 。

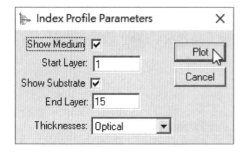

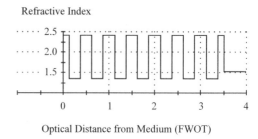

Refractive Index

Optical Distance from Medium (FWOT)

（一）膜厚優化

　　長波通濾光片的鍍膜設計：**Air|(0.5H L 0.5H)^7|Glass**，參考波長 $\lambda_0 = 0.35\mu m =$ 350nm ，入射角 0 度，H 爲膜厚 1/4 波厚的高折射率材料 TiO_2，L 爲膜厚 1/4 波厚的低折射率材料 Na_3AlF_6。

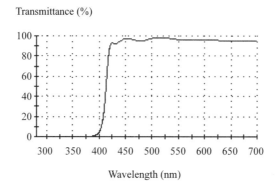

Transmittance (%)

Wavelength (nm)

點按工具列圖示 ⊙，確認預設優化目標值：設定高透射率波段爲 412.5～700nm，運算子爲等號（＝），需求目標值爲 100，型態爲透射率，其餘參數維持低透射率，運算子爲等號（＝），需求目標值爲 0，所有目標值間距預設爲 25nm ，此間距亦可依實際模擬情況新增插入值。

Wavelength (nm)	Operator	Required Value	Target Tolerance	Type
360.00	=	0.000000	1.000000	Transmittance (%)
380.00	=	0.000000	1.000000	Transmittance (%)
400.00	=	0.000000	1.000000	Transmittance (%)
412.50	=	100.000000	1.000000	Transmittance (%)
418.75	=	100.000000	1.000000	Transmittance (%)
425.00	=	100.000000	1.000000	Transmittance (%)
437.50	=	100.000000	1.000000	Transmittance (%)

或者使用連續波長設定方式，滑鼠先點按目標值設定視窗，後選按功能表 **[Edit/Generate...]**。

依序鍵入起始、終止、間距波長數據，目標值間距預設為 20nm，General 欄位中之需求目標值為 0，型態為透射率，偏振屬性為平均，按 [New] 建立；412.5～700nm 波段維持低透射率，運算子為等號（=），目標值間距預設為 12.5nm，需求目標值為 100，按 [Add] 新增。

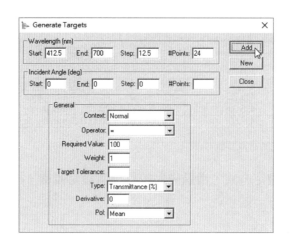

回設計視窗，點按功能表 **[Tools/Refine/Simplex]**，或工具列圖示 📭，確認是勾選 Refine Thicknesses 後，按 Refine 。

透射率光譜圖

初步優化效果若不佳，可能是目標值設定的間距太大所致，故須視實際模擬需要新增目標值。同樣使用 Simplex Parameter 優化法，結果：由光譜圖可知，高透射率區域已修正延伸至 400nm，並且高透射率區域明顯平坦化，其平均透射率為 96.2%。

	Layer	Packing Density	Material	Refractive Index	Extinction Coefficient	Optical Thickness (FWOT)	Physical Thickness (nm)
▶	Medium		Air	1.00000	0.00000		
	1	1.00000	TiO2	2.73000	0.02550	0.10551379	13.14
	2	1.00000	Na3AlF6	1.35000	0.00000	0.26436354	66.58
	3	1.00000	TiO2	2.73000	0.02550	0.31016748	38.63
	4	1.00000	Na3AlF6	1.35000	0.00000	0.18475774	46.53
	5	1.00000	TiO2	2.73000	0.02550	0.24937618	31.06
	6	1.00000	Na3AlF6	1.35000	0.00000	0.27085300	68.21
	7	1.00000	TiO2	2.73000	0.02550	0.24651988	30.70
	8	1.00000	Na3AlF6	1.35000	0.00000	0.21797344	54.90
	9	1.00000	TiO2	2.73000	0.02550	0.26354565	32.82
	10	1.00000	Na3AlF6	1.35000	0.00000	0.26487764	66.71
	11	1.00000	TiO2	2.73000	0.02550	0.22155842	27.59
	12	1.00000	Na3AlF6	1.35000	0.00000	0.22357438	56.31
	13	1.00000	TiO2	2.73000	0.02550	0.30516208	38.01
	14	1.00000	Na3AlF6	1.35000	0.00000	0.16509005	41.58
	15	1.00000	TiO2	2.73000	0.02550	0.20305923	25.29
	Substrate		Glass	1.54141	0.00000		
						3.49639249	638.06

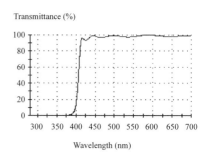

顯示高反射率鍍膜設計的波長、入射角複合圖表，先點按工具列圖示 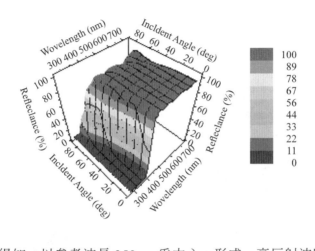 檢視各設定，再點按圖示 ．

由三維光譜圖得知，以參考波長 350nm 為中心，形成一高反射波段區域，隨著入射角增加，逐漸往短波長區域移動，並且高反射區域範圍縮小；以上特性如同上述未優化的設計，差別在於高透射率波段區域更加平坦化。此三維光譜圖可以轉換為二維輪廓圖，滑鼠於圖表區域中點按右鍵，選按 Contour Plot。

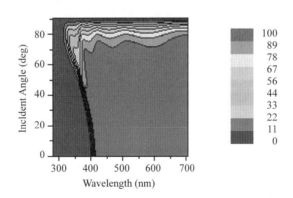

由二維輪廓圖更加容易看到，以參考波長 350nm 為中心所形成的高反射波段區域，將隨著入射角增加，逐漸往短波長區域移動，並且高反射區域範圍縮小；高透射波段區域，在入射角範圍 0～70 度內，除了近 400nm 外，透射率皆介於 89～100% 之間。

顏色顯示圖

顯示低波通濾光片鍍膜優化設計的顏色顯示圖，點按工具列圖示 🔘，使用 D65 為光源，輸出反射率光譜的顏色如下所示：（模擬後自行檢視顏色）

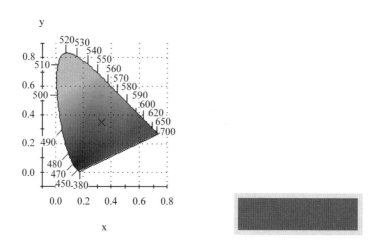

（二）止帶拓寬

增加對稱膜堆的組合數目，但使用不同的設計波長，可以達到拓寬止帶波段光譜寬度的目的。例如使用原始 15 層長波通濾光片對稱膜堆設計 **Air|(0.5H L 0.5H)^7|Substrate** ，$\lambda_0 = 460$ nm ，上式中 H 為膜厚 1/4 波厚的高折射率材料 TiO_2，L 為膜厚 1/4 波厚的低折射率材料 Na_3AlF_6，基板（Substrate）為玻璃，其透射率光譜圖如下所示：

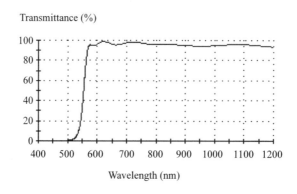

新增加疊第二組 15 層長波通濾光片對稱膜堆，構成初始膜層設計安排為

$$\text{Air}|1.35(0.5H\ L\ 0.5H)^7\ (0.5H\ L\ 0.5H)^7|\text{Substrate}$$

其透射率光譜圖如下所示：

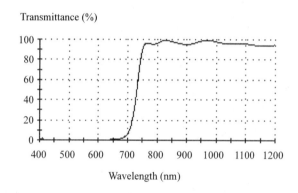

點按工具列圖示 ⦿ ，確認預設優化目標值：設定低透射率波段為 400～700nm，運算子為等號（＝），需求目標值為 0，型態為透射率，其餘波段～1200nm，參數維持高透射率，運算子為等號（＝），需求目標值為 100，所有目標值間距原則上為 25nm，除了低、高透射率交接區域處外。

	Wavelength (nm)	Operator	Required Value	Target Tolerance	Type
	650.00	=	0.000000	1.000000	Transmittance (%)
	675.00	=	0.000000	1.000000	Transmittance (%)
	700.00	=	0.000000	1.000000	Transmittance (%)
	712.50	=	100.000000	1.000000	Transmittance (%)
	725.00	=	100.000000	1.000000	Transmittance (%)
	737.50	=	100.000000	1.000000	Transmittance (%)
	750.00	=	100.000000	1.000000	Transmittance (%)

鎖定所有優化參數 d、n：先點按功能表 **[Lock/Link/Lock All]**，或工具列圖示 🔒 後，再直接點按編號 1～15 膜層之 Lock 欄位，切換為 No 選項，意即靠近入射介質空氣端的前 15 層不鎖定。

透射率光譜圖

使用 Simplex Parameter 優化法，可得如下所示的透射率光譜圖，相比較於上述的設計效果，顯見高透射率區域已經往 700nm 延伸。

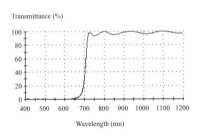

Layer	Packing Density	Material	Refractive Index	Extinction Coefficient	Optical Thickness (FWOT)	Physical Thickness (nm)	Lock
Medium		Air	1.00000	0.00000			
1	1.00000	TiO2	2.40695	0.00076	0.15451088	29.53	No
2	1.00000	Na3AlF6	1.35000	0.00000	0.37031699	126.18	No
3	1.00000	TiO2	2.40695	0.00076	0.35161234	67.20	No
4	1.00000	Na3AlF6	1.35000	0.00000	0.30279639	103.18	No
5	1.00000	TiO2	2.40695	0.00076	0.31549291	60.29	No
6	1.00000	Na3AlF6	1.35000	0.00000	0.31239904	106.45	No
7	1.00000	TiO2	2.40695	0.00076	0.36822174	70.37	No
8	1.00000	Na3AlF6	1.35000	0.00000	0.29504761	100.53	No
9	1.00000	TiO2	2.40695	0.00076	0.34563258	66.05	No
10	1.00000	Na3AlF6	1.35000	0.00000	0.31127546	106.06	No
11	1.00000	TiO2	2.40695	0.00076	0.34587439	66.10	No
12	1.00000	Na3AlF6	1.35000	0.00000	0.28636219	97.58	No
13	1.00000	TiO2	2.40695	0.00076	0.38282892	73.16	No
14	1.00000	Na3AlF6	1.35000	0.00000	0.22605100	77.02	No
15	1.00000	TiO2	2.40695	0.00076	0.42671741	81.55	No
16	1.00000	Na3AlF6	1.35000	0.00000	0.25000000	85.19	d, n
17	1.00000	TiO2	2.40695	0.00076	0.25000000	47.78	d, n
					8.17013986	2138.12	

另外，只優化靠近基板端的 15 層，或者全部膜層優化的光譜效果檢驗，留做練習；提示：目標值的設定必須根據需要新增，以免優化過後，光譜效果反而劣化。

（三）堆疊（Stack）

此功能提供基板兩邊安排膜系設計，直接檢視完整鍍膜設計安排的光譜效果；設定方式須將基板兩邊的膜系設計以檔案格式儲存備用，依照入射光方向，對應選擇欲安排的鍍膜檔案。模擬設定步驟如下：

滑鼠點按功能表 **[File/New/Stack]**。

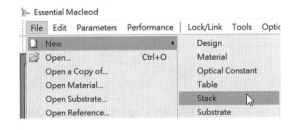

於 Coating File 中點按第一個標示「None」欄位。

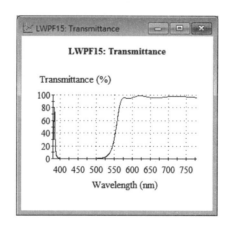

選擇欲安排的膜系檔案，例如是 15 層長波通濾光片 LWPF15.dds。

長波通濾光片的透射率光譜特性如下所示，其參考波長為 460nm。

透射率光譜圖

包含出射光所在，玻璃另一邊界面上光損耗的光譜效果。

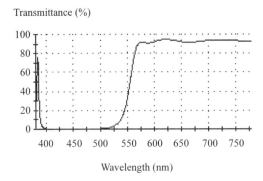

於玻璃另一邊界面上安排 1 層抗反射膜，檔名 ARC1.dds。

	Medium Type	Medium Material	Medium Substrate	Medium Thickness (mm)	Coating File	Coating Direction	Coating Locked
	Incident	Air					
	Parallel	Glass	Lossless	1.000	LWPF15	Forward	No
▶	Emergent	Air			ARC1	Reversed	No

玻璃基板的鍍膜系統於光入射端安排 15 層長波通濾光片，於光出射端安排 1 層抗反射膜設計，整體膜系通帶的透射光譜效果（如下圖虛線）優於只有入射端安排長波通濾光片的膜系安排。

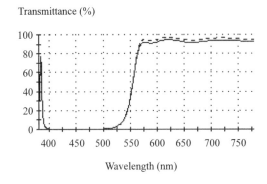

六、問題與討論

1. 驗證長波通濾光片鍍膜設計 **Air|(0.5H L 0.5H)^7|Glass**，當中間層膜厚 1/4 波厚，外層膜厚 1/8 波厚時截止帶最寬，參考波長 $\lambda_0 = 470$nm，H 為膜厚 1/4 波厚的高折射率材料 TiO_2，L 為膜厚 1/4 波厚的低折射率材料 Na_3AlF_6。

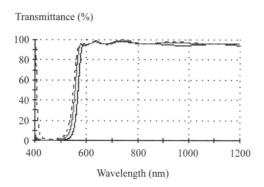

光譜圖中顯示 3 條曲線，依照截止帶寬窄排序，外層膜厚與中間層膜厚比值分別為 1：2、1：4、1：6。

2. 比較長波通濾光片鍍膜設計 **Air|(0.5H L 0.5H)^7|Glass** 與 **Air|(H 2L H)^7|Glass**，參考波長 $\lambda_0 = 470$nm，膜層材料與膜厚設定同前。

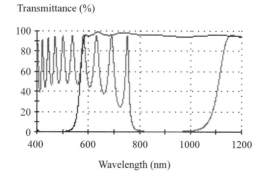

3. 比較並優化長波通濾光片鍍膜設計 **Air|(0.5L H 0.5L)^7|Glass**，參考波長 $\lambda_0 =$ 350nm，其光譜效果如下實線曲線所示，虛線曲線為 **Air|(0.5H L 0.5H)^7|Glass** 鍍膜設計，H 為膜厚 1/4 波厚的高折射率材料 TiO_2，L 為膜厚 1/4 波厚的低折射率材料 Na_3AlF_6。

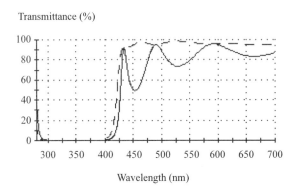

新增一層優化膜層，靠近空氣端，或基板端。

4. 續第 3 題，新增兩層優化膜層，靠近空氣端與基板端各一層。

5. 續第 3 題，全部膜層優化。

6. 比較並優化長波通濾光片鍍膜設計 **Air|(0.5L H 0.5L)^7|Ge**，參考波長 $\lambda_0 =$ 4500nm，其光譜效果如下實線曲線所示，虛線曲線為 **Air|(0.5H L 0.5H)^7|Glass** 鍍膜設計，H 為膜厚 1/4 波厚的高折射率材料 Ge，L 為膜厚 1/4 波厚的低折射率材料 ZnS。

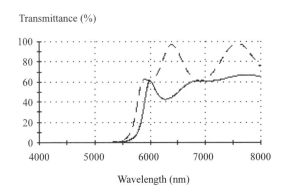

七、關鍵字

1. IR 紅外光濾光片（濾鏡）。

2. 冷光鏡。

3. 長波通濾光片。

4. 通帶凹陷。

八、學習資源

1. http://www.mega-9.com/tech/tech-25.html
   螢光濾光片簡介。

2. http://www.libnet.sh.cn:82/gate/big5/www.istis.sh.cn/list/list.aspx?id = 1071
   寬光譜分色片的國內研製狀況。

3. https://read01.com/zdxOoj.html
   光學儀器濾光片原理介紹。

4. http://digiphoto.techbang.com/posts/953-infrared-visual-effects-to-create-a-super-fantastic
   紅外線攝影原理，告訴你，濾鏡、改機，通通行！

5. http://www.brickcom.com.tw/news/press-release_detailview.php?id = 277
   什麼是紅外線濾光片切換器（ICR）？

6. https://read01.com/aBgL6D.html
   攝像頭鏡頭濾光片的作用。

九、參考資料

1. 薄膜光學與鍍膜技術（第 8 版），李正中，藝軒圖書。

2. 薄膜光學概論，葉倍宏，全華圖書。

3. http://www.teo.com.tw/prodDetail.asp?id = 852 。

4. http://www.fuji.com.tw/dscacc.asp?AID = 6604 。

5. http://www.dichroic.com.tw/cht/cold%20mirror.htm 。

6. http://www.schott.com/taiwan/chinese/lighting/products/medical_lighting/dental_reflectors.html 。

帶通濾光片

一、實習目的

配合使用 Essential Macleod 光學薄膜設計模擬軟體,分析、討論帶通濾光片的光譜特性,其膜層設計種類有:

1. 組合長波通濾光片與短波通濾光片。

2. F-P 型窄帶通濾光片。

3. 誘導透射濾光片。

4. DMD 型寬帶通濾光片。

5. 全介電質窄帶通濾光片。

實習流程:

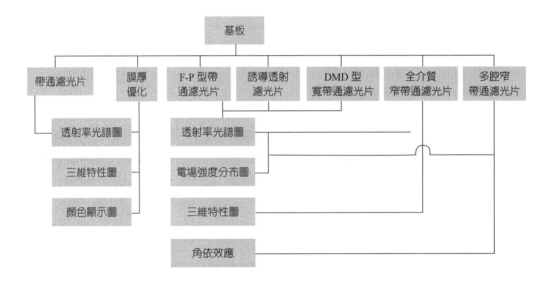

二、實習軟體

Essential Macleod 光學薄膜設計模擬軟體。

三、應用實例

(一) LVF:Linear Variable Filter

線性可調變濾光片(LVF)能夠通過一個單一的帶通濾光片,以獲得帶通濾光

片是連續波長可調。濾波器類型的帶通濾波器中,對應於邊緣帶通濾光片等。在波長範圍為 380～1700nm 的,通常是短波長和長波長的波長比的區域為 1:2[3]。

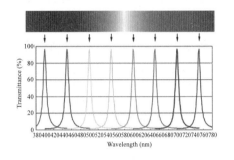

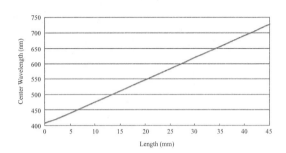

特點:

1. LVF 是一個線性可調帶通濾光片,被故意在同一方向鍍製楔形膜層。

2. 邊緣濾光片,帶通的中心波長或邊波長相對於基板位置幾乎是線性。

3. 高耐久性、清洗容易、對齊容易。

4. 波長範圍:380～1700nm,線性度:10～20nm/mm。

5. 帶通濾波器 FWHM:2～10%。

6. 帶通濾波器的透射率:70%。

應用:

1. 對於光譜檢測。

2. 測色。

3. 小單色。

4. 光柵高階去除。

5. 從光源取出單波長。

(二)可見光帶通干涉濾光片

1. 可選多款中心波長。

2. 適用於生物應用和儀器儀表集成。

3. 提供封裝和未封裝版本。

帶通干涉濾光片廣泛應用於各種生物技術、生物醫學及定量化學應用，以選擇性透射範圍狹窄的波長，同時阻斷所有其他的波長。干涉濾光片廣泛用於各種儀器，其中包括臨床化學、環境實驗、色彩學、元件和激光譜線分離、火焰光度法、螢光和免疫測定等應用。此外，還可使用干涉濾光片從弧形燈或氣體放電燈散譜線中選擇離散譜線（包括 Hg、Xe、Cd 和其他），以及從 Ar、Kr、Nd:YAG 及其他激光中隔離特定光譜線。干涉濾光片經常與激光二極管和 LED 結合使用[4]。

（三）多波段螢光帶通濾光片

1. 單個濾光片具有多個帶通。

2. 提供高峰值透射率，絕佳的截止。

3. 非常適合用於同時查看多個螢光團。

4. 適合帶有多邊螢光二向色濾波片的光學性能對。

TECHSPEC® 多波段螢光帶通濾光片是實時活細胞分析和高速成像的理想選擇。每個光學濾光片都經過鍍加硬膜，並安裝在一個黑色陽極氧化的鋁製外殼中。具有多個帶通的單個濾光片將可增強螢光成像，並可協助用戶輕鬆設置以進行各種螢光團應用。每個光學濾光片都能夠提供絕高的平均透射率和絕佳的截止，從而在任何應用中產生最大亮度和對比度。

（四）隔熱紙

　　V-KOOL 隔熱紙使用**純銀**及**鈿氧化物**製造的八層光學薄膜，並以價值兩千四百萬美金的高科技機器及噴濺金屬技術，把金屬表面原子附著於 PET 膜上，形成絕佳精密的隔熱效果 [6]！

如上圖所示的規格：可見光區 70% 透射率，反射率 8%，紫外光區阻絕 99%，紅外光區阻絕 94%，全部太陽能阻絕 55%；對溫度體感而言，重點在紅外光區的阻絕，因此若無隔熱的阻絕設計，開車將有如置身於火烤環境之中（如下圖所示）。

（五）3M 隔熱紙

1. 超過 200 層 MOF（Multi-Layer Optical Film） 多層光學微複膜技術 [7]

　　獨步全球的增光膜技術移轉運用在 3M 極光™多層光學隔熱膜上，利用此獨特基材，透過精密的計算控制，可反射絕大部分的紫外線與紅外線，以避免傳統隔熱紙的金屬塗布所產生的缺點（會氧化、影響 GPS、不易施工、內反光強……），神奇的是，它的厚度僅約為 2mils（50μm，即 1/200cm），甚至比一根頭髮還細，而且易施工，完工品質高。

2. ATO 奈米塗層微粒科技

　　一般傳統隔熱紙都是將金屬與氧化物塗布在 PET 上，來反射太陽能，減少熱穿透。3M 極光多層光學隔熱膜則是利用奈米微粒分子科技，將 ATO 導入耐磨層，讓基材本身即具有隔絕紅外線功能，而不必再經過金屬塗布的程序，因此穩定性更高，品質效果更優，又不易出現衰敗老化現象。

四、基本理論

　　理想**帶通濾光片**只讓特定光區的光透射，但是擋掉此光區以外的光。這類濾光片非常類似法布里—珀羅干涉儀，組合結構可以是**全介質**或**金屬—介質多層膜**，選用何者端視通帶、止帶以及光譜要求而定。

　　傳統**法布里—珀羅濾波器**（簡稱 **F-P 型濾波器**，或者稱為 **F-P 型濾光片**）以光學薄膜安排可以等效成

Air|Ag H Ag|Substrate

其中 n_{Ag} = 0.05-i3，n_H = 2.35。因為金屬有吸收特性會導致透射率降低，所以，通常是改用全介質的反射鏡片來代替金屬膜層。

全介質 F-P 型濾光片是使用在可見光區及紅外光區中最簡單的濾波器，其基本結構有

$$\text{Air}|(\text{HL})^m\,2\text{H}\,(\text{LH})^m|\text{Substrate}$$

$$\text{Air}|(\text{LH})^m\text{L}\,2\text{H}\,\text{L}\,(\text{LH})^m|\text{Substrate}$$

$$\text{Air}|(\text{HL})^m\text{H}\,2\text{L}\,\text{H}\,(\text{LH})^m|\text{Substrate}$$

$$\text{Air}|(\text{LH})^m\text{L}\,2\text{L}\,(\text{LH})^m|\text{Substrate}$$

m：膜層重複次數，當 m 增加時，帶通與止帶特性將獲得改善。例如，m = 1、3、5，單腔全介質 F-P 型濾光片設計為

$$1|(\text{HL})^m\text{H}\,2\text{L}\,\text{H}\,(\text{LH})^m|1.52$$

其中空氣折射率為 1，玻璃基板折射率為 1.52，n_L = 1.45，n_H = 2.3，λ_0 = 0.55μm，光譜特性如下所示，由圖即可證明選定 m 值對設計帶通濾光片的重要。

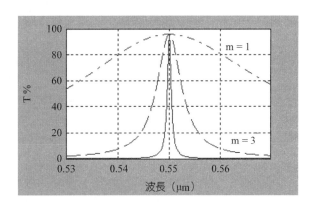

F-P 型濾光片中，無效層的安排對決定在設計波長 λ_0 處的最大透射率 T_{max} 很有幫助，舉前例說明，計算過程如下：

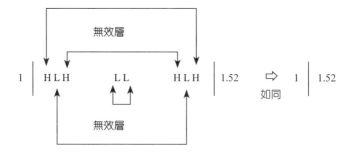

省略基板另一面板的反射損耗，可得透射率為

$$T = 1 - R = 1 - \left(\frac{1 - 1.52}{1 + 1.52}\right)^2$$
$$= 0.9574$$

多腔帶通濾光片

基本上，F-P 型濾光片的光譜特性並不是很理想，比如說，它的窄通帶特性，若不能精確監控各膜層膜厚，又怎麼能夠保證最大透射率 T_{max} 是在設計波長 λ_0 上？改善方法如同耦合調諧電子電路一般，將 2 個 F-P 型濾光片串聯，結構如：

Air｜（F-P 型濾光片）（F-P 型濾光片）｜Substrate

這就是 DHW 濾光片；若是 3 個 F-P 型濾光片串聯，結構如：

Air｜（F-P 型濾光片）（F-P 型濾光片）（F-P 型濾光片）｜Substrate

即為 THW 濾光片。再續前例，取 m = 3，比較單腔，雙腔與參腔 F-P 型濾光片光譜特性的異同，如下圖所示。圖中顯示，腔數越多，通帶中凹陷也越多。

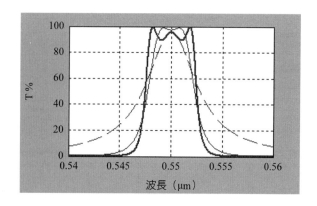

多腔帶通濾光片的設計還有另外一種方法，這種「使用對稱膜堆，以及匹配層」的方法，只需要有無效層的概念，再加上豐富的想像力即可。例如，鍺基板上安排對稱膜堆與匹配層如下：選用 $n_H = 4$，$n_L = 2.35$。

對基板的匹配組合	對稱膜堆	對空氣的匹配組合
Ge｜L	L H L	｜Air
Ge｜L H	H L H L H	H｜Air
Ge｜L H L	L H L H L H L	L H｜Air
Ge｜L H L H	H L H L H L H L H	H L H｜Air
Ge｜L H L H L	L H L H L H L H L H L	L H L H｜Air

取樣做說明。

1｜H (HLHLH) HL｜4　　　　　　　　　（6層雙腔）

1｜H (HLHLH)³ HL｜4　　　　　　　　（14層雙腔）

$\lambda_0 = 3.5\mu m$，光譜特性如下所示，由圖可見膜層數越多，止帶與通帶的界線越分明，而且通帶中的凹陷漣波也越多。

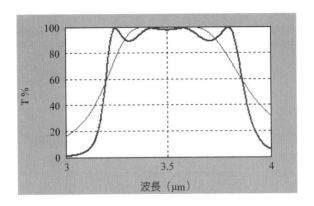

再取樣做說明：14 層雙腔與 22 參腔設計。

$$1|HLH\ (HLHLHLHLH)\ HLHL|4$$
$$1|HLH\ (HLHLHLHLH)^2\ HLHL|4$$

光譜特性如下所示。連同前例做比較，並且確認，對稱膜堆與匹配層的層數越多，通帶會逐漸縮小。

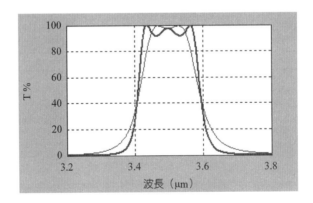

上述討論的起始設計安排是 Ge 基板上有抗反射匹配層的情形，如果讓初始設計安排沒有匹配層，則需要改變對稱膜堆的型式，例如以下的設計：

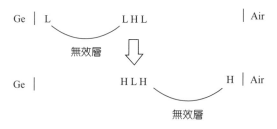

對基板的匹配組合	對稱膜堆	對空氣的匹配組合
Ge |	H L H	H | Air
Ge | L	L H L H L	L H | Air
Ge | L H	H L H L H L H	H L H | Air
Ge | L H L	L H L H L H L H L	L H L H | Air
Ge | L H L H	H L H L H L H L H L H	H L H L H | Air

取樣 14 層雙腔與 30 層肆腔設計做說明：同前條件。

1|HLHL (LHLHLHLHL)^m LHL|4

m = 1、3，光譜特性如下所示。由圖發現，此類設計似乎劣於前述的設計，因為它的通帶特性很差。

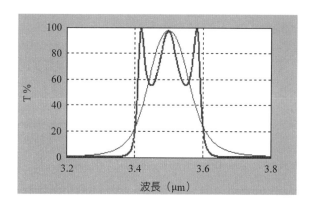

為了靈活運用上述的設計方法，充分掌握設計原則和發揮想像力是不二法門。例

如，若基板改用 $n_S = 1.45$，該如何設計？由於空氣與基板的折射率相差不大，所以，填入無效層是膜層安排重點，如

$$1 \left| \begin{array}{c} H \\ L \end{array} \right. \quad （對稱膜堆）^m \quad \left. \begin{array}{c} H \\ L \end{array} \right| 1.45$$

取樣 17 層五腔設計：膜層折射率同前，$\lambda_0 = 3.5\mu m$。

$$1|H\ (HLHLH)^4\ H|1.45$$

其光譜效果如下所示。圖中短波長區的多餘旁通帶，有賴額外使用彩色玻璃或其他濾波器去除。

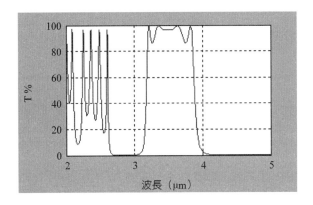

五、模擬步驟

（一）帶通濾光片

組合長波通濾光片與短波通濾光片。長波通濾光片的鍍膜設計：**Air|(0.5H L 0.5H)^8|Glass**，參考波長 $\lambda_0 = 440nm$，短波通濾光片的鍍膜設計：**Air|(0.5L H 0.5 L)^8 |Glass**，參考波長 $\lambda_0 = 660nm$，H 為膜厚 1/4 波厚的高折射率材料 TiO_2，L 為膜厚 1/4 波厚的低折射率材料 SiO_2；滑鼠雙按圖示 ，打開 Essential Macleod 模擬軟

體，點按功能表 **[File/New/Design]**，產生一個新的設計，或點按工具列圖示 ▢，點按功能表 **[Edit/Formula]**，產生一個使用薄膜公式的膜層安排如下所示：

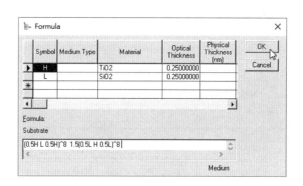

長波通濾光片的設計波長 λ_0 = 440nm ， $1|(\dfrac{H}{2} L \dfrac{H}{2})^8|\text{Glass}$，對應短波通濾光片

$1|(\dfrac{L}{2} H \dfrac{L}{2})^8|\text{Glass}$ 設計波長 λ_0 = 660nm ，可知膜厚比例爲 660/440 = 1.5，公式中的 ^8 代表 8 個週期，意即每一濾光片有 2×8+1 = 17 層鍍膜安排，按 OK 產生 34 層帶通濾光片的初始設計。

透射率光譜圖

水平軸選項爲波長（Wavelength），取消勾選自動刻度，波長範圍 400～700nm；垂直軸選項爲透射率（Transmittance Magnitude），取消勾選自動刻度，透射率範圍 0～100，按 Plot ；由光譜圖得知，以中心波長 530nm 爲基準，形成一高透射波段區域，中心波長的左、右兩邊區域即爲低透射波段，故稱爲帶通濾光片。

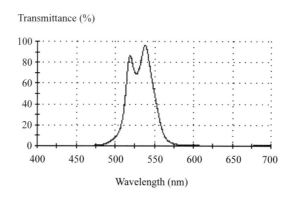

膜厚優化

　　點按工具列圖示 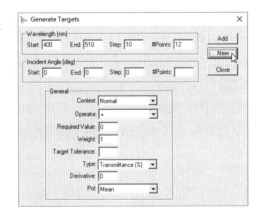，確認預設優化目標值：設定高透射率波段為 520～540nm ，運算子為等號（＝），需求目標值為 100，型態為透射率，波段 400～500nm 與波段 560～700nm 維持低透射率，運算子為等號（＝），需求目標值為 0，所有目標值間距預設為 10nm，此間距亦可依實際模擬情況新增插入值。

Standard	Color	Thickness	Script			
	Wavelength (nm)	Operator	Required Value	Target Tolerance	Type
	500.00	=	0.000000	1.000000	Transmittance (%)
	510.00	=	0.000000	1.000000	Transmittance (%)
	520.00	=	100.000000	1.000000	Transmittance (%)
	525.00	=	100.000000	1.000000	Transmittance (%)
	530.00	=	100.000000	1.000000	Transmittance (%)
	535.00	=	100.000000	1.000000	Transmittance (%)
	540.00	=	100.000000	1.000000	Transmittance (%)
	550.00	=	0.000000	1.000000	Transmittance (%)

或者使用連續波長設定方式，滑鼠先點按目標值設定視窗，後選按功能表 **[Edit/ Generate...]**。

依序鍵入起始、終止、間距波長數據，目標值間距預設為 10nm ，General 欄位中之需求目標值為 0，型態為透射率，偏振屬性為平均，按 New 建立；520～540nm 波段維持高透射率，運算子為等號（＝），目標值間距預設為 5nm ，需求目標值為

100，按 Add 新增。

點按工具列圖示 🔒 ，先鎖定所有膜層膜厚：點按 Lock 欄位解鎖膜層編號 1～11，以及編號 24～34 膜層；回設計視窗，點按功能表 **[Tools/Refine/Simplex]** ，或工具列圖示 🔧 ，確認是勾選 Refine Thickness 後，按 Refine 。

	Layer	Packing Density	Material	Refractive Index	Extinction Coefficient	Optical Thickness (FWOT)	Physical Thickness (nm)	Lock
	Incident Angle (deg)		0.00					
	Reference Wavelength (nm)		440.00					
	Medium		Air	1.00000	0.00000			
	1	1.00000	SiO2	1.46638	0.00000	0.18059538	54.19	No
	2	1.00000	TiO2	2.44004	0.00095	0.44554290	80.34	No
	3	1.00000	SiO2	1.46638	0.00000	0.32011164	96.05	No
	4	1.00000	TiO2	2.44004	0.00095	0.31437670	56.69	No
	5	1.00000	SiO2	1.46638	0.00000	0.38904575	116.74	No
	6	1.00000	TiO2	2.44004	0.00095	0.33088998	59.67	No
	7	1.00000	SiO2	1.46638	0.00000	0.42708667	128.15	No
	8	1.00000	TiO2	2.44004	0.00095	0.41609429	75.03	No
	9	1.00000	SiO2	1.46638	0.00000	0.37587649	112.79	No
	10	1.00000	TiO2	2.44004	0.00095	0.35307428	63.67	No
	11	1.00000	SiO2	1.46638	0.00000	0.25551552	76.67	No
	12	1.00000	TiO2	2.44004	0.00095	0.37500000	67.62	d, n

透射率光譜圖

初步優化效果若不佳，可能是目標值設定的間距太大所致，故須視實際模擬需要新增目標值。由光譜圖可知，通帶高透射率區域已修正，並且明顯平坦化，其平均透射率為 97.04%。

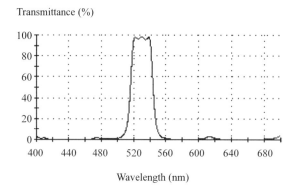

顯示高反射率鍍膜設計的波長、入射角複合圖表，先點按工具列圖示 ⊕ 檢視各設定，再點按圖示 ◉。

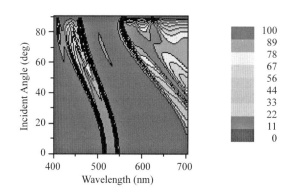

由二維輪廓圖更加容易看到，以中心波長 530nm 為中心所形成的通帶高透射波段區域，將隨著入射角增加，逐漸往短波長區域移動，並且高透射區域特性劣化；通帶高透射波段區域，在入射角範圍0～10度內，全波段仍然維持帶通濾光片的特性。

顏色顯示圖

　　顯示低波通濾光片鍍膜優化設計的顏色顯示圖，點按工具列圖示 ◉◉，使用 D65 為光源，輸出反射率光譜的顏色如下所示：（模擬後自行檢視顏色）

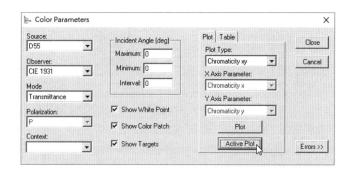

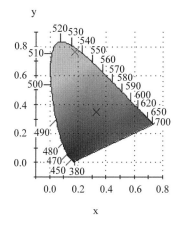

（二）F-P 型帶通濾光片

金屬與介電質膜合成的 Fabry-Perot 型帶通濾光片。金屬膜層代號 M，介電質膜層代號 D，F-P 型帶通濾光片的鍍膜設計：**Air|MDM|Glass**，參考波長 $\lambda_0 = 510\,nm$，M 為膜厚 30nm 的金屬材料 Ag，D 為膜厚 1/4 波厚的介電質材料 TiO_2；點按功能表 **[File/New/Design]**，產生一個新的設計，或點按工具列圖示 ▢，點按功能表 **[Edit/Formula]**，產生一個使用薄膜公式的膜層安排如下所示，按 OK 產生 MDM 型窄帶通濾光片的初始設計。

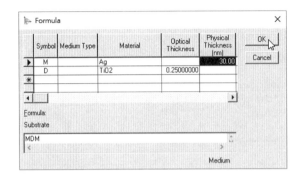

	Layer	Packing Density	Material	Refractive Index	Extinction Coefficient	Optical Thickness (FWOT)	Physical Thickness (nm)
	Medium		Air	1.00000	0.00000		
▶	1	1.00000	Ag	0.05500	3.32000	0.00300000	30.00
	2	1.00000	TiO2	2.31836	0.00016	0.25000000	59.31
	3	1.00000	Ag	0.05500	3.32000	0.00300000	30.00
	Substrate		Glass	1.51854	0.00000		

Design | Context | Notes

Incident Angle (deg)	0.00
Reference Wavelength (nm)	550.00

光譜特性設定

水平軸選項爲波長（Wavelength），取消勾選自動刻度，波長範圍 400～2500 nm；垂直軸選項爲透射率（Transmittance Magnitude），取消勾選自動刻度，透射率範圍 0～100，按 Plot 。

透射率光譜圖

由光譜圖得知，以中心波長 550nm 爲基準，形成一窄帶通濾光片的光譜特性，其最大透射率爲 74.02%。

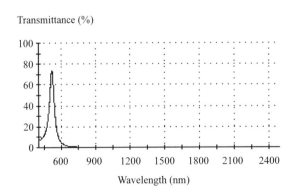

膜層安排 DMD，工具列圖示 ，比較前後膜系設計的光譜差異。

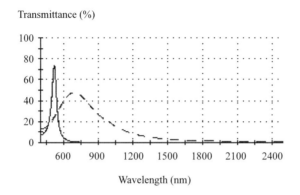

（三）誘導透射濾光片

MDM 型帶通濾光片的優點，在於膜層安排簡單，鍍製容易，缺點是通帶透射率不高，這是因爲金屬吸收的特性；欲改善此缺點，可以針對膜系的介電質膜堆，以及對基板與入射介質實施導納匹配設計。如果有適當的導納匹配，使得由金屬與介電質膜堆所組成帶通濾光片的通帶透射率達到最大值，這種濾光片稱爲**誘導透射濾光片**（Induced Transmission Filter）。

初始設計如下所示：

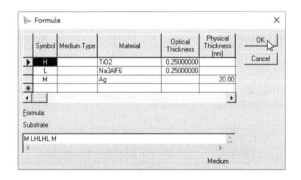

使用 Simplex Parameters 優化，模擬優化結果：

	Layer	Packing Density	Material	Refractive Index	Extinction Coefficient	Optical Thickness (FWOT)	Physical Thickness (nm)
	Medium		Air	1.00000	0.00000		
▶	1	1.00000	Ag	0.05500	3.32000	0.00200000	20.00
	2	1.00000	Na3AlF6	1.35000	0.00000	0.14536800	59.22
	3	1.00000	TiO2	2.31836	0.00016	0.10142225	24.06
	4	1.00000	Na3AlF6	1.35000	0.00000	0.20659801	84.17
	5	1.00000	TiO2	2.31836	0.00016	0.13496742	32.02
	6	1.00000	Na3AlF6	1.35000	0.00000	0.14941545	60.87
	7	1.00000	Ag	0.05500	3.32000	0.00200000	20.00
	Substrate		Glass	1.51854	0.00000		
						0.74177112	300.35

Incident Angle (deg) 0.00
Reference Wavelength (nm) 550.00

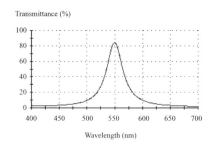

初始設計更改為 **S|LHL M LHL M LHL|Air**，使用 Simplex Parameters 優化，模擬優化結果：

	Layer	Packing Density	Material	Refractive Index	Extinction Coefficient	Optical Thickness (FWOT)	Physical Thickness (nm)
	Medium		Air	1.00000	0.00000		
	1	1.00000	Na3AlF6	1.35000	0.00000	0.24722701	100.72
	2	1.00000	TiO2	2.31836	0.00016	0.09650087	22.81
	3	1.00000	Na3AlF6	1.35000	0.00000	0.49655970	202.30
▶	4	1.00000	Ag	0.05500	3.32000	0.00200000	20.00
	5	1.00000	Na3AlF6	1.35000	0.00000	0.15714661	64.02
	6	1.00000	TiO2	2.31836	0.00016	0.19795722	46.96
	7	1.00000	Na3AlF6	1.35000	0.00000	0.47298140	192.70
	8	1.00000	Ag	0.05500	3.32000	0.00200000	20.00
	9	1.00000	Na3AlF6	1.35000	0.00000	0.10846652	44.19
	10	1.00000	TiO2	2.31836	0.00016	0.15237127	36.15
	11	1.00000	Na3AlF6	1.35000	0.00000	0.27128346	110.52
	Substrate		Glass	1.51854	0.00000		
						2.20414405	860.38

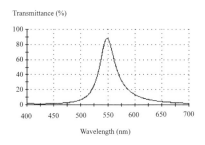

（四）DMD 型寬帶通濾光片

由光譜圖可知，DMD 型的膜層安排會形成比較寬帶通的特性，而其旁通帶的特性亦不佳。以此 DMD 型膜堆為初始安排，設計 UV、IR 雙截止，可見光區高透射特性的寬帶通濾光片，目標值設定為 UV 從 280～400 nm，IR 從 701～2500 nm，可見光區從 401～700 nm，使用 Simplex Parameters 優化，模擬優化結果：

	Layer	Packing Density	Material	Refractive Index	Extinction Coefficient	Optical Thickness (FWOT)	Physical Thickness (nm)
	Medium		Air	1.00000	0.00000		
	1	1.00000	TiO2	2.31836	0.00016	0.15714568	37.28
▶	2	1.00000	Ag	0.05500	3.32000	0.00211241	21.12
	3	1.00000	TiO2	2.31836	0.00016	0.16497789	39.14
	Substrate		Glass	1.51854	0.00000		
						0.32423597	97.54

透射率光譜圖

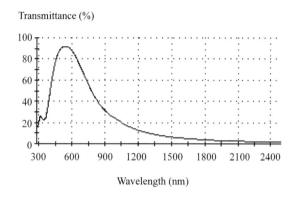

統計各光區平均透射率：UV 光區 Tav = 26.49%，IR 光區 Tav = 81.5%，可見光區 Tav = 11.88%。以此 DMD 型膜堆爲初始安排，微調膜厚與膜堆週期數設定，如下所示：

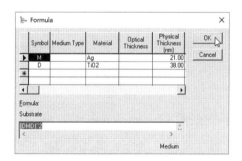

膜堆週期數 1 與 2 的透射率光譜圖比較，明顯看出增加膜堆週期數降低 UV、IR 光區透射率的效果。

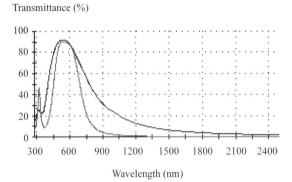

使用 Simplex Parameters 優化，模擬優化結果：統計各光區平均透射率，UV 光區 Tav = 21.25%，IR 光區 Tav = 87.25%，可見光區 Tav = 5.28%。

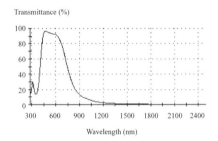

Layer	Packing Density	Material	Refractive Index	Extinction Coefficient	Optical Thickness (FWOT)	Physical Thickness (nm)
Medium		Air	1.00000	0.00000		
1	1.00000	TiO2	2.31836	0.00016	0.15112753	35.85
2	1.00000	Ag	0.05500	3.32000	0.00169015	16.90
3	1.00000	TiO2	2.31836	0.00016	0.28852836	68.45
4	1.00000	Ag	0.05500	3.32000	0.00142833	14.28
5	1.00000	TiO2	2.31836	0.00016	0.15865475	37.64
Substrate		Glass	1.51854	0.00000		
					0.60142913	173.13

膜堆週期數 3 的初始安排，使用 Simplex Parameters 優化，模擬優化結果：統計各光區平均透射率，UV 光區 Tav = 15.06%，IR 光區 Tav = 87.15%，可見光區 Tav = 3.17%。

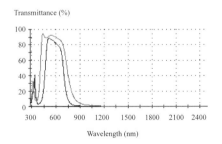

Layer	Packing Density	Material	Refractive Index	Extinction Coefficient	Optical Thickness (FWOT)	Physical Thickness (nm)
Medium		Air	1.00000	0.00000		
1	1.00000	TiO2	2.31836	0.00016	0.15129301	35.89
2	1.00000	Ag	0.05500	3.32000	0.00169753	16.98
3	1.00000	TiO2	2.31836	0.00016	0.27909913	66.21
4	1.00000	Ag	0.05500	3.32000	0.00131545	13.15
5	1.00000	TiO2	2.31836	0.00016	0.28054210	66.55
6	1.00000	Ag	0.05500	3.32000	0.00133438	13.34
7	1.00000	TiO2	2.31836	0.00016	0.15711813	37.27
Substrate		Glass	1.51854	0.00000		

膜堆週期數 4 的初始安排，使用 Simplex Parameters 優化，模擬優化結果：統計各光區平均透射率，UV 光區 Tav = 9.05% ，IR 光區 Tav = 60.31% ，可見光區 Tav = 0.49% 。

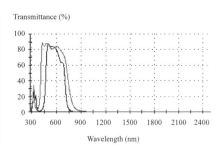

	Layer	Packing Density	Material	Refractive Index	Extinction Coefficient	Optical Thickness (FWOT)	Physical Thickness (nm)
	Medium		Air	1.00000	0.00000		
▶	1	1.00000	TiO2	2.31836	0.00016	0.15573555	36.95
	2	1.00000	Ag	0.05500	3.32000	0.00140943	14.09
	3	1.00000	TiO2	2.31836	0.00016	0.26656959	63.24
	4	1.00000	Ag	0.05500	3.32000	0.00136561	13.66
	5	1.00000	TiO2	2.31836	0.00016	0.29624308	70.28
	6	1.00000	Ag	0.05500	3.32000	0.00155051	15.51
	7	1.00000	TiO2	2.31836	0.00016	0.27360507	64.91
	8	1.00000	Ag	0.05500	3.32000	0.00139847	13.98
	9	1.00000	TiO2	2.31836	0.00016	0.16713383	39.65
	Substrate		Glass	1.51854	0.00000		

綜上數據可知，膜堆週期數越多，阻絕 UV、IR 光區的效果越好，可見光區的透射率，除了膜堆週期 4 的設計外，其餘設計亦有明顯的提升。

（五）全介電質窄帶通濾光片

全介電質窄帶通濾光片的鍍膜設計：**Air|(HR) S_p (HR)|S** ，或 **S|(HR) S_p (HR)| S** ，參考波長 λ_0 = 550nm ，S 為基板，S_p 為空間層，其膜厚為 $0.5\lambda_0$ 的整數倍，HR 為高反射率膜堆；點按功能表 **[File/New/Design]** ，產生一個新的設計，或點按工具列圖示 ◻，點按功能表 **[Edit/Formula]** ，產生一個使用薄膜公式的膜層安排如下所示，按 OK 產生 MDM 型窄帶通濾光片的初始設計。

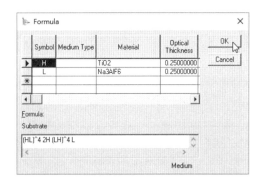

	Layer	Packing Density	Material	Refractive Index	Extinction Coefficient	Optical Thickness (FWOT)	Physical Thickness (nm)
	Medium		Air	1.00000	0.00000		
	1	1.00000	Na3AlF6	1.35000	0.00000	0.25000000	101.85
	2	1.00000	TiO2	2.31836	0.00016	0.25000000	59.31
	3	1.00000	Na3AlF6	1.35000	0.00000	0.25000000	101.85
	4	1.00000	TiO2	2.31836	0.00016	0.25000000	59.31
	5	1.00000	Na3AlF6	1.35000	0.00000	0.25000000	101.85
	6	1.00000	TiO2	2.31836	0.00016	0.25000000	59.31
	7	1.00000	Na3AlF6	1.35000	0.00000	0.25000000	101.85
	8	1.00000	TiO2	2.31836	0.00016	0.25000000	59.31
	9	1.00000	Na3AlF6	1.35000	0.00000	0.25000000	101.85
▶	10	1.00000	TiO2	2.31836	0.00016	0.50000000	118.62
	11	1.00000	Na3AlF6	1.35000	0.00000	0.25000000	101.85
	12	1.00000	TiO2	2.31836	0.00016	0.25000000	59.31
	13	1.00000	Na3AlF6	1.35000	0.00000	0.25000000	101.85
	14	1.00000	TiO2	2.31836	0.00016	0.25000000	59.31
	15	1.00000	Na3AlF6	1.35000	0.00000	0.25000000	101.85
	16	1.00000	TiO2	2.31836	0.00016	0.25000000	59.31
	17	1.00000	Na3AlF6	1.35000	0.00000	0.25000000	101.85
	18	1.00000	TiO2	2.31836	0.00016	0.25000000	59.31
	Substrate		Glass	1.51854	0.00000		
						4.75000000	1509.76

Incident Angle (deg): 0.00
Reference Wavelength (nm): 550.00

其中 **HR** 為 **(HL)**[4] 高反射率膜堆，S_p 為 2H 空間層。

透射率光譜圖

水平軸選項為波長（Wavelength），取消勾選自動刻度，波長範圍 475～675nm；垂直軸選項為透射率（Transmittance Magnitude），取消勾選自動刻度，透射率範圍 0～100，按 Plot ；由光譜圖得知，以中心波長 550nm 為基準，形成一窄帶通濾光片的光譜特性，其最大透射率為 95.69%；因為入射介質為空氣，故安排一低折射率膜層 L，使能提升通帶的最高透射率。

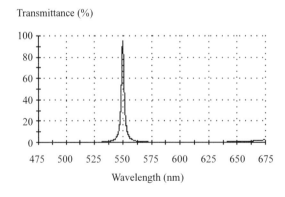

顯示高反射率鍍膜設計的波長、入射角複合圖表，先點按工具列圖示 檢視各設

定,再點按圖示 ;由 3D 圖可知,窄帶通濾光片的中心波位隨著入射角增加逐漸往短波長移動。

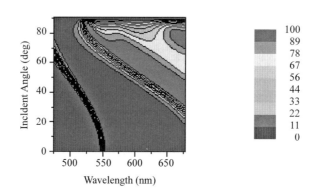

Wavelength (nm)

電場強度分布圖

由分布圖可知,參考波長 550nm 的入射光貫穿整個膜層,電場幾乎是對稱分布,在空間層的兩邊界面上電場值最大,並且電場極值皆位在膜層的界面上。

Electric Field (V/m)

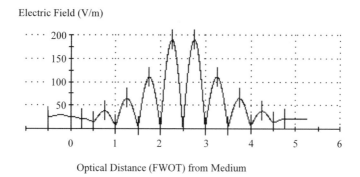

Optical Distance (FWOT) from Medium

(六)多腔窄帶通濾光片

上述只有一個空間層的窄帶通濾光片稱為單腔(Single Cavity)窄帶通濾光片,其光譜圖形成一近似的三角形,致有近一半的能量無法透過而浪費掉。改善之道,可以使用多個單腔窄帶通濾光片疊加成多腔窄帶通濾光片,例如雙腔窄帶通濾

光片 **Air|L (HL)⁴ 2H (LH)⁴ L (HL)⁴ 2H (LH)⁴|S**，兩單腔式膜堆之間的 L 為耦合層。

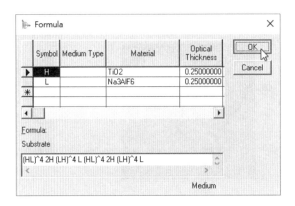

例如參腔窄帶通濾光片 **Air|L (HL)⁴ 2H (LH)⁴ L (HL)⁴ 2H (LH)⁴ L (HL)⁴ 2H (LH)⁴|S**。

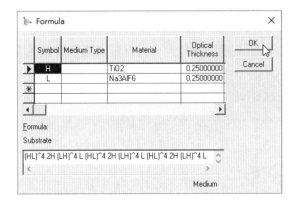

透射率光譜圖

由光譜圖得知，以中心波長 550nm 為基準，形成一窄帶通濾光片的光譜特性，其中單腔式透射率最大，雙腔式與參腔式的透射率相同，通帶到非通帶間之斜率陡度與腔數成正相關。多腔式設計比單腔式設計有更寬廣的高透射率波域，以及更窄化的低透射率波域，即透射率之光譜更加接近矩形。

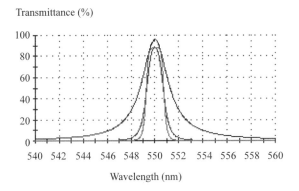

角依效應

以雙腔窄帶通濾光片為例，入射角 30 度，顯見 p 偏振光之光譜往短波長移動量比 s 偏振光多；反之，若是空間層為低折射率材料，則 s 偏振光之光譜往短波長移動量比 p 偏振光多。

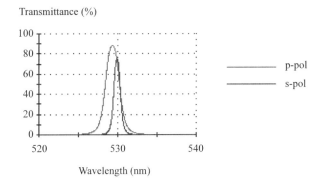

空間層膜厚 $\lambda_0/2$ 整數倍效應，倍數越大，往短波移動量越小。

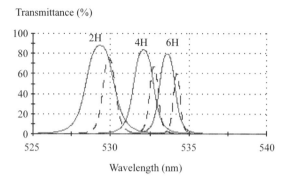

空間層膜厚 $\lambda_0/2$，材料折射率越小，往短波移動量越大，並且通帶變寬。

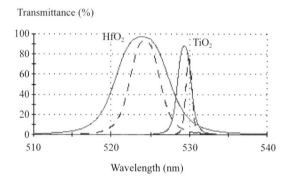

電場強度分布圖

　　由分布圖可知，不論是雙腔式或參腔式，參考波長 550nm 的入射光貫穿整個膜層，電場強度分布類似單腔式設計，其中雙腔式之各腔電場峰值靠近空氣端大於基板端，參腔式之各腔電場峰值靠近空氣端仍然是大於基板端，但第二腔的電場峰值最大。

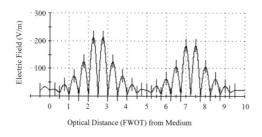

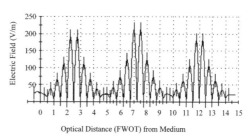

六、問題與討論

1. DMD 型帶通濾光片：**熱鏡**優化設計，金屬膜層代號 M，介電質膜層代號 D，初始膜層安排為 **Air|MDM|Glass**，參考波長 $\lambda_0 = 510nm$，M 為膜厚 30nm 的金屬材料 Ag，D 為膜厚 1/4 波厚的介電質材料 TiO_2。

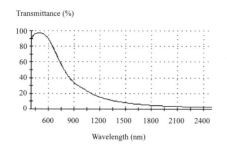

Incident Angle (deg)		0.00				
Reference Wavelength (nm)		510.00				

Layer	Packing Density	Material	Refractive Index	Extinction Coefficient	Optical Thickness (FWOT)	Physical Thickness (nm)
Medium		Air	1.00000	0.00000		
1	1.00000	TiO2	2.34867	0.00037	0.14380284	31.23
2	1.00000	Ag	0.05100	2.96000	0.00182790	18.28
3	1.00000	TiO2	2.34867	0.00037	0.13376440	29.05
Substrate		Glass	1.52083	0.00000		
					0.27939514	78.55

2. 續第 1 題，**熱鏡**優化設計之短波段延伸至 UV 光區，介電質膜層材料更改為 Si。

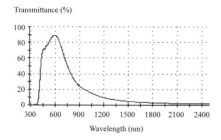

Incident Angle (deg)		0.00				
Reference Wavelength (nm)		510.00				

Layer	Packing Density	Material	Refractive Index	Extinction Coefficient	Optical Thickness (FWOT)	Physical Thickness (nm)
Medium		Air	1.00000	0.00000		
1	1.00000	Si	4.24595	0.06657	0.09814618	11.79
2	1.00000	Ag	0.05100	2.96000	0.00220011	22.00
3	1.00000	Si	4.24595	0.06657	0.09597751	11.53
Substrate		Glass	1.52083	0.00000		
					0.19632380	45.32

導納軌跡圖：

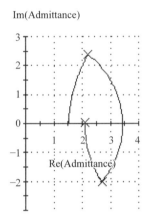

反射率顏色顯示：（模擬後自行檢視顏色）

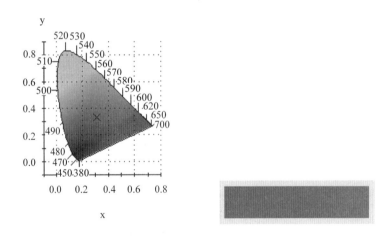

3. 續第 2 題，膜堆週期數 2 的初始安排，使用 Simplex Parameters 優化。

Layer	Packing Density	Material	Refractive Index	Extinction Coefficient	Optical Thickness (FWOT)	Physical Thickness (nm)
Medium		Air	1.00000	0.00000		
1	1.00000	Si	4.08443	0.04057	0.08603151	11.58
2	1.00000	Ag	0.05500	3.32000	0.00172146	17.21
3	1.00000	Si	4.08443	0.04057	0.17524646	23.60
4	1.00000	Ag	0.05500	3.32000	0.00157795	15.78
5	1.00000	Si	4.08443	0.04057	0.08284969	11.16
Substrate		Glass	1.51854	0.00000		

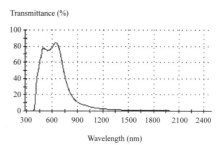

3D 繪圖顯示角依效應：

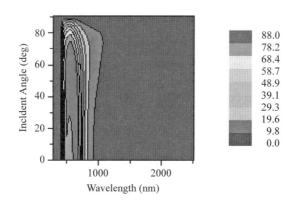

反射率顏色顯示：（模擬後自行檢視顏色）

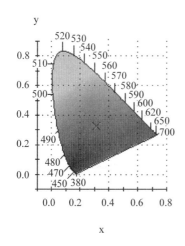

523

4. 單腔窄帶通濾光片 **Air|L (HL)^{6}H 6L (HL)^{6}H|S**，$\lambda_0 = 1550$nm，H 爲高折射率材料 TiO_2，L 爲低折射率材料，分別使用 SiO_2、Al_2O_3、Ta_2O_5，入射角 30 度，模擬 p、s 偏振光的漂移情形。

七、關鍵字

1. 線性可調變濾光片（LVF）。
2. 帶通濾光片。
3. 隔熱紙。
4. F-P 型濾光片。
5. 多腔帶通濾光片。

八、學習資源

1. http://www.etafilm.com.tw/bandpass.html
   BandPass 帶通濾光片。

2. http://www.isuzuoptics.com/element_content.aspx?ID = 21
   雙帶通濾光片。

3. http://handle.ncl.edu.tw/11296/ndltd/75649908378502978055
   光纖通訊帶通濾光片光譜量測系統之建立與分析。

4. http://mse.mcut.edu.tw/ezfiles/31/1031/img/192/166164677.pdf
   短波長帶通濾光二極體。

5. http://rocksaying.tw/archives/2016/ 虹膜辨識與紅外線 LED 相機 .html
   虹膜辨識應搭配紅外線 LED 與紅外線濾鏡相機。

6. https://www.google.com/patents/CN104614795A?cl = zh
   一種寬帶深截止紅光螢光濾光片。

7. https://read01.com/2jRMRM.html
   多波段鍍膜的濾波器重新定義了多種科學應用的性能標準。

九、參考資料

1. 薄膜光學與鍍膜技術，李正中，藝軒圖書。

2. 薄膜光學概論，葉倍宏，全華圖書。

3. http://www.ave.nikon.co.jp/cp/products/filter/lvf/index.htm 。

4. mundoptics.cn/optics/optical-filters/bandpass-filters/visible-bandpass-interference-filters/3429/ 。

5. http://www.taiwanglass.com/product_list.php?sid = 197 。

6. http://www.v-kool.com/our-products/automotive/v-kool/v-kool-solitaire 。

7. http://solutions.3m.com.tw/wps/portal/3M/zh_TW/TW_AADfilm/home/Autofilm/Crystalline/ProductIntroduction/ 。

實
習

16

CHAPTER ▶▶ ▶

帶止濾光片

一、實習目的

配合使用 Essential Macleod 光學薄膜設計模擬軟體，針對

1. 帶止濾光片。

2. 折射率漸變帶止濾光片。

使用膜厚與折射率雙可調參數的優化設計，分析與討論帶止濾光片的膜層設計安排與其光譜特性。

實習流程：

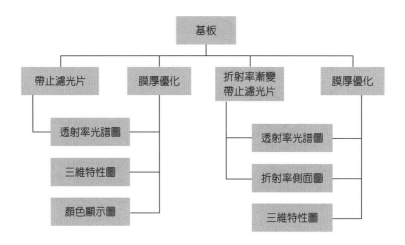

二、實習軟體

Essential Macleod 光學薄膜設計模擬軟體。

三、應用實例

（一）EnChroma 色盲鏡片

　　EnChroma 的鏡片表面覆蓋有 100 多層光學塗層（如上圖），其厚度被控制在毫微米以下，透過光波干預來完成校正顏色的作用，每個光子基於波長的差異會得到不同程度的傳輸，盡可能地幫色盲症用戶還原一個五光十色的世界 [3]。

　　全世界約有 8% 的人群患有色盲症，比之普通人，他們的世界色彩要單調很多，智慧型太陽鏡 EnChroma 能幫他們把顏色找回來。相比衣服搭錯色、畫畫不著調，認不清紅綠燈才是 EnChroma 真正能在生活上幫助他們的地方。如下圖所示，先天紅色、綠色感光光譜太靠近，以致於無法分辨出紅色與綠色。

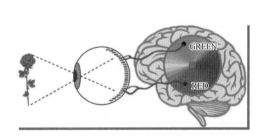

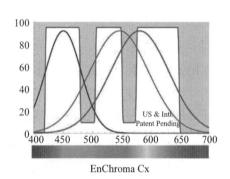

EnChroma Cx

　　EnChroma 包裝上有兩項說明，一是並不適用室內，二是不能區別電腦螢幕上的色彩。大家得搞清楚它是個真正的太陽鏡啦，這個世界本沒有顏色，是因為太陽光才五彩繽紛的。一到戶外陽光下，患者馬上像發現了新大陸一般，他甚至不能將眼前的紅色和綠色與相應的文字匹配起來，這確實是此生從未體驗過的驚喜，紅色、綠色原來還有這麼多或濃或淡的層次（見下圖左）。

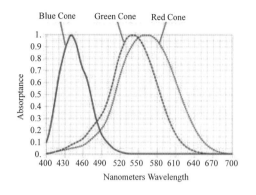

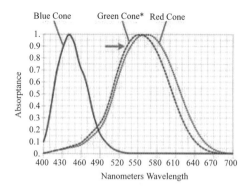

（二）抬頭顯示器

　　抬頭顯示器（Head Up Display，以下簡稱 **HUD**），是目前普遍運用在航空器上的飛行輔助儀器，可以讓飛行員不需要低頭就能夠看到他需要的重要資訊。抬頭顯示器最早出現在軍用飛機上，降低飛行員需要低頭查看儀表的頻率，避免注意力中斷以及喪失對狀態意識（Situation Awareness）的掌握（見下圖）。因為 HUD 的方便性以及能夠提高飛行安全，民航機也紛紛跟進安裝。部分汽車業者也以類似的裝置作為行銷的手段吸引顧客，不過使用上並不廣泛 [4]。

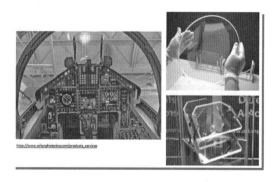

　　雖然 HUD 目前廣泛的使用在各類軍用飛機上，但是並非任何位於座艙前方的裝置都是 HUD，有些只是單純的光學瞄準器而已。下圖所示為 HUD 構造的簡單示意圖，由此圖可以看到投影屏幕與觀測眼睛的位置呈現 45 度的關係。

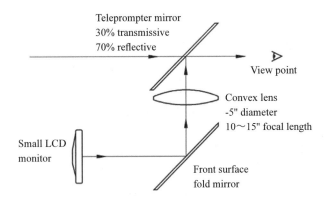

Teleprompter mirror
30% transmissive
70% reflective

View point

Convex lens
-5" diameter
10～15" focal length

Small LCD monitor

Front surface fold mirror

http://www.mikesflightdeck.com/hud/head_up_displays.html

　　新一代的 HUD 在影像顯示方面的改良包括採用全像攝影（Holographic）顯示方式，擴大顯示影像的範圍，尤其是增加水平上的視野角度，減少支架的厚度對於視野的限制與影響，增強不同光度與外在環境下的顯示調整，強化影像的清晰度，與其他光學影像輸出的配合，譬如說能夠將紅外線影像攝影機產生的飛機前方影像直接投射到 HUD 上，與其他的資料融合顯示，配合夜視鏡的使用以及採用彩色影像顯示資料（下圖右所示為 RGB 三原色 HUD 設計的光譜圖）。

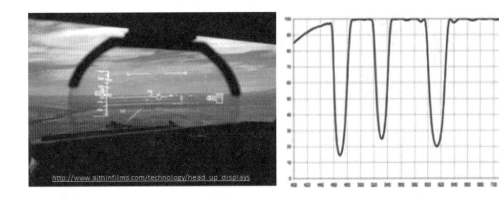

http://www.ajthinfilms.com/technology/head_up_displays

四、基本理論

　　理想**帶止濾光片**只讓特定光區的光反射，但是透射此光區以外的光。這類濾

光片非常類似窄帶高反射鏡，因此，膜層設計的組合結構只要能夠形成高反射率特性，即可構成帶止濾光片的初始設計，由此再實施止帶窄化與優化動作。

例如，13 層**短波通濾光片**的設計（設計波長改為 $\lambda_0 = 530\text{nm}$）：

1|(0.5L H 0.5L)^6|Quartz

其相關光譜特性如下所示。基本上這就是簡單設計的**寬帶止濾光片**。

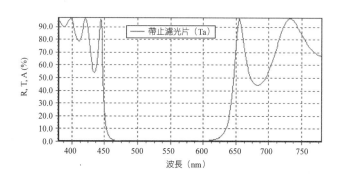

採用手動模式進行最適化動作：重複進行優化動作後，最佳化結果如下所示：

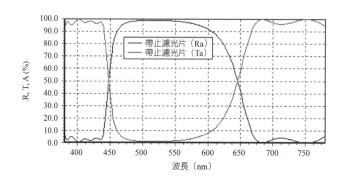

上述為**寬帶止濾光片**的優化設計，基本上不會有困難；延續這樣的設計概念，繼續進行**窄帶止濾光片**的優化設計，如下所示：

1|3(0.5L H 0.5L)^6|Quartz

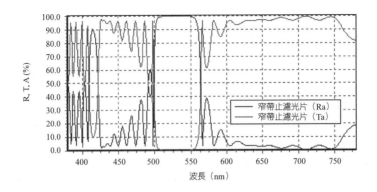

梳狀濾光片

梳狀濾光片是一種光的濾光裝置，利用介電質膜層中折射率至少在一部分是連續變化的。這種裝置也稱為漸變折射率濾光片，最簡單的情況是折射率為正弦振盪型式（如下圖所示），其光譜效果可以完全阻截區域範圍的波段，而讓其餘波段呈現百分之百高透射率，形同理想的帶止濾光片的光譜特性 [5]。

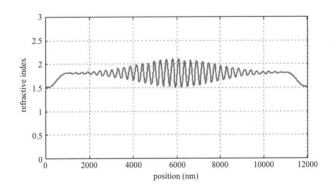

理想的帶止濾光片：

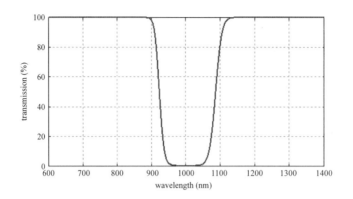

梳狀濾光片的製備可以採用多種技術得到折射率連續變化的介電質膜層；最常用的方法是將兩種不同的膜層材料，以不同比例混合一起。然後，採用雙電子束同時蒸發或者類似的方法加熱或離子束濺射。材料對可以是 ZrO_2/MgO、ZrO_2/SiO_2、TiO_2/Ta_2O_5 或 TiO_2/SiO_2。精確控制折射率得到漸變折射率結構是非常困難的，為了得到很高的精度，需要採用自動的計算機控制，需要採用在線生長控制和複雜的計算方法。在生長過程中，如果檢測到目標值偏離，將在後續的結構自動修正，以盡早補償產生的錯誤。

理論上分析梳狀濾光片時，可將漸變折射率膜層結構近似看作具有很多層的分布結構，此時每一膜層間的折射率變化很小，但是，需要處理很多膜層結構，並且需要採用一些方法來設定結構，因為不可能在軟體中輸入成百上千個折射率值；可以採用一系列參數，例如介電質折射率，振盪振幅等來自動計算整個結構的性質。透過分析設計可以得到簡單的濾光片曲線，對於更加複雜的設計，可以採用逆傅立葉變換方法。

五、模擬步驟

初始鍍膜設計為 **Glass|(0.5L H 0.5L)^{10}|Glass**，參考波長 $\lambda_0 = 530nm$，H 為膜厚 1/4 波厚的高折射率材料 TiO_2，L 為膜厚 1/4 波厚的低折射率材料 MgF_2，J 為膜厚 1/4 波厚的中折射率材料 HfO_2；滑鼠雙按 圖示，打開 Essential Macleod 模擬軟體，點按功能表 **[File/New/Design]**，產生一個新的設計，或點按工具列圖示 ，

點按功能表 **[Edit/Formula]**，產生一個使用薄膜公式的膜層安排如下所示：

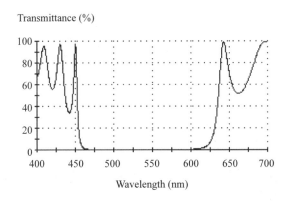

公式中的 ^10 代表 10 個週期，意即每一濾光片有 2×10 + 1 = 21 層鍍膜安排，按 OK 產生 21 層帶止濾光片的初始設計。

透射率光譜圖

水平軸選項為波長（Wavelength），取消勾選自動刻度，波長範圍 400～700nm；垂直軸選項為透射率（Transmittance Magnitude），取消勾選自動刻度，透射率範圍 0～100，按 Plot 。由光譜圖得知，以中心波長 530nm 為基準，形成一高反射波段區域，中心波長的左、右兩邊區域即為高透射旁通帶波段，雖然其中有上下激烈振盪的波紋，但此膜堆安排可以視為帶止濾光片的初始設計。

Transmittance (%)

Wavelength (nm)

窄化通帶處理：利用三級次對稱膜堆，意即將膜厚 3 倍；修正後的光譜圖，顯見是
以波長 530nm 為中心，形成更加具備帶止濾光片的光譜型態。

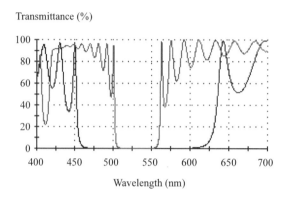

膜厚優化

　　點按工具列圖示 ⬤，確認預設優化目標值：設定高反射率波段為 510～
550nm，運算子為等號（=），需求目標值為 0，型態為透射率，其餘波段維持高透
射率，運算子為等號（=），需求目標值為 100，所有目標值間距預設為 5nm，此間
距亦可依實際模擬情況新增插入值。

Wavelength (nm)	Operator	Required Value	Type
485.00	=	100.000000	Transmittance (%)
490.00	=	100.000000	Transmittance (%)
495.00	=	100.000000	Transmittance (%)
500.00	=	100.000000	Transmittance (%)
510.00	=	0.000000	Transmittance (%)
520.00	=	0.000000	Transmittance (%)
530.00	=	0.000000	Transmittance (%)
540.00	=	0.000000	Transmittance (%)
550.00	=	0.000000	Transmittance (%)
560.00	=	100.000000	Transmittance (%)
565.00	=	100.000000	Transmittance (%)
570.00	=	100.000000	Transmittance (%)

或者使用連續波長設定方式，滑鼠先點按目標值設定視窗，後選按功能表 **[Edit/
Generate...]**。

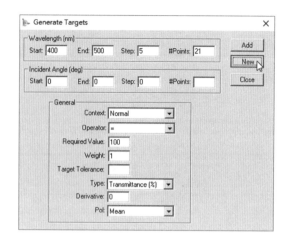

依序鍵入起始、終止、間距波長數據，目標值間距預設為 5nm，General 欄位中之需求目標值為 100，型態為透射率，偏振屬性為平均，按 New 建立；510～550nm 波段維持低透射率，運算子為等號（=），目標值間距預設為 10nm，需求目標值為 0，按 Add 新增；另一波段，自行練習設定。

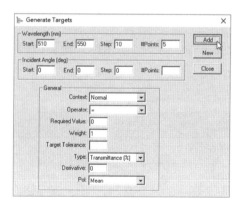

點按工具列圖示 ：點按 Lock 欄位解鎖偶數層，回設計視窗，點按功能表 **[Tools/Refine/Simplex]**，或工具列圖示 ，確認勾選 Refine Thicknesses 與 Refine Index 後，按 Refine。

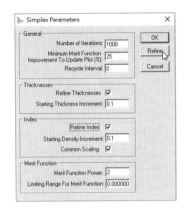

重複優化直到評價函數（Merit Function）值不再改變為止。

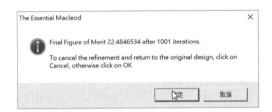

由優化所得到的膜層數據得知，原先使用 HfO_2 應更改為折射率 1.725 的材料，TiO_2 應更改為折射率 2.072 的材料。

Layer	Packing Density	Material	Refractive Index	Extinction Coefficient	Optical Thickness (FWOT)	Physical Thickness (nm)	Lock
Medium		Glass	1.51966	0.00000			
1	1.00000	MgF2	1.38488	0.00000	0.37500000	143.51	d, n
2	0.77582	HfO2	1.72463	0.00000	0.70500360	216.66	No
3	1.00000	MgF2	1.38488	0.00000	0.75000000	287.03	d, n
4	0.77582	HfO2	1.72463	0.00000	0.75075195	230.71	No
5	1.00000	MgF2	1.38488	0.00000	0.75000000	287.03	d, n
6	0.80521	TiO2	2.07242	0.00025	0.73916463	189.03	No
7	1.00000	MgF2	1.38488	0.00000	0.75000000	287.03	d, n
8	0.80521	TiO2	2.07242	0.00025	0.74305700	190.03	No
9	1.00000	MgF2	1.38488	0.00000	0.75000000	287.03	d, n
10	0.80521	TiO2	2.07242	0.00025	0.74392485	190.25	No
11	1.00000	MgF2	1.38488	0.00000	0.75000000	287.03	d, n
12	0.80521	TiO2	2.07242	0.00025	0.74392233	190.25	No
13	1.00000	MgF2	1.38488	0.00000	0.75000000	287.03	d, n
14	0.80521	TiO2	2.07242	0.00025	0.74305629	190.03	No
15	1.00000	MgF2	1.38488	0.00000	0.75000000	287.03	d, n
16	0.80521	TiO2	2.07242	0.00025	0.73916567	189.03	No
17	1.00000	MgF2	1.38488	0.00000	0.75000000	287.03	d, n
18	0.77582	HfO2	1.72463	0.00000	0.75075209	230.71	No
19	1.00000	MgF2	1.38488	0.00000	0.75000000	287.03	d, n
20	0.77582	HfO2	1.72463	0.00000	0.70499948	216.65	No
21	1.00000	MgF2	1.38488	0.00000	0.37500000	143.51	d, n
Substrate		Glass	1.51966	0.00000			
					14.86379790	4903.65	

在上列的膜層條件下，透射率光譜圖如下所示：

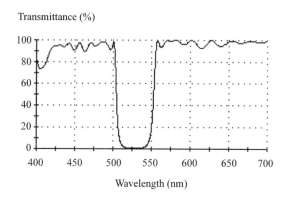

選用最接近上列優化條件的材料：高折射率為 Ta_2O_5，其公式設定與對應透射率光譜圖如下所示：

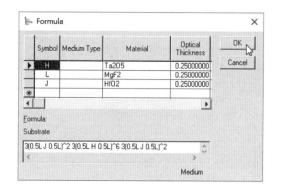

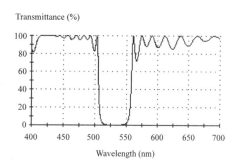

設定中折射率材料為可調變數，使用簡易參數優化法，點按工具列圖示 。

Layer	Packing Density	Material	Refractive Index	Extinction Coefficient	Optical Thickness (FWOT)	Physical Thickness (nm)	Lock
Medium		Glass	1.51966	0.00000			
1	1.00000	MgF2	1.38488	0.00000	0.37500000	143.51	d, n
2	0.83099	HfO2	1.77616	0.00000	0.70026222	208.96	No
3	1.00000	MgF2	1.38488	0.00000	0.75000000	287.03	d, n
4	0.83099	HfO2	1.77616	0.00000	0.75148437	224.24	No
5	1.00000	MgF2	1.38488	0.00000	0.75000000	287.03	d, n
6	1.00000	Ta2O5	2.10900	0.00000	0.75000000	188.48	d, n
7	1.00000	MgF2	1.38488	0.00000	0.75000000	287.03	d, n
8	1.00000	Ta2O5	2.10900	0.00000	0.75000000	188.48	d, n
9	1.00000	MgF2	1.38488	0.00000	0.75000000	287.03	d, n
10	1.00000	Ta2O5	2.10900	0.00000	0.75000000	188.48	d, n
11	1.00000	MgF2	1.38488	0.00000	0.75000000	287.03	d, n
12	1.00000	Ta2O5	2.10900	0.00000	0.75000000	188.48	d, n
13	1.00000	MgF2	1.38488	0.00000	0.75000000	287.03	d, n
14	1.00000	Ta2O5	2.10900	0.00000	0.75000000	188.48	d, n
15	1.00000	MgF2	1.38488	0.00000	0.75000000	287.03	d, n
16	1.00000	Ta2O5	2.10900	0.00000	0.75000000	188.48	d, n
17	1.00000	MgF2	1.38488	0.00000	0.75000000	287.03	d, n
18	0.83099	HfO2	1.77616	0.00000	0.75148655	224.24	d
19	1.00000	MgF2	1.38488	0.00000	0.75000000	287.03	d, n
20	0.83099	HfO2	1.77616	0.00000	0.70025717	208.95	No
21	1.00000	MgF2	1.38488	0.00000	0.37500000	143.51	d, n
Substrate		Glass	1.51966	0.00000			
					14.90349031	4867.54	

由優化所得到的膜層數據得知，原先使用 HfO_2 應更改為折射率 1.776 的材料，故選用 Y_2O_3，其公式設定與對應透射率光譜圖如下所示：

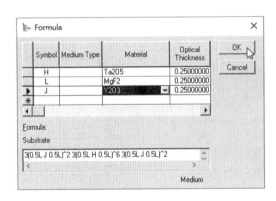
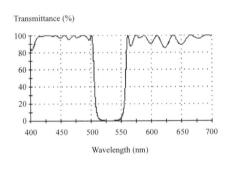

設定靠近入射介質與基板端的 5 層膜堆為可調變數，使用簡易參數優化法，點按工具列圖示 　，確認只勾選 Refine Thicknesses 後，按 Refine ；模擬結果如下所示：

Layer	Packing Density	Material	Refractive Index	Extinction Coefficient	Optical Thickness (FWOT)	Physical Thickness (nm)	Lock
Medium		Glass	1.51966	0.00000			
1	1.00000	MgF2	1.38488	0.00000	0.39399405	150.78	No
2	1.00000	Y2O3	1.79222	0.00003	0.66061306	195.36	No
3	1.00000	MgF2	1.38488	0.00000	0.78613334	300.86	No
4	1.00000	Y2O3	1.79222	0.00003	0.74178751	219.36	No
5	1.00000	MgF2	1.38488	0.00000	0.74649955	285.69	No
6	1.00000	Ta2O5	2.10900	0.00000	0.75000000	188.48	d, n
7	1.00000	MgF2	1.38488	0.00000	0.75000000	287.03	d, n
8	1.00000	Ta2O5	2.10900	0.00000	0.75000000	188.48	d, n
9	1.00000	MgF2	1.38488	0.00000	0.75000000	287.03	d, n
10	1.00000	Ta2O5	2.10900	0.00000	0.75000000	188.48	d, n
11	1.00000	MgF2	1.38488	0.00000	0.75000000	287.03	d, n
12	1.00000	Ta2O5	2.10900	0.00000	0.75000000	188.48	d, n
13	1.00000	MgF2	1.38488	0.00000	0.75000000	287.03	d, n
14	1.00000	Ta2O5	2.10900	0.00000	0.75000000	188.48	d, n
15	1.00000	MgF2	1.38488	0.00000	0.75000000	287.03	d, n
16	1.00000	Ta2O5	2.10900	0.00000	0.75000000	188.48	d, n
17	1.00000	MgF2	1.38488	0.00000	0.75237775	287.94	d
18	1.00000	Y2O3	1.79222	0.00003	0.73632286	217.75	No
19	1.00000	MgF2	1.38488	0.00000	0.77330097	295.95	No
20	1.00000	Y2O3	1.79222	0.00003	0.70143044	207.43	No
21	1.00000	MgF2	1.38488	0.00000	0.37948133	145.23	No
Substrate		Glass	1.51966	0.00000			
					14.92194086	4872.35	

透射率光譜圖

由透射率光譜圖可知,通帶高透射率區域已修正,並且明顯平坦化,其透射率皆大於 90%,呈現帶止濾光片所需的光譜特性。

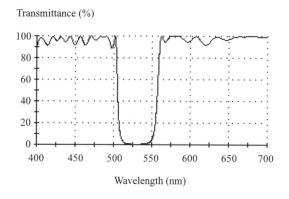

Transmittance (%)

Wavelength (nm)

若設定全部膜層為可調變數,使用簡易參數優化法,同樣實施 Refine Thicknesses;模擬結果如下所示:

Layer	Packing Density	Material	Refractive Index	Extinction Coefficient	Optical Thickness (FWOT)	Physical Thickness (nm)	Lock
Medium		Glass	1.51966	0.00000			
1	1.00000	MgF2	1.38488	0.00000	0.41216232	157.74	No
2	1.00000	Y2O3	1.79222	0.00003	0.61201764	180.99	No
3	1.00000	MgF2	1.38488	0.00000	0.81067017	310.25	No
4	1.00000	Y2O3	1.79222	0.00003	0.72537983	214.51	No
5	1.00000	MgF2	1.38488	0.00000	0.75875596	290.38	No
6	1.00000	Ta2O5	2.10900	0.00000	0.74196874	186.46	No
7	1.00000	MgF2	1.38488	0.00000	0.75558366	289.17	No
8	1.00000	Ta2O5	2.10900	0.00000	0.73990675	185.94	No
9	1.00000	MgF2	1.38488	0.00000	0.75800630	290.09	No
10	1.00000	Ta2O5	2.10900	0.00000	0.73695725	185.20	No
11	1.00000	MgF2	1.38488	0.00000	0.75876913	290.38	No
12	1.00000	Ta2O5	2.10900	0.00000	0.73659330	185.11	No
13	1.00000	MgF2	1.38488	0.00000	0.76014394	290.91	No
14	1.00000	Ta2O5	2.10900	0.00000	0.73902104	185.72	No
15	1.00000	MgF2	1.38488	0.00000	0.75486342	288.89	No
16	1.00000	Ta2O5	2.10900	0.00000	0.74449969	187.10	No
17	1.00000	MgF2	1.38488	0.00000	0.75957620	290.69	No
18	1.00000	Y2O3	1.79222	0.00003	0.73401718	217.07	No
19	1.00000	MgF2	1.38488	0.00000	0.76655455	293.36	No
20	1.00000	Y2O3	1.79222	0.00003	0.70717534	209.13	No
21	1.00000	MgF2	1.38488	0.00000	0.37396620	143.12	No
Substrate		Glass	1.51966	0.00000			
					14.88658860	4872.20	

透射率光譜圖

　　由透射率光譜圖可知，400～500nm 通帶高透射率區域，最大透射率 99.72%，最小透射率 90.83%，平均透射率 96.74%，560～700nm 通帶高透射率區域，最大透射率 99.93%，最小透射率 92.40%，平均透射率 97.84%；綜上得知，此優化設計呈現帶止濾光片所需的良好光譜特性。

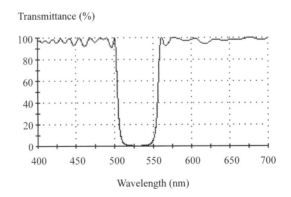

　　顯示高反射率鍍膜設計的波長、入射角複合圖表，先點按工具列圖示 [icon] 檢視各設定，再點按圖示 [icon]。

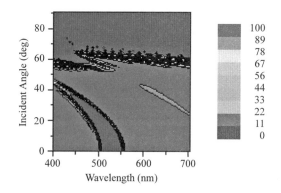

由二維輪廓圖更加容易看到，以中心波長 530nm 爲中心所形成的截止高反射波段區域，將隨著入射角增加，逐漸往短波長區域移動，並且高透射區域特性劣化；通帶高透射波段區域，在入射角範圍0～25度內，全波段仍然維持帶通濾光片的特性。

顏色顯示圖

　　顯示帶止濾光片鍍膜優化設計的顏色顯示圖，點按工具列圖示 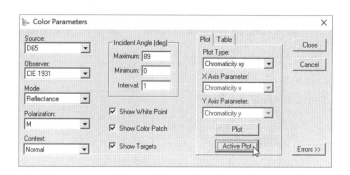，使用 D65 爲光源。

輸出反射率光譜的顏色如下所示：（模擬後自行檢視顏色）

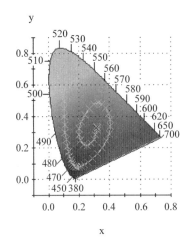

折射率漸變帶止濾光片

　　初始鍍膜設計為 **Glass|(0.25D 0.25C 0.25B 0.5A 0.25B 0.25C 0.25D)^10|Air** ，
參考波長 $\lambda_0 = 1064$nm ，A 為膜厚 1/4 波厚的高折射率材料 TiO_2，B 為膜厚 1/4 波
厚的中高折射率材料 ZrO_2，C 為膜厚 1/4 波厚的中折射率材料 Al_2O_3，D 為膜厚 1/4
波厚的低折射率材料 SiO_2；點按功能表 **[File/New/Design]** ，產生一個新的設計，
或點按工具列圖示，點按功能表 **[Edit/Formula]** ，產生一個使用薄膜公式的膜層安
排如下所示：

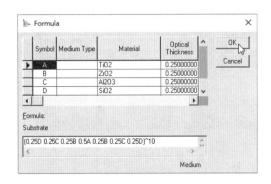

公式中的 ^10 代表 10 個週期，意即每一濾光片有 $7 \times 10 - 7 = 63$ 層鍍膜安排，按
OK 產生 63 層帶止濾光片的初始設計。

透射率光譜圖

光譜特性設定比照前述方式；由光譜圖得知，以中心波長 1064nm 爲基準，形成一高反射波段區域，中心波長的左、右兩邊區域即爲高透射旁通帶波段，雖然其中有上下激烈振盪的波紋，但此膜堆安排可以視爲帶止濾光片的初始設計。

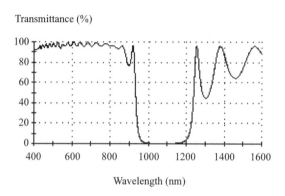

折射率側面圖

多種材料的週期性折射率漸變設計。

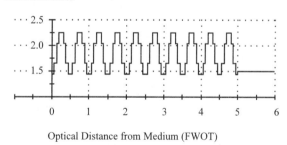

設定前後各兩週期膜堆爲可調參數。

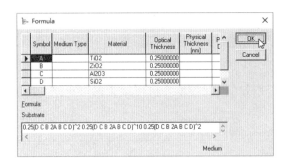

膜厚優化

點按工具列圖示 ⊙ ，確認預設優化目標值：設定高反射率波段為 950～1200nm，運算子為等號（＝），需求目標值為 0，型態為透射率，其餘波段維持高透射率，運算子為等號（＝），需求目標值為 100，所有目標值間距預設為 10nm，此間距亦可依實際模擬情況新增插入值。點按工具列圖示 🔒 ，先鎖定全部膜層回設計視窗，點按功能表 **[Tools/Refine/Simplex]**，或工具列圖示 🛠 ，確認勾選 Refine Thicknesses 與 Refine Index 後，按 Refine ；重複優化直到評價函數（Merit Function）值不再改變為止。由優化所得到的膜層數據得知，原先使用 HfO_2 應更改為折射率 1.725 的材料，TiO_2 應更改為折射率 2.072 的材料。

Layer	Packing Density	Material	Refractive Index	Extinction Coefficient	Optical Thickness (FWOT)	Physical Thickness (nm)	Lock
Medium		Glass	1.50664	0.00000			
1	1.03573	SiO2	1.46571	0.00000	0.21364045	155.09	No
2	1.10138	Al2O3	1.71689	0.00000	0.07461131	46.24	No
3	0.94462	ZrO2	1.97769	0.00000	0.08544179	45.97	No
4	0.86312	TiO2	2.07890	0.00000	0.04687440	23.99	No
5	0.94462	ZrO2	1.97769	0.00000	0.08072631	43.43	No
6	1.10138	Al2O3	1.71689	0.00000	0.12130248	75.17	No
7	1.03573	SiO2	1.46571	0.00000	0.04196645	30.46	No
8	1.10138	Al2O3	1.71689	0.00000	0.10007405	62.00	No
9	0.94462	ZrO2	1.97769	0.00000	0.08110084	43.63	No
10	0.86312	TiO2	2.07890	0.00000	0.06027929	30.85	No
11	0.94462	ZrO2	1.97769	0.00000	0.06529824	35.13	No
12	1.10138	Al2O3	1.71689	0.00000	0.07690248	47.66	No
13	1.03573	SiO2	1.46571	0.00000	0.14212820	103.17	No
50	1.10138	Al2O3	1.71689	0.00000	0.07741098	47.97	No
51	0.94462	ZrO2	1.97769	0.00000	0.05730133	30.83	No
52	0.86312	TiO2	2.07890	0.00000	0.12152465	62.20	No
53	0.94462	ZrO2	1.97769	0.00000	0.05675033	30.53	No
54	1.10138	Al2O3	1.71689	0.00000	0.11296998	70.01	No
55	1.03573	SiO2	1.46571	0.00000	0.02475245	17.97	No
56	1.10138	Al2O3	1.71689	0.00000	0.08601889	53.31	No
57	0.94462	ZrO2	1.97769	0.00000	0.08442139	45.42	No
58	0.86312	TiO2	2.07890	0.00000	0.08610524	44.07	No
59	0.94462	ZrO2	1.97769	0.00000	0.06387974	34.37	No
60	1.10138	Al2O3	1.71689	0.00000	0.08126244	50.36	No
61	1.03573	SiO2	1.46571	0.00000	0.20997571	152.43	No

透射率光譜圖

　　由透射率光譜圖可知，400～920nm 通帶高透射率區域，最大透射率 99.99%，最小透射率 91.61%，平均透射率 98.42%，1250～1600nm 通帶高透射率區域，最大透射率 99.99%，最小透射率 87.57%，平均透射率 97.73%；綜上得知，此優化設計呈現帶止濾光片所需的良好光譜特性。

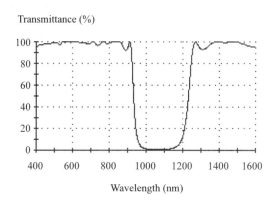

顯示高反射率鍍膜設計的波長、入射角複合圖表，先點按工具列圖示 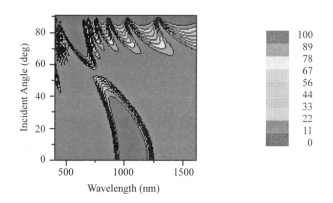 檢視各設定，再點按圖示 ⬢ 。

由二維輪廓圖更加容易看到，以中心波長 1064nm 爲中心所形成的截止高反射波段

區域，將隨著入射角增加至 50 度，逐漸往短波長區域移動，並且截止區域寬度逐漸縮小，止帶特性亦劣化；通帶高透射波段區域，在入射角範圍 0～20 度內，全波段仍然維持帶止濾光片的特性。

折射率側面圖

傳統多種材料的週期性折射率漸變設計，只能在短波長區域或長波長區域有良好的通帶特性，很難同時讓短波長區域與長波長區皆具備高透射率特性；以本設計安排為例，折射率漸變週期是低—高—低，其透射率光譜特性就是只有短波長區域有良好的通帶特性，若是將折射率漸變週期改為高—低—高，其透射率光譜特性則為長波長區域有良好的通帶特性。

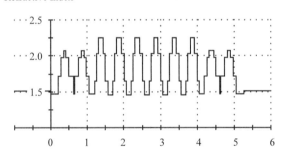

Refractive Index

Optical Distance from Medium (FWOT)

由此可知，折射率漸變的膜層安排，除了膜堆本身週期性安排外，整個由膜堆所組合而成的膜系亦須週期性安排，如此設計始能同時優化短波長區域與長波長區域的通帶特性。

六、問題與討論

1. 比照範例模擬方法，初始帶止濾光片設計：**Glass|(0.5H L 0.5H)^{10}|Glass**，參考波長 λ_0 = 530nm，H 為膜厚 1/4 波厚的高折射率材料 TiO_2，L 為膜厚 1/4 波厚的低折射率材料 MgF_2，J 為膜厚 1/4 波厚的中折射率材料 HfO_2。

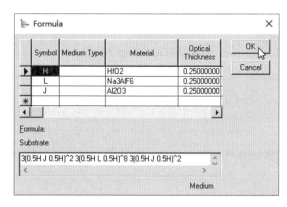

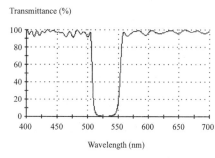

2. 比照範例模擬方法，初始鍍膜設計為 **Glass|0.25(A B C 2D C B A)^10|Air** ，參考波長 $\lambda_0 = 1064$nm ，A 為膜厚 1/4 波厚的高折射率材料 TiO_2，B 為膜厚 1/4 波厚的中高折射率材料 ZrO_2，C 為膜厚 1/4 波厚的中折射率材料 Al_2O_3，D 為膜厚 1/4 波厚的低折射率材料 SiO_2。

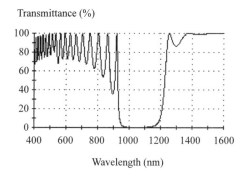

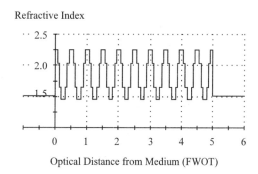

七、關鍵字

1. 色盲鏡片。

2. 抬頭顯示器（HUD）。

3. 帶止濾光片。

4. 梳狀濾光片。

八、學習資源

1. http://www.nikon-lenswear.com.tw/zh/eyes-and-vision/colour-blindness
   認識色盲。

2. http://www.se.fju.edu.tw/sites/default/files/ 色盲眼鏡研究開發 -2.pdf
   色盲眼鏡研究開發。

3. http://dailynews.sina.com/bg/auto/maintenance/sinacn/20131219/03415285104.
   html
   駕駛新體驗　用手機玩抬頭顯示器。

4. http://handle.ncl.edu.tw/11296/ndltd/05447983575741171394
   以離子輔助電子槍蒸鍍法製備多層 Notch 濾光片。

5. https://wenku.baidu.com/view/08ccfe6b58fafab069dc02d2.html?re = view
   薄膜多腔濾光片型梳狀濾波器的設計。

6. https://www.google.com/patents/CN202693834U?cl = zh
   梳狀干涉濾光片。

九、參考資料

1. 薄膜光學與鍍膜技術（第 8 版），李正中，藝軒圖書。

2. 薄膜光學概論，葉倍宏，全華圖書。

3. http://www.techbang.com/posts/16620-enchroma-smart-sunglasses-helping-
   blind-patients-bring-color-back。

4. zh.wikipedia.org。

5. http://baike.labbang.com/index.php/ 梳狀濾波器。

國家圖書館出版品預行編目資料

光學薄膜設計模擬實習／葉倍宏著. ――初
版. ――臺北市：五南, 2017.10
　　面；　公分
ISBN 978-957-11-9387-8 (平裝)

1.光學　2.薄膜工程

471.7　　　　　　　　　　106015241

5DK6

光學薄膜設計模擬實習

作　　者 — 葉倍宏

發 行 人 — 楊榮川

總 經 理 — 楊士清

主　　編 — 王者香

責任編輯 — 許子萱

封面設計 — 姚孝慈

出 版 者 — 五南圖書出版股份有限公司

地　　址：106台北市大安區和平東路二段339號4樓

電　　話：(02)2705-5066　傳　真：(02)2706-6100

網　　址：http://www.wunan.com.tw

電子郵件：wunan@wunan.com.tw

劃撥帳號：01068953

戶　　名：五南圖書出版股份有限公司

法律顧問　林勝安律師事務所　林勝安律師

出版日期　2017年10月初版一刷

定　　價　新臺幣620元